Florence K. Gbesso
Akpovi Akoegninou
Brice A. H. Tente

Ethnobotanique, écologie et conservation de Borassus aethiopum au Bénin

Florence K. Gbesso
Akpovi Akoegninou
Brice A. H. Tente

Ethnobotanique, écologie et conservation de Borassus aethiopum au Bénin

dans la zone soudano-guinéenne (Bénin)

Presses Académiques Francophones

Imprint
Any brand names and product names mentioned in this book are subject to
trademark, brand or patent protection and are trademarks or registered
trademarks of their respective holders. The use of brand names, product
names, common names, trade names, product descriptions etc. even without
a particular marking in this work is in no way to be construed to mean that
such names may be regarded as unrestricted in respect of trademark and
brand protection legislation and could thus be used by anyone.

Cover image: www.ingimage.com

Publisher:
Presses Académiques Francophones
is a trademark of
International Book Market Service Ltd., member of OmniScriptum Publishing
Group
17 Meldrum Street, Beau Bassin 71504, Mauritius

Printed at: see last page
ISBN: 978-3-8416-3640-9

Zugl. / Agréé par: Abomey-Calavi, Université d'Abomey-Calavi, 2014

Sommaire

A

mes feus parents Claude GBESSO et Aimée KPATENON

et

A

mon époux et mes enfants

Pour les nombreux sacrifices

Remerciements

Mener à bien un travail de thèse nécessite à la base la confiance de plusieurs personnes et l'inscription dans un réseau de relations tissées durant des années de recherche. Ainsi, présenter des remerciements n'est pas seulement une nécessité, mais plutôt un devoir vis-à-vis de l'ensemble des personnes que j'ai eu le privilège de côtoyer durant ces trois années de thèse.

Cette thèse a bénéficié du soutien financier du Ministère d'Etat chargé de l'Enseignement Supérieur et de la Recherche Scientifique dans le cadre de l'initiative intitulée : « Appui aux doctorants » et grâce aux soutiens de la Commission Universitaire pour le Développement (CUD) et de diverses personnes à qui je me dois d'exprimer mes sincères remerciements.

Je tiens avant tout à remercier chaleureusement le Professeur Akpovi AKOEGNINOU, Directeur du Laboratoire de Botanique et Ecologie Végétale, Directeur de l'Herbier National du Bénin pour avoir accepté de diriger cette thèse. Il m'a formée et a suivi mes travaux de recherche doctorale à travers ses critiques constructives, sa rigueur scientifique et ses encouragements.

Mes sincères remerciements vont aussi au Docteur Brice Agossou Hugues TENTE, Chef du Département de Géographie et Aménagement du Territoire, Responsable du Laboratoire de Biogéographie et d'Expertise Environnementale (LABEE) pour avoir codirigé cette thèse par son encadrement technique. Ses encouragements et incitation au travail, son sens de pousser à mieux faire par divers moyens et méthodes, les nombreux apports scientifiques ont été très utiles à la réalisation de cette thèse.

Que le Professeur Cossi Norbert AWANOU, Ancien Recteur de l'Université d'Abomey-Calavi trouve ici, toutes mes sincères reconnaissances et mes plus vifs remerciements.

Aux membres du jury, nous adressons nos remerciements pour l'honneur dont ils nous gratifient en acceptant d'apprécier ce travail qui n'est qu'une œuvre humaine.

J'exprime toute ma reconnaissance au Docteur Hounnankpon YEDOMONHAN, Maître de Conférences, qui m'a également accueillie au sein de l'Herbier. Les séances d'échanges scientifiques m'ont permis de renforcer mes capacités en méthodologie et d'identifier les noms scientifiques des espèces végétales.

Je remercie particulièrement Docteur Monique Gbèkponhami TOSSOU, Maître de Conférences et Chef du Département de Biologie Végétale à la FAST qui n'a ménagé aucun effort, malgré ses

5

multiples occupations administratives et scientifiques, pour me prodiguer des conseils sur tous les plans.

Je tiens également à exprimer mes sincères remerciements aux autres membres de l'Herbier National, qui d'une manière ou d'une autre, m'ont aidée, encouragée et facilité mes démarches quotidiennes. Je veux nommer les Docteurs Aristide ADOMOU, Bruno DJOSSA, tous Maîtres de Conférences; Docteurs Vincent AYENA et Mathias TOFFI (Maîtres-Assistants) puis les doctorants, Messieurs Hospice DASSOU, Thibaut AHOUANDJINOU, Innocent AHAMIDE ; Mademoiselle Marcelline GNAWE et madame Sabine KOUTCHADE épouse BADA.

Je remercie également Docteur Jean Cossi HOUNDAGBA, Maître-Assistant au Département de Géographie et Aménagement du Territoire (DGAT/FLASH/UAC), Professeur Alexandre DANSI, Professeur titulaire et Doyen de la FAST/Dassa, Docteur Ingénieur Gaston AKOUEHOU, Maître-Assistant à la FSA et Docteur Toussaint LOUGBEGNON, Maître-Assistant à l'ENSTA-Kétou qui, malgré leurs multiples occupations, ont accepté apporter leur contribution à la réalisation de ce travail.

J'exprime aussi ma reconnaissance à tous les membres des Laboratoires que j'ai fréquentés durant la réalisation de ce travail notamment, au Laboratoire de Biogéographie et d'Expertise Environnementale (LABEE) : Docteur Odile DOSSOU-GUEDEGBE, Maître de Conférences et Vice Doyen de la FLASH, Docteur Vincent OREKAN, Maître de Conférences ; Docteurs Bosco VODOUNOU, Maître-Assistant et Norbert AGOÏNON, Assistant au Laboratoire Pierre PAGNEY, Climat, Eau, Ecosystème et Développement (LACEEDE) : Docteurs Euloge OGOUWALE, Expédit W. VISSIN, tous Maître de Conférences, Docteurs Léocadie ODOULAMI, Ibouraïma YABI, Henri TOTIN, Ernest AMOUSSOU, tous Maîtres-Assistants, Docteur Cyr G. ETENE, Assistant ; au Laboratoire des Etudes de la Dynamique Urbaine et Régionale (LEDUR) : Docteur Moussa GIBIGAYE, Maître-Assistant, au Laboratoire d'Ecologie Appliquée (LEA) : Docteur Ismaël TOKO, Maître-Assistant et Docteur Gérard GOUWAKINNOU, Assistant puis au Laboratoire de Biotechnologie, Ressources Génétiques et Amélioration des espèces Animales et Végétales (BIORAVE) : Docteur Arlette ADJATIN, Assistante, pour leurs conseils, soutien, sympathie et contribution scientifique.

Trois ans de thèse, c'est également trois ans de travail en équipe, je voudrais tout particulièrement remercier toutes les personnes avec qui j'ai collaboré sur le terrain et mes amis des Laboratoires ;

6

Docteurs Maximilien BOKO, François GBESSO, Hervé KOUMASSI, Arsène AKOGNONGBE, monsieur Francis YABI ; mesdames Edwige MIALO, Djouérath IDRISSOU, Hermione HOUEMAVO pour ne citer que ceux-là.

Mes sincères remerciements vont également à l'endroit de toutes les personnes qui m'ont accueillie et hébergée durant la collecte des données. Je cite particulièrement les agents du Centre Communal pour la Promotion Agricole (CeCPA) de Savè, de Glazoué et de Pèrèrè ; M. Kodjo Siaka de l'INRAB de Savè qui travaille aussi sur le rônier, M. Yabi de l'INRAB de Glazoué, la famille YAYI de Savè, son excellence, le Roi Oba Ola Ayédékpo qui fut un agent des eaux et forêts, les producteurs et commerçantes d'hypocotyles et tous ceux qui m'ont aidée lors de la collecte des données et de leur traitement.

A tous les membres de ma famille et de ma belle-famille : mes frères et sœurs Nadège HOUNGUEVOU, Nathalie, Brice, Francis, Franck, Marius GBESSO et ma belle-mère Jeanne d'Arc PADONOU, je dis merci pour vos soutiens de tout genre. Je prie mon époux Virgile Vianney LINKPON qui a su jumeler le rôle de père et de mère et aussi mes filles Orthia, Larice et Marina Michelle d'accepter l'expression de ma profonde gratitude et mes excuses pour les nombreuses absences qui m'ont souvent éloignée d'eux pour la bonne et noble cause. Je leur exprime mes sincères marques de sympathie pour leurs soutiens de tout genre et leur compréhension.

Mes marques de reconnaissance vont enfin à tous ceux qui ont contribué d'une quelconque manière à la réalisation de cette thèse.

LISTE DES PUBLICATIONS

Publications parues

1. **GBESSO F.**, YEDOMONHAN H., TENTE B. et AKOEGNINOU A., (2014): Distribution géographique des populations de rôniers (*Borassus aethiopum* Mart., Arecaceae) et caractérisation phytoécologique de leurs habitats dans la zone soudano-guinéenne du Benin in J. Appl. Biosci., N°74 : pp. 6099-6111. Online http://dx.doi.org/10.4314/jab.v74i1.14, ISSN 1997–5902

2. **GBESSO Florence**, AKOUEHOU Gaston, TENTE Brice et AKOEGNINOU Akpovi. «Aspects technico-économiques de la transformation de *Borassus aethiopum* Mart. (Arecaceae) au Centre-Benin». Afrique Science, Vol.9, N°1 (2013), 1 janvier 2013, http://www.afriquescience.info/document.php, id=2864. ISSN 1813-548X.

3. **GBESSO Florence**, ASSOGBADJO Apolline, TENTE Brice et AKOEGNINOU Akpovi (2012). Importance socioéconomique de la vente de l'hypocotyle du rônier (*Borassus aethiopum* Mart., Arecaceae) à Cotonou. Rev. Spe. Jour. Sci. FLASH/UAC (Bénin), Vol 2, N°3 : 28-40.

4. **GBESSO Florence**, LOUGBEGNON O. Toussaint, TENTE Brice et AKOEGNINOU Akpovi (2012). Caractérisation écologique et morpho-structurale des populations de *Borassus aethiopum* Mart. (Arecaceae) dans les communes de Savè et de Glazoué. Les cahiers du CBRST (Bénin), N°1 : 257-270.

Manuscrits soumis à publication

5. **GBESSO Florence**, YEDOMONHAN Hounnankpon, TENTE Brice et AKOEGNINOU Akpovi. Effets de l'exploitation des hypocotyles et stratégies de conservation de *Borassus aethiopum* Mart. (Arecaceae) au centre-Bénin. Soumis à la revue du LaBRE au Togo.

6. **GBESSO Florence**, TENTE Brice et AKOEGNINOU Akpovi. Contexte social de l'utilisation de *Borassus aethiopum* et de ses habitats dans les communes de Save et de Glazoué (Bénin). Soumis à la revue IJBCS.

LISTE DES SIGLES ET ACRONYMES

- AMCB : Atlas Monographique des Communes du Bénin
- ASECNA : Agence pour la Sécurité de la Navigation Aérienne en Afrique et à Madagascar
- BIDOC-FSA : Bibliothèque Documentaire – FSA
- CBRST : Centre Béninois de la Recherche Scientifique et Technique
- CeCPA : Centre Communal pour la Promotion Agricole
- CENATEL : Centre National de Télédétection et de Cartographie Environnementale
- CeRPA : Centre Régional pour la Promotion Agricole
- CTFT : Centre Technique Forestier Tropical
- DBH : Diameter at breast height
- DGAT : Département de Géographie et Aménagement du Territoire
- DGFRN : Direction Générale des Forêts et des Ressources Naturelles
- FAO : Food and Agriculture Organisation
- FAST : Faculté des Sciences et Techniques
- FCFA : Franc des Communauté Financières d'Afrique
- FLASH : Faculté des Lettres, Arts et Sciences Humaines
- FSA : Faculté des Sciences Agronomiques
- GPS : Global Positioning System
- IBPGR : International Board for Plant Genetic Resources
- INSAE : Institut National de la Statistique et de l'Analyse Economique
- INRAB : Institut National de Recherches Agricoles du Bénin
- IPGRI : International Plant Genetic Resources Institute
- LABEE : Laboratoire de Biodiversité et d'Expertise Environnementale
- MAEP : Ministère de l'Agriculture, de l'Elevage et de la Pêche
- MEHU : Ministère de l'Environnement, de l'Habitat et de l'urbanisme
- MISD : Ministère de l'Intérieur, de la Sécurité et de la Décentralisation
- PFNL : Produits Forestiers Non Ligneux
- pH : potentiel Hydrogène

- PNUD : Programme des Nations Unies pour le Développement
- RGPH : Recensement Général de la Population et l'Habitation
- SERHAU : Société d'Etude Régionale d'Habitat et d'Aménagement Urbain
- UAC : Université d'Abomey-Calavi
- UICN : Union Internationale pour la Conservation de la Nature
- UNESCO : United Nations Educational, Scientific and Cultural Organization
- ICRAF : Centre International pour la Recherche en Agroforesterie
- CBRST : Centre Béninois de la Recherche Scientifique et Technique

Résumé

Dans le contexte de la réduction de la pauvreté et de l'amélioration de la sécurité alimentaire, les PFNL sont d'une grande importance. En effet, la présente étude qui porte sur l'ethnobotanique, variabilités écologique, morphologique, et conservation de *Borassus aethiopum* dans la zone soudano-guinéenne du Bénin a pour but de contribuer à la valorisation et la conservation de cette espèce au Bénin. Pour atteindre les objectifs assignés à ce travail, différents matériels et méthodes ont été utilisés. Les données ont été collectées à l'aide des questionnaires d'enquêtes ethnobotaniques et socio-économiques et des relevés floristiques au moyen de l'approche de choix raisonné et de l'installation de 70 placeaux rectangulaires de 50 m x 30 m.

Il ressort des travaux, que *Borassus aethiopum* est utilisée dans l'alimentation, la vannerie, la construction, la médecine traditionnelle et aux plans cultuel et économique. Les marges bénéficiaires réalisées sont très intéressantes et varient entre 34 500 et 54 660 FCFA par an pour les producteurs et entre 125 014,08 FCFA et 493 571,04 FCFA par an pour les vendeurs d'hypocotyles. Par ailleurs, *Borassus aethiopum* est plus distribué dans le district phytogéographique du Zou que dans les districts phytogéographiques de Bassila et du Borgou Sud. Au total, 64 espèces ligneuses réparties en 25 familles sont inventoriées avec prédominance de la famille des Leguminosae. Les paramètres floristiques et structuraux calculés varient d'un groupe de relevés à un autre. L'habitat naturel de *Borassus aethiopum* est la savane et la galerie forestière. Par ailleurs, les caractères morphologiques et la productivité des rôniers varient d'une population de *Borassus aethiopum* à l'autre ($p < 0,001$). Une comparaison des trois districts phytogéographiques (Bassila, Borgou Sud et Zou) de la zone de transition du Bénin a montré que les rôniers ayant les plus grandes hauteurs (> 10 m) sont ceux du district de Bassila. En termes de production, les rôniers des galeries forestières produisent des quantités de fruits plus élevées (59 504 fruits/ha) que ceux des autres formations végétales (37 881 à 46 933 fruits/ha) car ayant plus de pieds femelles que de pieds mâles à l'hectare (103,33 dans les galeries forestières contre 80,47 et 48,72 respectivement pour les savanes et les champs. En ce qui concerne les stratégies de conservation, on note une absence de motivation des populations interrogées (98 %) pour celle des semis. Pour pallier à ce problème, il urge donc de sensibiliser les populations riveraines des rôneraies sur les modes de conservation de l'espèce qui demeure une source de revenus aux acteurs de la commercialisation de ses organes, particulièrement des hypocotyles.

Mots clés : ethnobotanique, écologie, morphologie, conservation, *Borassus aethiopum*, zone de transition soudano-guinéenne, Bénin.

Abstrat

The importance of NTFPs for poverty alleviation and food security is widely acknowledged. This study focuses on the ethnobotany, ecological, morphological variabilities and the conservation of *Borassus aethiopum,* a NTFP in the Sudano-Guinean zone of Benin. The main objective was provide tools and information for a better conservation of this species in Benin. To achieve the objectives of this work, different materials and methods were used. Data were collected using questionnaires, ethnobotanical, socio-economic and floristic surveys using the purposive approach and installation of 70 rectangular plots of 50 mx 30 m.

The study showed that *Borassus aethiopum* is used like food, for basketry, construction, traditional medicine and has cultural importance. The profit margins are very interesting and vary between 34500 and 54660 FCFA per year for producers and between 125,014.08 and 493,571.04 FCFA FCFA per year for hypocotyls (tender roots produced by the young plant) sellers. Moreover, *Borassus aethiopum* occurs most in Zou, Bassila and South Borgu. A total of 64 woody species belonging to 25 botanical families were recorded in the habitat of the species with a predominance of the Leguminosae. Floristic and structural parameters calculated varied from one group of relieves to another. Savanna and gallery forest stood as the natural habitat for *Borassus aethiopum*. Moreover, morphological characteristics and the productivity of the African fan palm varied with the populations (p <0.001). A comparison of three phytogeographical districts (Bassila, South Borgu and Zou) of the transition zone of Benin showed that African fan palms with the greatest heights (> 10 m) are those from Bassila district. In terms of production, African fan palmiras from gallery forests produced higher fruits amounts (59504 fruits / ha) than those from other plant communities (37,881 to 46,933 fruits / ha). This can be explained by a greater females number than males individuals per hectare (103.33 in the gallery forests against 80.47 and 48.72 respectively for the savannas and fields. Regarding conservation strategies, there is a lack of motivation of the people surveyed (98%) to conserve seedlings. To overcome this problem, so it is urgent to educate local residents of African fan palm groves on the modes of conservation of the species, which remains a source of income for players in the marketing of its organs, especially hypocotyls.

Keywords: ethnobotany, ecology, morphology, conservation, *Borassus aethiopum*, Sudano-Guinean transition zone, Benin

Introduction générale

En Afrique, les forêts constituent d'immenses réservoirs de biodiversité et jouent un rôle fondamental dans la satisfaction de nombreux besoins de base des communautés locales (IPGRI, 1999). Ces forêts abritent une diversité floristique qui représente une grande ressource pour les populations avoisinantes qui s'y approvisionnent en bois de service, d'œuvre ou de feu, en fruits, en graines et en plantes médicinales (Sokpon et Lejoly, 1996). Ainsi, les ressources végétales forestières sont utilisées à des fins diverses. Par ailleurs, nombreuses sont les plantes sauvages qui donnent les produits comestibles qui sont très importants dans le domaine alimentaire et peuvent aider à atténuer les problèmes de nutrition (Okafor, 1991).

Selon FAO (2002), 80 % de la population des pays en voie de développement dépendent des Produits Forestiers Non Ligneux (PFNL) pour leur santé ainsi que leurs besoins alimentaires. Le même auteur affirme en 1999 que la conservation des PFNL est un véritable moyen de durabilité des moyens d'existence (gagne-pain), de promotion de la gestion des ressources naturelles, de conservation de l'écosystème et de la biodiversité dans un milieu. Les PFNL sont considérés comme une source importante de revenu pour les populations locales et un facteur clé pour le développement social dans les pays en développement (Rodríguez-Buriticá et al., 2005).

Selon Assogbadjo (2000), l'Afrique est le continent qui souffrait le plus d'un manque d'informations dans le domaine de la connaissance des plantes. Mais ces dernières années, des études ont été entreprises, au nombre desquelles : Sokpon et Lejoly (1996), Assogbadjo (2000), Guinko (2002), Kouyaté (2005), Ouinsavi (2007), Avocèvou-Aïsso (2011), Gouwakinnou (2011), Aïssi (2012), etc. Ces études ont montré l'importance du rôle capital des PFNL, surtout d'origine végétale sauvage chez les populations locales du Bénin et ailleurs. Ainsi depuis plus de dix ans, on s'intéresse davantage au rôle que pourraient jouer ces Produits Forestiers Non Ligneux dans la satisfaction des besoins en aliment, en médicament, en fibres, en fourrage pour les communautés et à leur importance comme source de liquidité et de revenu complémentaire. C'est dans la même logique que Dansi et al. (2006) affirment que plusieurs essences végétales sont utilisées pour leurs feuilles, leurs fruits, leurs graines et autres. Le constat général est que certaines de ces ressources, bien qu'étant d'une importance capitale pour les populations ne bénéficient pas d'une attention de la part des décideurs politiques, des aménagistes, des gestionnaires et des scientifiques. Ainsi, peu de politiques de développement ont intégré la valorisation de ces ressources comme objectif dans le cadre des aménagements d'écosystèmes forestiers.

Borassus aethiopum Mart., Arecaceae est l'une de ces espèces dont l'aire de répartition s'étend dans plusieurs pays de l'Afrique de l'Ouest et compte parmi les 62 espèces ligneuses sauvages alimentaires négligées, menacées de disparition et prioritaires pour plusieurs pays d'Afrique au sud du Sahara (Eyog-Matig *et al.*, 2002 ; Sacandé et Pritchard, 2004). Elle est classée comme plante utilitaire en Afrique sub-saharienne (FAO, 2004) à cause de son importance et de la menace d'extinction qui pèse sur elle. Elle est exploitée dans le bassin de la Kompienga par les riverains pour satisfaire leur demande en bois d'œuvre, en alimentation, en intrants de fabrication des outils et d'ustensiles, en produits de pharmacopée et en source de revenus financiers et fiscaux (Sogué, 2010). En plus de ses fonctions socioéconomiques, *Borassus aethiopum* régénère les sols et joue un rôle écologique important tel que la fixation du carbone, la régulation des eaux de ruissellement. Elle est en soi un habitat écologique pour beaucoup d'espèces animales (Yaméogo, 2007).

Selon Hans-Jürgen (1990), presque toutes les parties du rônier sont utiles à l'homme. Il comporte assez de richesse telle que le bois, les racines, les pétioles, les feuilles, le bourgeon terminal, la résine, les fruits, les graines et la sève. Il est économiquement très utile et très cultivé dans les régions tropicales. Le fruit du rônier est riche en glucides, calcium, protéines et en vitamines C, B1, B2, PP (Kodjo, 2005). En Côte d'Ivoire le rônier est recherché pour sa sève. Des consommations moyennes de vin de palme de ¾ de litre par personne et par jour ont été notées lors d'une étude réalisée en milieu villageois au centre de la Côte d'Ivoire (Malaisse, 1997). Au Bénin, les hypocotyles font l'objet d'un commerce important à travers tout le territoire national (Houankoun, 2003 ; Assogbadjo, 2009). Pour les mêmes auteurs, ce palmier constitue un refuge pour de nombreuses espèces d'insectes comme les coléoptères, les diptères, les lépidoptères, hyménoptères, etc. et pour les petits vertébrés et selon le cas, il sert de lieu de nidation, de ponte, de prédation et encore de pourvoyeur d'humidité. Selon Wassi (2004), le rônier par ces multiples usages contribue plus ou moins à l'alimentation des populations de Karimama. Pour Gbaguidi *et al.*, (2010), le bois de *Borassus aethiopum* peut être effectivement utilisé comme armature dans le béton armé en lieu et place de l'acier. Ainsi, l'objectif général de cette étude est de contribuer à la valorisation et la conservation de *Borassus aethiopum* dans la zone de transition soudano-guinéenne du Bénin.

Le présent travail est structuré en deux parties. La première partie compote quatre chapitres consacrés à la présentation du cadre théorique, la synthèse bibliographique, du cadre géographique de l'étude et la démarche méthodologique. La deuxième partie comprend cinq chapitres et concerne la présentation des résultats et la discussion. Après cette discussion, la conclusion générale et les perspectives viennent mettre fin à la présente étude.

PREMIERE PARTIE

Cadre théorique, synthèse bibliographique sur *Borassus aethiopum*, cadre géographique et démarche méthodologique

La première partie est consacrée à la présentation du cadre théorique, la synthèse bibliographique, du cadre géographique de l'étude et la démarche méthodologique. Ainsi, après avoir posé le problème, énoncé les objectifs, émis les hypothèses et défini les concepts dans le premier chapitre, le deuxième chapitre fait une synthèse bibliographique sur la botanique, la biogéographie, l'écologie et les différentes utilisations des espèces du genre *Borassus*. Le troisième chapitre décrit le cadre géographique de l'étude du point de vue biotique et abiotique et le quatrième chapitre expose les grandes lignes de la démarche méthodologique.

CHAPITRE 1 : CADRE THÉORIQUE DE L'ÉTUDE

Ce chapitre présente la problématique, les objectifs, les hypothèses et la définition des concepts. Les concepts définis permettront une meilleure compréhension des termes utilisés notamment les notions de biodiversité, de Produits forestiers non ligneux, de ressources alimentaires forestières végétales, de district phytogéographique et screening phytochimique.

1.1. Problématique et justification

Selon Vandebroek *et al.* (2004), les connaissances endogènes des plantes reflètent la richesse des végétations dans lesquelles vivent des peuples autochtones ; plus la végétation est riche, plus il y a d'espèces qui sont utilisées par les populations. De nombreuses personnes dépendent directement de ces ressources forestières pour leur subsistance et leur revenu (Bikoué, 2007). Malgré sa pluralité en biodiversité, l'Afrique rencontre de nombreuses difficultés qui entravent son développement économique et le bien-être de ses populations. La résolution de ces problèmes passera par la valorisation de toutes les ressources naturelles qui permettront d'augmenter de façon durable leur productivité tout en sauvegardant le capital environnemental pour les générations futures. Ceci nécessite une meilleure connaissance du potentiel des ressources naturelles disponibles et déjà intégrées dans la culture des populations rurales. Ainsi, de nombreux auteurs s'intéressent de plus en plus à l'évaluation de la contribution des ressources forestières alimentaires à l'économie des ménages (Ndoye *et al.*, 1999 ; Assogbadjo, 2006; Houankoun, 2003 ; Gouwakinnou, 2011 ; Avocèvou-Aïsso, 2011 ; Bourou et *al.*, 2012 ; etc). Par exemple, la demande potentielle de fruits et d'amandes de *Irvingia gabonensis* dans le sud du Nigeria a été estimée à 80.000 tonnes/an par Leakey et Maghembe (*in* Ndoye *et al.*, 1999). En outre, la commercialisation des amandes de *Irvingia gabonensis* et des fruits de *Cola acuminata* ont généré en 1996 respectivement 47 millions de francs CFA et 35 millions de francs CFA aux commerçants camerounais impliqués dans le commerce de ces deux produits (Ndoye *et al.*, 1998).

Par ailleurs, la recherche ethnobotanique en Afrique a principalement été centrée sur les relevés des noms vernaculaires et l'utilisation des plantes (Cunningham, 1997), mais aussi sur leurs noms scientifiques surtout en zone soudano-sahélienne (Aubréville, 1950; Kerharo et Adam, 1974; Malgras, 1992; Arbonnier, 2002), puis en Afrique australe (Gelfand *et al.*, 1985; Hedberg et Staugard, 1989). Parmi les enquêtes ethnobotaniques réalisées en Afrique de l'Ouest, on peut

19

citer en exemple celles de: Adjanohoun *et al.* (1980) au Niger; Adjanohoun *et al.* (1981) au Mali; Adjanohoun (1989) au Bénin ; Van de Eynden et *al.* (1994) au Sénégal et de Ambé (2001) dans les savanes guinéennes de la Côte d'Ivoire.

Selon Leakey *et al.*, 2005, les produits forestiers non ligneux (PFNL) ont été pendant longtemps sous-utilisés dans plusieurs pays en développement ; mais ce n'est que depuis ces dernières années que le potentiel de les domestiquer pour accroître le bien-être des populations est devenu une préoccupation. Dans le même temps, il faut avoir à l'esprit que les effets écologiques de l'exploitation d'espèces à usages multiples peuvent être supérieurs à ceux des autres espèces en raison des effets combinés de la récolte de plusieurs parties. Ces espèces peuvent donc être exposées à un risque élevé de surexploitation (Gaoué et Ticktin, 2007). L'étude des effets de l'exploitation des fruits est alors importante du fait qu'ils constituent l'organe de reproduction sexuée de l'espèce. C'est dans le même ordre d'idées que Pérès *et al.,* (2003) affirment que la récolte excessive des organes de ces espèces peut avoir un impact négatif sur leur durabilité à long terme. L'intensité de la récolte d'espèces végétales spécifiques est influencée par la croissance démographique, l'accessibilité, la demande du marché et par des chaînes commerciales (Botha *et al.,* 2004). Cette situation s'explique également par la surexploitation de ces ressources et le manque d'informations sur les techniques de propagation des espèces concernées en vue de leur reconstitution (Eyog Matig *et al.,* 2002). Ceci menace la sécurité alimentaire et les sources de revenus d'appoint des populations.

Face aux menaces d'ordres anthropique et climatique sur la survie des ressources forestières et dans le contexte économique de manque de moyens financiers, il importe d'acquérir le plus d'informations possibles sur les espèces forestières locales. Pour plus d'efficacité, ces informations doivent prendre en compte les espèces pour lesquelles les communautés paysannes disposent d'un savoir-faire et de savoir traditionnels nés d'une longue expérience avec l'utilisation des produits, en vue d'en sélectionner et domestiquer au moins les plus intéressantes.

Au Bénin, beaucoup de travaux ont complété ceux d'Adjanohoun *et al.* (1989) sur les plantes médicinales et les connaissances ethnobotaniques des populations. Entre autres, on peut citer les travaux de Assogbadjo (2000) sur les ressources forestières alimentaires de la forêt classée de la

Lama au sud du Bénin; de Codjia *et al.* (2001) dans le domaine soudanien sur le baobab (*Adansonia digitata*), de Ouinsavi *et al.* (2005) sur l'iroko (*Milicia excelsa*), etc.

Au nombre de ces ressources forestières non ligneuses, figure *Borassus aethiopum*, une espèce à usage multiple en Afrique. Les diverses utilisations alimentaires et médicinales des organes du rônier ont été récapitulées par plusieurs auteurs (Houankoun, 2003 ; Yaméogo, 2007 ; Kansolé, 2009; Gbesso *et al.*, 2013; etc.). Ces travaux ont révélé entre autres, la valorisation des organes du rônier sur le plan alimentaire et médicinal. Il a été aussi noté que *Borassus aethiopum* est utilisé sur le plan thérapeutique à travers ses effets aphrodisiaques, laxatifs, antiazoospermiques (Adjou, 2006). Parmi ces organes, il y a les fruits qui sont utilisés dans la production des hypocotyles (Gbesso *et al*, 2013). Au Sénégal, une technologie de production de jus à base de la pulpe (mésocarpe) de rônier a été mise au point mais le produit obtenu reste encore à améliorer (Agbo et Simard, 1992). Au Bénin, l'utilisation des racines d'hypocotyles permet la formulation de farine et la fabrication de couscous (Azokpota *et al.*, 2012). En outre, le travail de Sakandé (2011) a permis d'apprécier l'activité antipyrétique d'extraits des inflorescences mâles de *Borassus aethiopum*. Ces travaux, pour la plupart ont fait ressortir que l'espèce est bien connue et bien appréciée des communautés locales pour ses utilités médicinales, alimentaires, culturelles et économiques.

Malgré les multiples usages de *Borassus aethiopum*, une espèce forestière locale intéressante sur les marchés locaux et régionaux, et l'existence d'une littérature assez fournie sur sa botanique, peu d'informations concerne sa domestication. Ainsi, ses caractères morphologiques ont été étudiés pour contribuer à l'identification de meilleurs individus à partir de son aire de distribution géographique dans la zone soudano-guinéenne du Bénin. Un tel travail de caractérisation morphologique de *Borassus aethiopum* constitue un maillon essentiel de la sélection variétale et de la sélection à l'aide des outils biotechnologiques tels que la multiplication végétative et les marqueurs moléculaires afin de proposer à la domestication, des individus répondant aux préoccupations des communautés paysannes. Pour cela, le comportement de l'espèce dans la nature sur les plans édaphique, de la croissance en circonférence et en hauteur, puis le développement végétatif des organes de reproduction est nécessaire.

La réussite de la domestication de *Borassus aethiopum* passe nécessairement par la maîtrise de ses caractéristiques morphologiques liées aux fruits, aux feuilles et au bois, car la domestication doit déboucher sur une utilisation de l'espèce dans les jardins de case, dans les vergers de production, dans les boisements privés et les forêts des collectivités locales et domaniales. Cette vision rejoint l'idée de Hoyt (1992), selon laquelle la conservation d'une espèce sauvage *in situ* demande d'abord un échantillonnage et une comparaison de sa diversité génétique dans toute son aire de distribution géographique et écologique afin de la domestiquer.

Aujourd'hui, la valorisation durable et la domestication de *Borassus aethiopum* se justifient davantage face aux besoins croissants provenant de la forte pression démographique.

Cependant, toutes ces études n'ont fait que lever un coin de voile sur les données dont on a généralement besoin sur les espèces forestières productrices de PFNL. En effet, dans le but de conserver les espèces végétales vulnérables pour une utilisation durable, il est nécessaire d'avoir des informations sur des aspects tels que l'effet des activités humaines sur les populations des espèces ciblées, leur écologie (Peters, 1999 ; Dalle *et al.*, 2002), les méthodes de collecte, les menaces existantes et les attitudes pour la conservation des espèces (Tabuti, 2007).

Compte tenu de l'importance de l'espèce pour les communautés rurales et les insuffisances signalées de sa valorisation et de sa domestication, il importe d'élargir et d'approfondir les connaissances pour sa valorisation économique, son utilisation et sa gestion ultérieure plus durable dans les systèmes agroforestiers traditionnels.

C'est dans ce cadre que s'inscrit la présente étude intitulé « Investigations ethnobotaniques, variabilités écologique, morphologique, et conservation de *Borassus aethiopum* Mart. (Arecaceae) dans la zone soudano-guinéenne du Bénin » et qui se propose de contribuer à la valorisation et la conservation de l'espèce. Sur la base de ces préoccupations, un questionnement, des objectifs et des prédictions testables ont été définis.

1.2. Questions de recherche

Les questions de recherches relatives à la présente thèse se présentent sous deux angles. Globalement, il est question de savoir si les modes de valorisation de l'arbre concourent sa conservation. De façon détaillée, ces questions sont formulées comme suit :

1- Quelle est l'importance socio-économique de *Borassus aethiopum* dans la zone soudano-guinéenne?

2- Comment évolue le rônier au sein des autres espèces végétales du milieu d'étude ?

3- Existe-t-il une différence significative entre les populations de rôniers des trois districts de milieu d'étude sur le plan morphologique ?

4- Quelle est l'impact de l'exploitation actuelle des fruits de *Borassus aethiopum* sur la population de l'espèce ?

1.3. Objectifs de l'étude

L'objectif principal de la présente étude est de contribuer à la valorisation et la conservation de *Borassus aethiopum* dans la zone de soudano-guinéenne du Bénin.

Les objectifs spécifiques de ce travail sont de :

(i) déterminer la valeur socio-économique du rônier en fonction des groupes ethniques;

(ii) caractériser les différents habitats de rônier;

(iii) identifier les caractéristiques morphologiques de l'espèce ;

(iv) évaluer l'effet de la pression anthropique sur la population de l'espèce.

1.4. Hypothèses de recherche

L'hypothèse générale émise dans la réalisation de cette thèse et pouvant servir de réponse à la question principale est le manque d'informations sur *Borassus aethiopum* fait que l'espèce est sous utilisée et mal conservée.

Les objectifs spécifiques assignés à cette étude ont permis de formuler les hypothèses suivantes :

- l'importance accordée à l'utilisation des organes de rôniers dépend de la satisfaction obtenue par chaque groupe ethnique;

- les paramètres écologiques du *Borassus aethiopum* varient en fonction du type d'habitat ;

- la morphologie des organes de l'espèce dépend des conditions écologiques de chaque district phytogéographique ;

- les pieds mâles de *Borassus aethiopum* sont plus abondants que les pieds femelles ; ce qui porte préjudice à la conservation de l'espèce.

1.5. Clarification de concepts

Les concepts ci-après sont définis suivant plusieurs auteurs pour faciliter la compréhension du texte.

❖ Biodiversité

Selon la convention de Rio en Mai 1992, la biodiversité est définie comme la variabilité des organismes vivants, de toute origine, y compris, entre autres, les écosystèmes terrestres, marines et autres écosystèmes aquatiques et le complexe biologique dont ils font partie. Il apparaît sans doute que le concept de biodiversité relatif aux ressources alimentaires forestières végétales est la pluralité de ces ressources alimentaires au niveau des formations naturelles. Cette pluralité des Ressources Alimentaires Forestières Végétales (RAFV) est plus grande que celle des ligneux (Popoola et Oluwalana, 2000), particulièrement dans les forêts africaines qui constituent un immense réservoir des RAFV (Ouédraogo et Boffa, 1999) où sont récoltés des fruits, des légumes-feuilles et des plantes médicinales (Sokpon et Lejoly, 1996).

❖ Produits Forestiers Non Ligneux

Les termes utilisés pour désigner les produits forestiers non ligneux (PFNL) ont évolué dans le temps. En effet, au début des années 80, les PFNL étaient désignés sous les vocables de " produits forestiers mineurs" (Shiembo, 1986) ou " produits accessoires" ou encore " Produits secondaires", employés notamment par les agents des Eaux et Forêts. Ces termes sous entendaient que le bois d'œuvre était un produit « majeur ». En effet, depuis plusieurs années, la mise en valeur des reliques forestières s'était basée sur l'exploitation du bois considéré comme seul produit que l'on peut tirer des forêts. Mais pour les populations riveraines, les ressources forestières, autres que le bois, sont très importantes et accessibles à tous, par opposition au bois d'œuvre (Plouvier, 1997). Wickens (1991) définit les PFNL comme toute substance biologique susceptible d'être extraite d'écosystèmes naturels ou de plantations aménagées, etc. utilisées à des fins domestiques, commerciales ou dotées d'une signification sociale, religieuse ou culturelle spécifique. Dans le même ordre d'idées, Tsiamala-Tchibangu et Ndjigba (1998) rapportent « qu'il s'agit d'aliments, de comestibles, de médicaments, d'animaux et des produits tirés d'animaux, de matières premières pour l'artisanat et des produits utilisés en construction ou lors des manifestations culturelles ou religieuses ». Généralement, les PFNL sont considérés comme « tout matériel biologique qui peut être extrait des forêts naturelles, des bois, des jachères ou des plantations forestières, ainsi que leur utilisation à des fins de récréation, parc ou réserve ». Ces deux dernières définitions semblent plus complètes que celle donnée par la FAO (2002) et l'IPGRI (1999), car elle prend en compte la biodiversité et les potentialités économiques et sociales.

Tout au long de ce travail, le terme de PFNL sera utilisé dans le sens défini par Wickens (op cité). Le rônier dont les organes (feuilles, écorces, fruits, graines) participent à divers usages (alimentaire, commercial, médicinal) répond bien à cette appellation.

❖ **Ressources alimentaires forestières végétales**

Au Bénin, les PFNL ont été désignés sous le terme " Ressources Alimentaires Non Conventionnelles" (Mensah *et al.,* 1998). Ce terme désigne tout aliment d'origine végétale ou animale pouvant entrer dans l'alimentation des êtres vivants mais non connu du grand public. Le sens attribué aux "PFNL" a évolué du fait de leur méconnaissance ou du manque d'informations complètes. Les PFNL étaient le plus souvent restreints aux produits alimentaires sauvages (Herzog, 1992). Toutes ces définitions reflètent la biodiversité, les valeurs sociales et culturelles et mêmes physiques, tirées des forêts par les riverains, à savoir la cueillette de fruits et légumes, les prières et sacrifices en forêt, les promenades etc. (Saastomonien, 1992).

Il apparaît clair que les Ressources Alimentaires Forestières Végétales (RAFV) sont une composante des PFNL et regroupent selon Okigbo (1977) des espèces végétales qui entrent dans l'une des trois catégories suivantes, à savoir :

- plantes vraiment sauvages qui poussent spontanément et sans aucune influence ;
- plantes poussant à l'état naturel et qui sont bien entretenues ;
- plantes pouvant pousser spontanément ou que l'on peut planter ou semer.

Ces RAFV fournissent à la population divers produits, à savoir : les feuilles, les fruits, les graines, les tubercules, les écorces, etc.

❖ **District phytogéographique**

De par sa façade maritime au sud, sa forme allongée dans l'interland, et sa positron à l'intérieur du 'Dahomey Gap', le Bénin est marqué par une diversité de traits géomorphologique, géologique, hydrographique, édaphique, climatique et démographique qui explique la diversité et la fragmentation des formations végétales et la variabilité de la composition floristique des groupements végétaux. Selon Akoègninou *et al.,* (2006), différentes classifications et esquisses des grandes zones éco-floristiques de l'Afrique entière ou de certaines régions du continent ont fait l'objet de nombreux travaux (Hubert, 1908; Chevalier, 1933 et 1938; Aubréville 1937 et 1949; Lebrun 1947: Trochain, 1970; Guillaumet et Adjanohoun, 1971; White, 1986). A ces classifications s'ajoutent celles qui concernent spécifiquement le Bénin FAO-PNUD (1980), Adjanohoun *et al.* (1989) et Houinato *et al.* (2000), Akoègninou (2004), Adomou (2005).

Une des plus récentes de ces classifications (Adomou, 2005), inspirée de Houinato *et al.* (2000), Adjanohoun *et al.* (1989) et prédécesseurs, est fondée essentiellement sur l'application de la phytosociologie au découpage phytogéographique à grande échelle; toutefois, les dénominations des subdivisions phytogéographiques y sont plus clairement énoncées. La classification d'Adjanohoun *et al.* (1989) respecte mieux la trilogie climat végétation - flore. Elle paraît donc plus complète et rend compte plus fidèlement de la réalité du terrain, aussi que dans la prise en compte des travaux antérieurs, du contexte sous-régional que des grands agents modificateurs physiques et biotiques des formations végétales.

Toutefois, une modification est portée sur les secteurs "Forêt semi-décidue sèche appauvrie" et "savane à baobab" qui sont fusionnés en un seul secteur d'une part. Les travaux de Natta (2003)

26

sur les forêts riveraines, de Akoègninou (2004) sur les forêts actuelles béninoises et de Adomou (2005) sur les patrons de la végétation et les gradients environnementaux ajoutent plusieurs aspects et détails à la connaissance de la flore du Bénin.

La classification utilisée dans le présent travail est celui de Adomou (2005) qui respecte mieux la trilogie climat, sol et relief et dont l'expression « District » pour les découpages phytogéographiques. Elle paraît donc plus adaptée au contexte écologique de la présente étude et prend en compte les travaux antérieurs.

❖ **Screening phytochimique**

Le screening phytochimique est un ensemble des méthodes et techniques de préparation et d'analyse des substances organiques naturelles de plante. Le screening phytochimique est basé sur les réactions (coloration et précipitation) différentielles des principaux groupes de composés chimiques contenus dans les plantes selon la méthode de Houghton et Raman (1998).

Le but final de l'étude des plantes médicinales est souvent d'isoler un ou plusieurs constituants responsables de l'activité particulière de la plante. De ce point de vue, les techniques générales de screening phytochimique peuvent être d'un grand secours. Ces techniques permettent de détecter, dans la plante, la présence des produits appartenant à des classes de composés ordinairement et physiologiquement actifs. Le nombre de ces classes est important et il ne peut être vérifié que par la présence de chacune. Il faut choisir et il est retenu les classes reconnues comme les plus actives mais aussi les plus faciles à détecter compte tenu des ressources techniques disponibles.

Pour mettre en place une base de données crédible et fiable sur l'espèce, il est indispensable de mener des investigations documentaires et en milieu réel. C'est dans ce cadre que le chapitre 2 a été rédigé pour faire la lumière sur la littérature existante sur l'espèce.

CHAPITRE 2 : SYNTHESE BIBLIOGRAPHIQUE SUR *BORASSUS AETHIOPUM*

Ce chapitre présente un aperçu général sur la taxonomie à travers la position systématique, les espèces voisines el la répartition géographique de *Borassus aethiopum*. Ce chapitre met également l'accent sur la description botanique, l'écologie, la régénération, la sylviculture et les maladies de l'espèce.

2.1. Position systématique, espèces voisines et répartition géographique du rônier

Le genre *Borassus* appartient à l'Ordre des Arécales et à la Famille des Arecaceae qui compte au total 226 genres et près de 3000 espèces (Cabannes et Chantry, 1987). Du point de vue phylogénique, *Borassus aethiopum* est relié à une seule espèce (*Borassus flabellifer)* selon (Cabannes et Chantry, 1987) et à deux autres espèces (*Borassus akeassii*, et *Borassus flabellifer*) selon Guinko *et al.*(2002) et Bayton *et al.* (2006).

Le genre *Borassus* renferme ainsi un nombre d'espèces variables selon les auteurs. Notamment, un débat de spécialistes court depuis des décennies entre les partisans de la présence de plusieurs espèces en Afrique *(Borassus aethiopum* et *Borassus akeassi)* et ceux qui soutiennent l'existence d'une seule espèce *(Borassus aethiopum)*. Pour ces derniers, l'espèce *Borassus aethiopum* renferme plusieurs sous- espèces ou variétés. Le débat est loin d'être clos, et certaines études recommandent la prudence (Arbonnier, 2002; Aké *et al.,* 1996).

Il était communément admis et ce, jusqu'en 2005, qu'il n'existait que deux espèces de *Borassus,* l'une en Asie *(Borassus flabellifer*) et l'autre en Afrique *(Borassus aethiopum).* Dans l'encyclopédie de 1804, Lamarck a rattaché tous les rôniers à *Borassus* de l'Inde *(Borassus flabellifer).* En 1838, Martius dans son histoire des palmiers, fit une distinction entre l'espèce *Borassus aethiopum* et l'espèce *Borassus flabellifer* (Giffard, 1967).

En 1913, Becarri, un spécialiste de la systématique des palmiers a décrit sept espèces de *Borassus* (Giffard, 1967) qui sont:

• *Borassus flabellifer* en Asie;

• *Borassus sundaica* en Malaisie;

• *Borassus aethiopum* en Afrique tropicale avec deux variétés: *senegalensis* et *bagamojensis;*

• *Borassus deleb* au Soudan et en Nubie;

• *Borassus sambiranensis* à Madagascar;

• *Borassus madagascarensis* également à Madagascar;

• *Borassus heineana* en Nouvelle Guinée.

2.1.1. Description générale de *Borassus aethiopum*

Le premier botaniste qui a récolté *Borassus aethiopum* sur le continent africain fut Adanson. Communément appelé rônier ou Borasse, le rônier a été observé vers les années 1750 au Sénégal et baptisé « ron », mot qui fut ultérieurement transformé en « rônier » (Cabannes et Chantry, 1987). Son origine est en Afrique, principalement en Afrique sahélienne : Ethiopie, Niger et Sénégal et sa dispersion dans les zones semi-arides et sub-humides d'Afrique est due en grande partie aux migrations des éléphants et des hommes (FAO, 1998). On rencontre également les peuplements naturels de *Borassus* spp au Bénin, au Niger et au Togo suivant les rives du fleuve Pendjari et ses affluents (Guinko et Ouédraogo, 2004).

D'après Cronquist (1988), la position systématique du rônier est le suivant :

Règne : Végétal ou Plantae

    Sous-règne : Tracheobionta

        Embranchement : Magnoliophytes

            Classe : Liliopsida

                Sous-Classe : Arecideae

                    Ordre : Arécales

                        Famille : Arecaceae

                            Sous Famille : Borassoïdeae

                                Tribu : Borasseae

                                    Genre : Borassus

                                        Espèce : *Borassus aethiopum* Mart.

Le genre Borassus auquel appartient le rônier compte trois espèces (*Borassus aethiopum,* *Borassus akeassii* et *Borassus flabellifer*). Les deux premières sont rencontrées en Afrique et la troisième en Asie. Au Bénin, seule l'espèce *Borassus aethiopum* est rencontrée pour le moment (Akoègninou *et al.*, 2006). Selon le même auteur, on rencontre au Bénin 26 genres de la famille des Arecaceae dont neuf autochtones (*Hyphaene, Borassus, Phoenix, Elaeis, Raphia, Cocos, Laccosperma, Eremospatha, Dypsis*) et dix-sept exotiques (*Areca, Calamus, Licuala, Pritchardia, Washingtonia, Corypha, Bismarckia, Sabal, Caryota, Hyophorbe, Arenga, Howea, Cyrtostachys, Roystonea, Adonidia, Archontophoenix et Areca*).

2.1.2. Caractéristiques morphologiques

Le rônier est un arbre dioïque. C'est l'un des plus beaux palmiers remarquables de l'Afrique (Photo 1). Selon Cabannes et Chantry (1987), Baumer (1995), Arbonnier (2000) et Akoègninou *et al.* (2006), l'espèce présente plusieurs caractéristiques botaniques (figure 1).

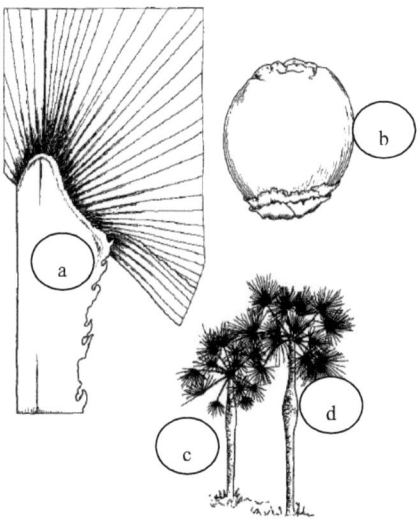

Figure 1: a : feuille, b : fruit, c : tronc et d : renflement du rônier

Source : Akoègninou *et al.* (2006)

Photo 1: Vue partielle d'un parc à rônier dans le village de Thio

Prise de vue : Gbesso, 2012

Il est observé sur la photo 1 des pieds de *Borassus aethiopum* accompagnée de quelques espèces de savane arbustive. Il faut aussi remarquer que l'espèce est relativement abondante à cet endroit.

* Les racines

Elles sont fasciculées, nombreuses, cylindriques et minces (0,5 cm de diamètre). Les plus anciennes sont recouvertes d'une cuticule lignifiée d'un noir foncé. La plupart des racines est située à faible profondeur (entre 20 et 80 cm) dans un rayon de de 2 mètres (Monnier, 1965). Une autre partie s'enfonce plus profondément dans le sol. Les racines sont également entremêlées et englobent de la terre, des graviers et des cailloux. Ces racines exploitent une grande surface et pompent l'eau à faible profondeur. Cette eau sera stockée dans le stipe (Cabannes et Chantry, 1987). Sur les sols à faible pouvoir de rétention d'eau, les racines portent les radicelles pour une meilleure utilisation de l'eau disponible dans ce type de sol (Maignien, 1965). Ces radicelles ne sont pas observées sur les rôniers des zones très humides.

* Le stipe

Le rônier est un arbre à port érigé qui a un stipe droit, lisse et gris. Le tronc atteint 20 et 25 m de hauteur. Le diamètre à la base varie entre 50 et 70 cm. Le stipe, à l'âge adulte, présente 1, 2 ou 3 renflements suivant l'âge. Le premier apparaît à 20 ou 30 ans, le deuxième vers 90 ans et le troisième à 120 ans (Bellouard ,1950 et Giffard ,1967).

* Les feuilles

Chez le genre *Borassus*, les feuilles flabellées sont réparties tout au long de la tige dans le jeune âge. Chez l'arbre adulte, elles sont groupées au sommet du stipe en un bouquet plus ou moins développé. Il y a une quinzaine de feuilles vertes, plus de 2 ou 3 feuilles flabellées et 6 à 9 feuilles sèches.

Toute l'année, l'arbre produit des jeunes feuilles flabellées, qui repoussent les anciennes vers l'extérieur. La partie extérieure de la vieille feuille tombe et seule la base du pétiole demeure.

Durant les premières années, le fût continue à être entouré à la base des pétioles des anciennes feuilles (Cabannes et Chantry, 1987).

* Le limbe

Le limbe atteint sa taille maximale (1,80 m d'envergure) peu de temps après l'épanouissement de la feuille. Il est formé de 70 à 80 lobes fortement effilées, vert luisant, groupées en éventail au sommet du pétiole, et soudées entre elles sur près de la moitié de la longueur (Baumer, 1995).

* Les pétioles

Ils sont plats sur la partie supérieure et convexe sur la partie inférieure. Ils sont garnis d'épines irrégulières dans le prolongement de la face supérieure (Cabannes et Chantry, 1987) et Arbonnier (2002).

* Les inflorescences et leurs fleurs

Selon Cabannes et Chantry (1987), Arbonnier (2002) et Akoègninou *et al.* (2006), *Borassus aethiopum* est dioïque. L'inflorescence mâle (planche 1a) est une panicule axillaire verte et brune à brune, rarement ramifiée, atteignant 1,8 m de long. Quant à l'inflorescence femelle (planche 1 b), elle se présente sous la forme d'une panicule non ramifiée et courte, à fleurs peu nombreuses, disposées sur deux spirales.

Les fleurs mâles sont petites et nombreuses, serrées, insérées à l'aisselle d'une bractée à 3 tépales externes libres et 3 tépales internes soudées à la base.

Les fleurs femelles sont plus grandes que les fleurs mâles, à tépales charnus et réniformes. Après fécondation, elles donnent des fruits qui arrivent à maturité après trois mois, surtout entre janvier et mars.

Planche 1 : Inflorescences du rônier ; a : inflorescence mâle, b : l'inflorescence femelle

Prise de vue : Gbesso, 2012

34

La planche 1 montre deux pieds de *Borassus aethiopum* dont l'une (a) porte les fleurs mâles de l'espèce et l'autre (b) les fleurs femelles ayant évolué pour donner des fruits. L'inflorescence constitue un élément de différenciation entre le pied mâle et le pied femelle de l'espèce.

* Les fruits

La fructification du rônier est étalée dans le temps. Verts foncés au début, les fruits deviennent jaunes orangés à maturité (planche 2). Ils s'observent sur l'arbre durant toute l'année et dégagent une forte odeur de térébenthine quand ils sont mûrs. Selon Akoègninou *et al.* (2006), les fruits sont présents de septembre à mai.

Les fruits sont regroupés sur des axes serrés par 40 à 50 pesant 25 à 50 kg. Ce sont des drupes ovoïdes ou globuleuses, lisses de 15 à 20 cm de diamètre (Arbonnier, 2002). Ces fruits verts foncés au début, deviennent rouges orangés ou jaunes marrons quand ils sont mûrs. Leur maturité est obtenue au bout de trois mois.

Le mésocarpe du fruit est fibreux et charnu. Il contient deux ou trois noyaux de 5 à 8 cm de diamètre chacun. La graine a un albumen caverneux, blanc, corné et protégé par une coque épaisse et lignifiée.

Planche 2 : Photos montrant les fruits de rônier ; a : un rônier à fruits mûrs et non mûrs, b : fruits mûrs, c : une coupe mi- transversale d'un fruit non mûr

Prise de vue : Gbesso, 2012

La planche 2 montre les différents stades de développement des fruits de *Borassus aethiopum* (photos a et b). Quant à la photo 2c, elle montre un fruit non mûr à plusieurs noyaux dont le contenu est consommable et presque similaire à celui du coco (*Cocos nucifera*).

2.2. Ecologie et biologie du rônier

D'après les études de Lubeigt (1979), *Borassus aethiopum* est un arbre de grande plasticité écologique, capable de résister à la sécheresse comme à l'humidité ou à l'inondation. Elle peut s'adapter apparemment à tous les types de sols et résister aux fortes températures. On trouve les rôniers partout sur des sols ferrugineux tropicaux, sols rouges généralement sablo-limoneux ou des sols alluvionnaires dont la nappe phréatique n'est pas trop profonde et sous des pluviométries annuelles de l'ordre de 400 mm à 1600 mm (Cabannes et Chantry, 1987). Il se comporte indifféremment dans des dépressions périodiquement inondées, sur des terrains marécageux, aux bords des fleuves et des rivières. C'est un arbre qui indique la présence d'eau mais qui craint l'inondation prolongée. Le rônier supporte une température de 25 à 35 °C. Son développement nécessite une lumière intense.

On le trouve par contre rarement sur les sols noirs. Ces meilleurs sites sont les bons sols agricoles ; d'où sa fréquente association avec les cultures. Les feux de végétation et la sècheresse paraissent laisser le rônier indifférent et il se régénère naturellement en abondance en dépit de leurs passages annuels. Le rônier est une espèce à croissance très lente (de 30 à 40 cm de taille par an).

2.3. Distribution géographique

Selon Cabannes et Chantry (1987), le genre *Borassus* se rencontre dans les zones semi-arides et sub-humides d'Afrique tropicale, dans le Sud de l'Asie et dans les îles du Pacifique et de l'Océan Indien (figure 2).

Selon le même auteur, *Borassus aethiopum* est d'origine Afrique tropicale et sa zone de distribution coïncide avec les zones soudaniennes et soudano-sahéliennes. On le retrouve au Niger, au Tchad, au Mali, au Burkina-Faso, en Côte d'Ivoire, au Nigéria, en Gambie, en Mauritanie, au Togo, au Sénégal et au Bénin. Selon Hans-Jürgen (1987), le rônier a besoin d'eau à faible profondeur et indique la présence d'eau souterraine.

Au Bénin, l'espèce se retrouve dans les dix (10) phytodistricts que compte le pays tel que défini par Adomou (2005). Cela stipule que l'espèce se rencontre aussi dans la zone guinéenne (subéquatoriale). Selon Orwa *et al.* (2009), *Borassus aethiopum* est généralement retrouvé sur des sols sableux, bien drainés, mais il a une préférence pour les sols alluviaux aux alentours des cours d'eau. Le même auteur rapporte que la pollinisation de l'espèce est en grande partie assurée par les insectes. Par ailleurs, les éléphants étant friands des fruits, sont réputés dans la dissémination des graines.

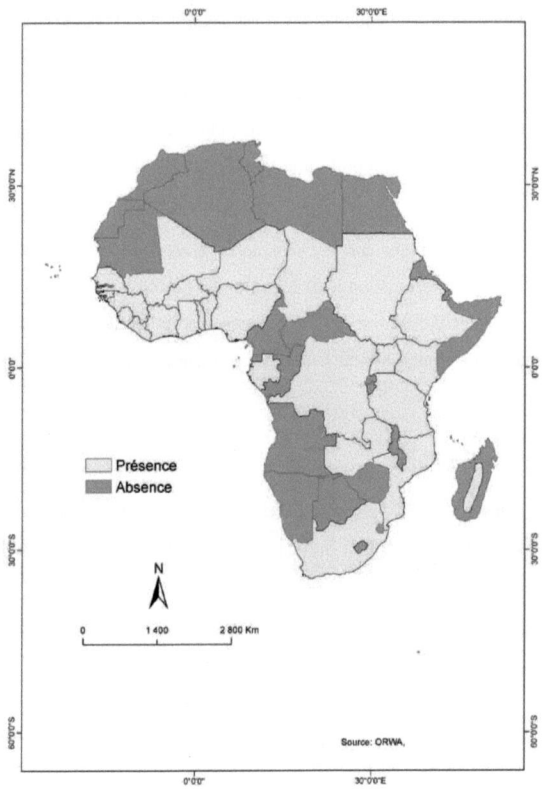

Figure 2 : Distribution naturelle de *Borassus aethiopum* en Afrique (Orwa *et al.*, 2009)

2.4. Régénération naturelle

Dans les zones riches où il existe un nombre important de semenciers, *Borassus aethiopum* se régénère abondamment et naturellement par semis.

Selon UNSO (1993), les rôniers adultes semblent parfois empêcher à leur pied le développement des jeunes semis. Selon le même auteur, cela s'expliquerait par la concurrence des racines vis-à-vis de l'eau en saison sèche.

2.5. Régénération artificielle

La régénération artificielle du rônier montre parfois quelques difficultés. On distingue deux méthodes de régénération artificielle : le semis direct et le semis indirect.

❖ Semis direct

Le rônier est une plante facile à multiplier par semis direct. On peut pratiquer l'enfouissement des noix de rônier en vue d'une réintroduction de l'espèce sur un terrain approprié. Pour la réussite d'une telle opération, le site de reboisement doit être bien choisi ainsi que le terrain qui doit être bien préparé (Houankoun, 2003).

- Choix du site de reboisement

Les sols sableux sont préférables et il est conseillé d'éviter l'intérieur des bas-fonds.

- Préparation du terrain

Le rônier ne supporte ni la concurrence herbacée, ni la concurrence ligneuse ; ce qui impose de nombreux dégagements lorsqu'on opère en forêt. Ce n'est pas une espèce à multiplier en pépinière car il y aurait rupture de l'axe hypocotylaire lors de la transplantation pépinière-terrain. Pour cela, après la collecte des noix, il faut les stocker en tas sur le site à reboiser. Après la putréfaction du mésocarpe et le détachement des graines, on peut procéder au semis manuel.

❖ Semis indirect

Pour des plantations à petite échelle, réalisées avec du personnel soigneux, on peut faire prégermer les graines dans des fossés remplis de sable humide pendant deux mois. La graine germée sera transplantée avec beaucoup de soins pour éviter la rupture de l'axe hypocotylaire. Un traitement à l'insecticide peut éviter des dégâts (Houankoun, 2003).

2.6. Sylviculture de l'espèce

❖ **Germination**

La germination des graines ne se produit qu'en saison des pluies et s'opère une à six semaines après la chute au sol des fruits ou leur mise en terre (Cabannes et Chantry, 1987). Un axe hypocotylaire se développe et s'enfonce à 40 cm de profondeur. Cet axe commence à se gonfler au détriment de réserves de la noix. Ensuite une première feuille sort et perce le sol pour développer un stipe à partir de la sixième année. Il faut attendre 10 ans pour que la couronne se développe. La figure 3 résume les différentes étapes de la germination.

Les animaux jouent un rôle prépondérant dans la germination du rônier par leur déjection. De même, ils contribuent à disséminer les graines à travers les champs ; c'est le cas de la commune de Karimama où les parcs à rôniers ont été mis en place grâce aux semences disséminées par les éléphants du parc national W par le biais de leurs déjections (Wassi, 2004).

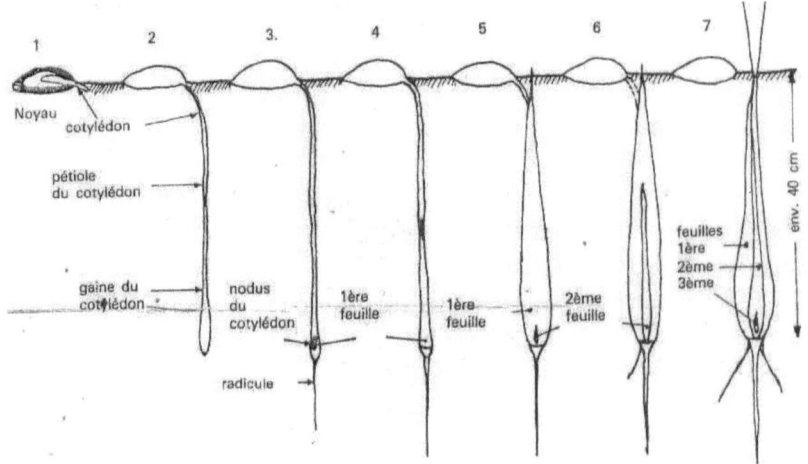

Figure 3: Différentes étapes de la germination du rônier

(Source : Gschladt, 1970)

❖ **Croissance et développement**

Le rônier est une espèce à croissance lente. C'est un arbre qui ne développe pas de tronc avant l'âge de 10 ans et plus. Sa croissance en hauteur dépend de l'abondance et de la disponibilité en eau du sol. La coupe des jeunes feuilles empêche la croissance de l'arbre.

D'après les observations de Gschladt et Laouli cité par Cabannes *et al.* (1987), le diamètre du rônier atteint d'abord sa dimension définitive avant que l'arbre ne commence par croître en hauteur. Le cycle végétatif comporte 3 stades :

- Stade 1 : le tronc est enfoui dans le sol jusqu'à l'âge de 6 à 8 ans.

- Stade 2 : le tronc du rônier sort progressivement du sol et durant les premières années, le fût de l'arbre est encore entouré par les gaines des anciennes feuilles.

- Stade 3 : A partir de 20 ans, le tronc commence à se renfler. Les feuilles qui étaient jusqu'à ce temps réparties tout le long du stipe, tombent et ne laissent qu'un bouquet au sommet de l'arbre. A ce stade apparaissent les fleurs et les fruits permettant de différencier le pied mâle du pied femelle. Seule la partie du tronc se trouvant au-dessus du renflement est exploitable (7 m en moyenne). Selon Cabannes et Chantry, (1987), l'âge d'exploitabilité du tronc de rônier varie entre 60 et 80 ans. La figure 4 montre les stades de croissance d'un rônier et la photo 2 montre un jeune rônier en pleine croissance.

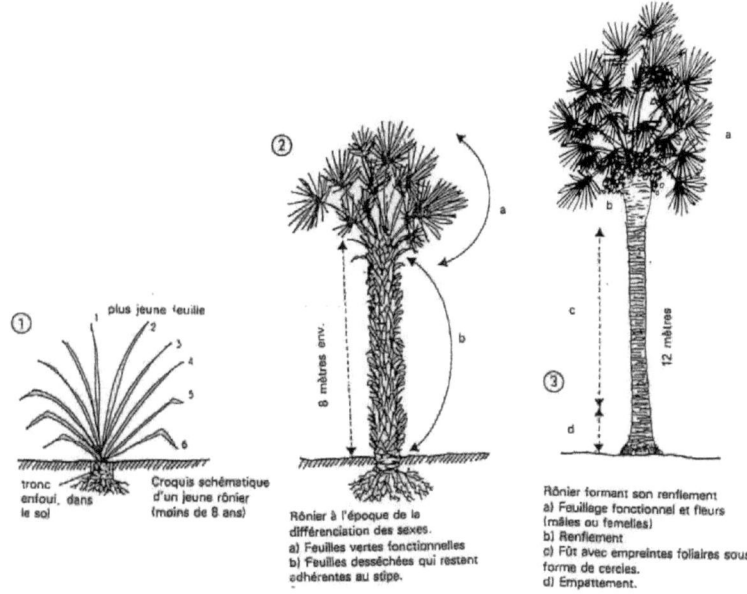

Figure 4: Stades de croissance d'un jeune rônier (les âges sont des estimations)

(Source : Cabannes et Chantry, 1987)

41

Photo 2: Vue d'un jeune rônier

Prise de vue : Gbesso, 2012

La photo 2 illustre un jeune rônier avec des feuilles autour du tronc ; ce qui témoigne de son jeune âge. Il faut noter que plus l'espèce grandit, plus les anciennes feuilles tombent.

2.7. Ennemis et maladies du rônier

Les maladies et les ravageurs du rônier sont très peu connus dans l'ensemble de la zone d'étude. La littérature rapporte que le champignon *Phytophtora palmivora* fait pourrir le bourgeon terminal des palmiers en général, donc des rôniers. Les éléphants en dévorent également le bourgeon et les fruits (Thiès, 1994).

2.8. Propriétés du bois

Le bois du rônier est de première qualité pour la construction parce qu'il résiste aux termites et aux champignons. C'est un bois imputrescible en l'absence d'eau. Il se scie mal à cause de sa structure fibreuse mais se fend bien pour donner des lattes qui servent à faire des chevrons, linteaux, charpentes, piquets et autres (UNSO, 1993).

2.9. Associations végétales liées au rônier et sa place dans le système agraire

Le rônier est souvent en association avec des espèces comme *Piliostigma thonningii, Adansonia digitata, Balanites aegyptiaca, Vitellaria paradoxa, Fluegia virosa, Tamarindus indica, Stereospermum kunthianum, Anogeissus leiocarpa, Terminalia avicennioïdes*, (Wassi, 2004).

On retrouve le rônier dans le même paysage agroforestier que les autres ligneux qui se différencient en arbres plantés ou laissés lors du défrichement. La majorité des champs contient au moins un grand arbre qui sert de refuge contre le soleil pour les hommes et les animaux, de hangar à outil, de grenier temporaire, etc., selon Wassi (2004) et Houankoun (2003).

Codjia *et al.* (2003) indiquent que l'intérêt de *Borassus aethiopum* dans les systèmes agroforestiers réside dans la commercialisation de ses hypocotyles et de son vin d'une part, par l'utilisation de son bois pour la construction d'autre part.

2.10. Système agroforestier à base de rônier

Le rônier reconnu comme espèce à usages multiples s'intègre parfaitement bien dans les systèmes d'exploitation dans toute la zone d'étude. Il est conservé dans les exploitations agricoles en association avec beaucoup d'autres espèces pour son intérêt économique, mais aussi pour ses usages thérapeutiques et médico-magiques.

On le rencontre sans distinction dans les champs de sorgho (*Sorghum bicolor*), de petit mil (*Digitaria exilis)*, de coton (*Gossipium barbadense*), de riz (*Oryza sativa*), de maïs (*Zea mays*), et d'arachide *(Arachis hypogea)*. La photo 3 illustre un cas d'association.

Photo 3: Présence de rônier dans un champ de maïs à Diho

Prise de vue : Gbesso, 2012

La photo 3 illustre des rôniers dans un champ de maïs ; ce qui témoigne de l'agroforesterie de l'espèce dans la zone d'étude.

2.11. Modes de création des parcs à rôniers

Les parcs sont généralement définis comme étant « des paysages où des arbres sont disséminés dans des champs ou des jachères récentes ». Dans l'inventaire de l'ICRAF, ces parcs appartiennent généralement à la catégorie des arbres à « usages multiples » (Zéromé, 2002).

Les animaux jouent un rôle prépondérant dans la dissémination des semences par leur déjection à travers les champs villageois, favorisant ainsi une meilleure conservation et la survie des semences en prolongeant la germination des espèces (Depommier *et al.*, 1992). Il contribue notamment à lever la dormance de certaines espèces. C'est par ce processus que la plupart des parcs à *Borassus aethiopum* du Bénin ont été mis en place. Les animaux ayant joué un grand rôle

44

dans ce domaine sont les singes qui raffolent des fruits et les éléphants qui disséminent les semences à travers leurs crottes (Wassi, 2004).

2.12. Nomenclature de *Borassus aethiopum* par les ethnies de la zone d'étude et d'ailleurs

Dans les régions où *Borassus aethiopum* est présent au Bénin, son appellation diffère d'un groupe sociolinguistique à un autre. Le tableau I récapitule les noms locaux au Bénin et ailleurs.

Tableau I : Quelques noms locaux de *Borassus aethiopum* au Bénin et ailleurs

	Groupes sociolinguistiques	Noms locaux	Sources
AU BENIN	Yoruba, Nago	Agbon olodu ; Agbon gbondjoï,	Akoègninou *et al.*, 2006 ; Gbesso, 2009
	Fon	Agontin ; agontéguédé	Akoègninou *et al*, 2006 ; Gbesso, 2009
	Idaatcha	Egué aagban	Gbesso, 2009
	Ditamari	Mukpétimu	Gbesso, 2009
	Lokpa	Kploho	Gbesso, 2009
	Yom	Kpanunan	Gbesso, 2009
	Peulh	Kpaatchi	Gbesso, 2009
	Anglais	African fan palm, great fan, tall palm	Ouinsavi, 2011 ; Gbesso,2009
	Français	Rônier, Borasse, Rondier	Akoègninou *et al*, 2006 ; Gbesso, 2009
AILLEURS	Ouolof	Rôn	Ouédraogo (1999) et Von Maydell (1983).
	Haoussa	Mouroutchi, murutchi	Ouédraogo (1999) et Von Maydell (1983).
	Gourmantché	Kpakpalbu, kpoakparbou, kpakpaliga	Kansolé, 2010
	Fulfulbé	Akot, soubé, dubé	Ouédraogo (1999) et Von Maydell (1983).
	Dioula	Sébé	Ouédraogo (1999) et Von Maydell (1983).
	Mooré, Yaana et Zaoré	Kwanga, kouanga	Ouédraogo (1999) et Von Maydell (1983).

Au regard de toutes ces différentes connaissances générales recensées sur l'espèce dans le monde, il est aussi nécessaire d'avoir des informations spécifiques au plan national. C'est ce que retrace le chapitre 3 à travers l'étude du milieu dans lequel évolue l'espèce.

CHAPITRE 3 : CADRE GÉOGRAPHIQUE DE L'ÉTUDE

Ce chapitre présente la localisation, les milieux physique et biotique du cadre de l'étude. La connaissance des éléments du climat, du substratum géologique et pédologique, du paysage morphologique, du réseau hydrographique, des types de végétation et des traits socioéconomiques du cadre de l'étude, est nécessaire pour la compréhension des facteurs écologiques et structuraux qui différencient les formations végétales et les degrés de connaissances ainsi que la variation morphologique.

3.1. Situation géographique

La zone de transition soudano-guinéenne du Bénin représente le secteur d'étude du présent travail. Cette zone a été choisie car elle abrite la principale activité d'exploitation de *Borassus aethiopum* qui est la vente des hypocotyles de rônier. La zone de transition soudano-guinéenne est située entre les parallèles 7°30' et 9°45' de latitude nord et les méridiens 1°30' et 2°40' de longitude est. C'est une zone phytogéographique à trois districts phytogéographiques à savoir Zou, Borgou sud et Bassila (Adomou, 2005). Elle est limitée au nord par la zone soudanienne, au sud par la zone guinéenne, à l'ouest par la République du Togo et à l'est par la République du Nigéria (figure 5). Elle couvre vingt-deux (14 complètement et 8 partiellement) communes administratives sur les 77 que compte le pays.

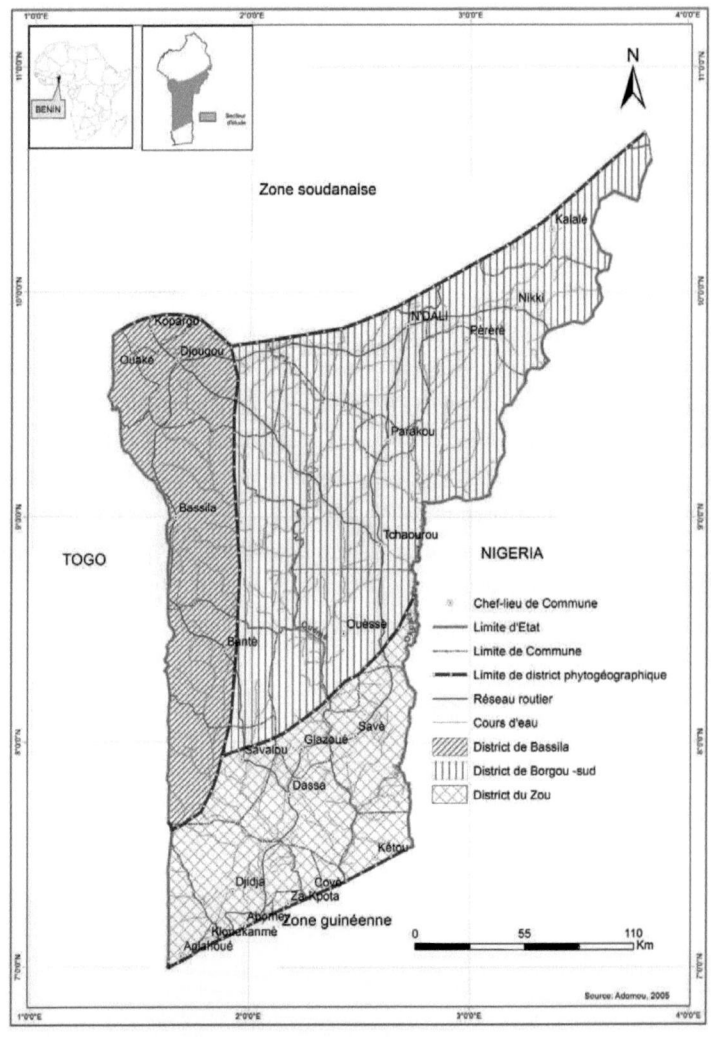

Figure 5 : Situation géographique du milieu d'étude

3.2. Données physiques

3.2.1. Climat

L'étude du climat sera limitée aux facteurs du milieu dont les actions sont prépondérantes dans l'existence et l'évolution de *Borassus aethiopum*, une espèce présente dans les formations végétales du Bénin. La zone soudano-guinéenne connait un climat de transition entre le climat subéquatorial du sud et le climat soudanien du nord. Les diverses données ont été fournies par l'ASECNA de Cotonou.

3.2.1.1. Insolation

Le soleil constitue pour la planète « Terre », la principale source d'énergie. Cette énergie intervient pour 48,39 % dans la transpiration, 31,40 % de la plante et du sol et 20,21 % se perdent par rayonnement dans l'atmosphère (Carles, 1973).

D'une façon générale, la zone soudano-guinéenne est bien ensoleillée, bien éclairées durant toute l'année. Les moyennes annuelles d'insolation des trois stations synoptiques à savoir Bohicon, Savè et Parakou (figure 6) que compte le secteur d'étude pour la période de 1967 à 1997 sont de 2152,7 heures à Bohicon et de 303258,6 heures à Parakou. Les minima mensuels sont enregistrés en août (96,3 heures) à Bohicon et les maxima en décembre (242,1 heures) à Parakou.

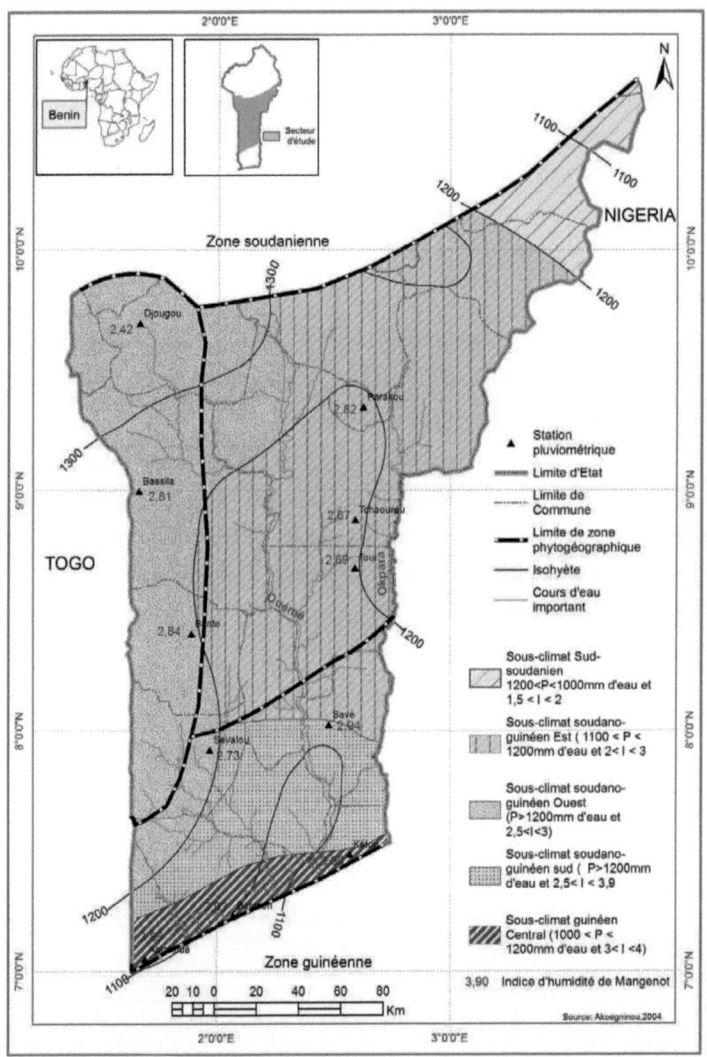

Figure 6 : Subdivisions climatiques de la zone soudano-guinéenne

3.2.1.2. Température

Les données présentées sont celles des stations synoptiques de la zone d'étude et des alentours. Les températures sont élevées partout toute l'année, mais elles ne sont jamais excessives. Les moyennes oscillent entre 26,22 °C à Djougou et 28,04 °C à Savalou pour la période de 1980 à 2010.

Comme l'insolation, ces moyennes, constamment élevées et presque homogènes de la température sur l'ensemble du secteur d'étude, ne constituent pas un facteur limitant pour les végétaux (Akoègninou, 2004).

3.2.1.3. Précipitations

Sous les tropiques, la pluie constitue un élément principal du climat. Elle a une importance indiscutable sur la vie de la plante. Comme le soulignait Carles (1973) dans Akoègninou (2004) ; « de cette pluie, est importante la quantité qui tombe, aussi l'époque de sa chute et son sort lorsqu'elle est tombée ». Dans cette optique une analyse des totaux pluviométriques et de leur répartition dans l'année sera faite.

❖ **Totaux pluviométriques**

Au total, 11 stations sont réparties sur toute l'étendue du secteur d'étude, mais 08 sont considérées (figure 7) pour raison de disponibilité de données. Les totaux pluviométriques varient de façon très disparate du sud vers le nord. C'est ainsi que les hauteurs de pluie de l'ordre de 1332 mm à Savè décroissent à 1067 mm à Savalou. Elle remonte à 1381 mm à Djougou. Les isohyètes illustrent bien cette irrégularité pluviométrique (figure 2) pour la période de 1980 à 2010. L'indice d'humidité de Mangenot (1951) a été aussi calculé pour identifier la station la plus humide pour deux stations ayant la même pluviométrie. Pour Mangenot (1951), deux stations ayant une même pluviométrie, la plus humide est celle dont l'indice est le plus élevé. La formule pour le calcul de l'indice se présente comme suit :

$$Y/X = (P/100 + Ms + Ux/5)/(ns + 500/Un) \text{ avec}$$

P = pluviométrie moyenne annuelle en mm ; Ms = moyenne des pluviométries des mois secs en mm ; Ux = humidité relative en % annuelle maxima ; Un = humidité relative en % annuelle minima et ns = nombre de mois secs dont P < 50 mm.

❖ **Répartition des pluies dans l'année**

L'intérêt de la répartition des pluies, dans l'année, réside surtout dans la connaissance de la période humide, favorable à la végétation mais surtout de la période sèche au cours de laquelle les plantes sont soumises à des conditions de vie extrêmement difficiles (Akoègninou, 2004). Selon Ogouwalé (2006), le climat de transition est caractérisé par l'inflexion plus ou moins prononcée des pluies au mois d'août, inflexion prononcée au sud et qui fait de ce mois, un mois pluvieux mais non humide ; inflexion légère pour la partie nord qui n'empêche pas le mois d'être classé humide et qui tend à donner un mode unique à la courbe pluviométrique (figure 7).

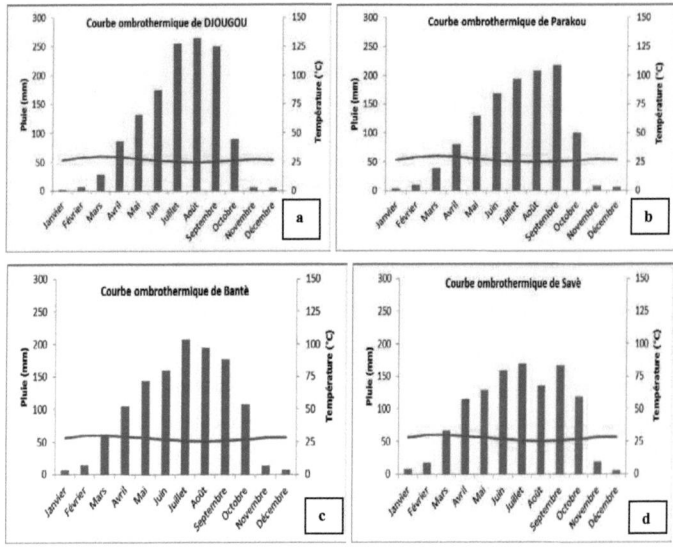

Figure 7 : Courbes ombrothermiques de quelques stations pluviométriques de la zone soudano-guinéenne

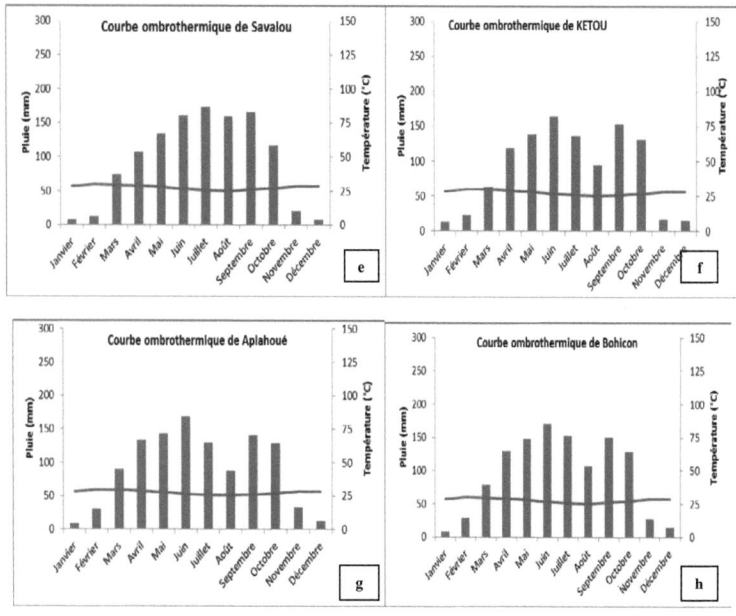

Légende ▬▬▬ : Hauteurs de pluie moyennes mensuelles ; ▬▬▬ : Températures moyennes mensuelles

Figure 7 : Courbes ombrothermiques de quelques stations pluviométriques de la zone soudano-guinéenne (Suite)

L'analyse de la figure 7 montre que les stations de Parakou (fig. 7 a), Djougou (fig. 7 b) et Bantè (fig. 7 c) présentent une courbe unimodale. Celles de Kétou (fig. 7 f), Bohicon (fig. 7 g) et Aplahoué (fig. 7 h) présentent des courbes bimodales. Quant aux stations de Savè (fig. 7 d) et de Savalou (fig. 7 e), elles présentent des courbes intermédiaires entre les deux précédentes.

De façon générale, les courbes ombrothermiques présentent deux pics qui se rapprochent et tendent à une fusion complète, ce qui se traduit par un régime pluviométrique moins sec que celui de la partie nord du pays mais également moins humide que celui de la partie sud du pays. L'étude de la répartition des pluies dans le secteur d'étude constitue un facteur pour connaître les milieux de prédilection de *Borassus aethiopum*.

3.2.1.4. Humidité relative

L'humidité relative joue un rôle atténuateur du déficit hydrique. Elle garde des valeurs mensuelles et annuelles relativement élevées toute l'année. Les moyennes décroissent généralement du sud vers le nord. Un rapprochement entre les moyennes mensuelles pluviométriques et celles de l'humidité relative permet de constater que les mois pluvieux sont également ceux au cours desquels l'humidité relative de l'air est élevée. Les écarts entre la moyenne annuelle et les valeurs mensuelles sont plus grands au nord (19 à Savè) qu'au sud (11,8 à Bohicon).

L'analyse des paramètres climatiques a permis de définir les caractéristiques des types de climats rencontrés dans le secteur d'étude afin de cadrer le rônier dans son milieu de vie (habitat). Ce cadrage ne pourra être fait que par une étude floristique de la végétation qui est considérée comme le répondant du climat. Avant d'en arriver là, il convient d'examiner l'apport d'autres facteurs écologiques comme la géomorphologie et la pédologie.

3.2.2. Facteurs édaphiques

Après le climat, les sols constituent le deuxième facteur du milieu naturel. Ils participent à la différenciation des groupements végétaux par leurs propriétés physiques, chimiques, liées à la diversité du matériau originel et à la géomorphologie (Akoègninou, 2004).

3.2.2.1. Caractéristiques géologiques et géomorphologiques du secteur d'étude

La zone soudano-guinéenne a un relief peu accidenté avec une altitude moyenne de 200 m (Adam et Boko, 1993), bien que possédant des escarpements rompant brusquement la monotonie du paysage (Black, 1967 ; Anonyme, 1989). Deux formations géologiques bien distinctes auxquelles sont liées des formes particulières de reliefs se partagent le milieu d'étude; il s'agit des formations sédimentaires d'une part qu'on rencontre au sud du secteur d'étude jusqu'à la latitude de Dan et des formations cristallines d'autre part qui couvre le reste du secteur d'étude. C'est surtout les formations cristallines qui sont présentes dans la zone soudano-guinéenne représentant le secteur d'étude (figure 8).

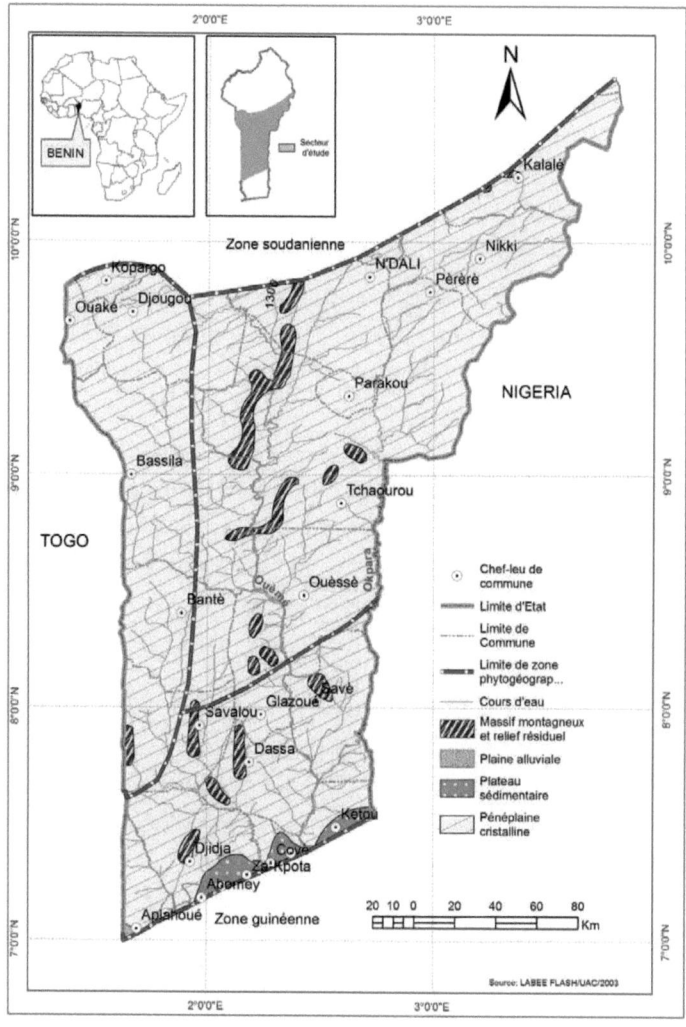

Figure 8 : Grandes unités géomorphologique de la zone d'étude

55

❖ **Formations cristallines**

Elles sont constituées de roches éruptives et de roches métamorphiques plissées antécambriennes (Slansky, 1962 ; Black, 1967 ; Dubroeucq, 1977a, 1977b, Anonyme, 1989). En réalité, il semble, après les considérations de Black (1967) sur les résultats de mesures d'âge absolues et de remarques tectoniques, que ces formations se situeraient à la limite du Cambrien et ne différeraient les unes des autres que par le degré de métamorphisme.

On distingue, d'une façon générale, le Dahoméyen et l'Atacorien.

Le Dahoméyen est la plus étendue des formations. Il comprend des micaschistes, des quartzites, des gneiss variés et des migmatiques complexes affleurant au niveau de Savalou. En son sein, apparaissent, dans les régions de Paouignan, Dassa-Zoumé et Savè, des granites syntectoniques calco-alcalins sous forme de collines.

L'Atacorien est formé de schistes et de quartzites très durs qui ont donné naissance aux seuls reliefs élevés du pays, les massifs de l'Atacora, d'altitude néanmoins modeste de 600 m (Adam et Boko, 1993). Il s'étend entre Djougou et Pénéssoulou. Le versant oriental est marqué de replats successifs et de petits chaînons parallèles alors que le rebord occidental est constitué d'un impressionnant escarpement de faille presque vertical.

3.2.2.2. Sols

D'après les travaux relatifs aux sols des régions tropicales (Fauck, 1956 ; Faure, 1987) et ceux de la République du Bénin (Volkoff, 1976 ; Willaine, 1976. Dubroeucq, 1977 ; Faure, 1977; Viennot, 1978 ; Faure et Volkoff, 1996) dans Akoègninou (2004), on reconnaît dans la zone de transition du Bénin, des sols ferrallitiques et des sols ferrugineux (figure 5). Selon Akoègninou (2004), cette classification, basée sur les processus d'évolution des sols, n'a pas toujours d'intérêt pour l'écologiste pour qui les facteurs édaphiques essentiels, comme le soulignait Lemée (1959), portent sur le « régime hydrique, l'aération, la teneur en éléments assurant la nutrition minérale, le pH de saturation du sol, etc. ». Selon le même auteur, il convient d'ajouter à tout cela, la profondeur du sol et sa richesse en matières organiques. Ainsi, par souci d'établir une liaison sol-végétation et pour un meilleur découpage des sols en fonction de la géomorphologie, Akoègninou (2004) distingue les unités pédologiques des sols drainés et celles des sols hydromorphes.

❖ **Unités des sols drainés**

Elles comportent deux grandes catégories de sols : les sols ferrallitiques faiblement désaturés ou terre de barre et les sols ferrugineux tropicaux.

• **Sols ferrallitiques faiblement désaturés**

Ils proviennent du Continental Terminal. Ils ont une structure grumelo-particulaire en surface et une texture sablo-argileuse à argilo-sableuse. L'argile qu'ils comportent leur confère une bonne cohérence permanente. Ils ont une bonne capacité de rétention, un pourcentage d'eau utilisable relativement faible mais compensé par le grand volume de terre exploitée par les racines, une bonne perméabilité et un bon indice de ressuyage.

D'une façon générale, ce sont des sols profonds, atteignant 10 m par endroits. Du point de vue chimique, on note partout une importante carence en potassium, une carence peu notable en azote et en phosphore. Le pH varie entre 5 et 7 et les fortes valeurs se rencontrent sous les jachères ou en savane. Les taux de matière organique oscillent entre 1 et 5 % (Volkoff et Willaine, 1976 ; Dubroeucq, 1977a, 1977b ; Faure, 1977a, 1977b ; Viennot, 1978). Signalons que la situation topographique du sol peut entraîner la variation de ces propriétés. Suivant la nature du substratum géologique sur lequel ils se sont développés, on peut distinguer trois sous-unités à savoir :

- les sols faiblement ferrallitiques sans concrétion sur roches sédimentaires,

- les sols faiblement ferrallitiques à concrétion et cuirasse sur roches cristallines,

- les sols faiblement ferrallitiques à concrétion et cuirasse sur roches sédimentaires.

Les premiers se différencient sur un matériau en place ou transporté. On les rencontre sur les grands plateaux, dans la zone de climat subéquatorial. Les seconds sont localisés aussi bien sur les crétacés que sur le socle granito-gneissique (figure 9). Les derniers ne sont représentés que par plaques circonscrites sur les plateaux du Continental Terminal, surtout sur le plateau de Sakété.

• **Sols ferrugineux tropicaux**

Les sols ferrugineux tropicaux occupent 75 % du territoire et sont plus représentés dans le domaine cristallin que dans le domaine sédimentaire. Ils se substituent aux sols ferrallitiques du secteur méridional suivant grossièrement une ligne qui passe par le nord des régions de Kétou,

Zangnannado, Bohicon, et Dogbo. Ils reposent sur plusieurs roches-mères éruptives ou métamorphiques (granite, embrêchites, gneiss) et sédimentaires. Ce sont des sols souvent concrétionnés et de texture légère. Le taux d'argile est inférieur à 10 % dans l'horizon A. L'horizon B, toujours argilo-sableux, peut être induré et former une carapace dure ou une cuirasse ferrugineuse. De richesse minérale médiocre (teneur en P2O5 comprise 0,5 % et 2 %) et de faible capacité de rétention, les sols ferrugineux ont un bon drainage et sont de faible profondeur (moins de 3 m). Leur capacité d'échange se situe entre 5 et 15 mEq/100g, leur pH entre 6 et 7 et leur taux de matière organique, entre 2 et 3 %.

En fonction de la nature du matériau originel, on peut distinguer deux grandes catégories de sols ferrugineux :

- les sols ferrugineux lessivés à concrétions sur roches cristallines (granite, embrêchites) ;
- les sols ferrugineux sur roches sédimentaires.

- **Sols minéraux bruts**

Ce sont des sols squelettiques qui se rencontrent fréquemment sur du substratum quartzitique ou gréseux, parfois granitique, plus rarement sur du substratum gneissique. Les principaux ensembles se situent dans le Nord-Ouest du Bénin sur les falaises de l'Atacora, plus nettement marquées dans la partie occidentale du massif. Ils sont aussi présents dans le Nord Est, sur les plateaux gréseux du Crétacé, dans la région de Kandi et dans le Centre sur les inselbergs de Badagba, Savè, Dassa-zoumé et de Savalou.

❖ **Unités des sols hydromorphes et vertisols**

Ils sont sous représentés à cause de leur faible superficie. Selon Agossou (1983) in Houankoun (2003), les vertisols représentent moins de 1 % de la superficie nationale. Quant aux sols hydromorphes, ils représentent 3 % du territoire.

- **Sols hydromorphes**

La classification des sols hydromorphes est basée sur la « présence et l'action de l'eau pluviale, l'eau de débordement des fleuves et l'eau de remontée de la nappe phréatique qui crée des situations d'engorgement périodique de durée variable » (Mondjannangni, 1969). Ils se rencontrent sur différents substratums géologiques, notamment sur matériau alluvial, argileux et sablo-argileux, sédiments argileux du continental terminal, granites et embrèchites.

Plusieurs types de sols se distinguent :

- les sols à hydromorphie temporaire de profondeur ou à hydromorphie temporaire intégrale ; ils sont gorgés d'eau en saison des pluies (de juin à septembre) par suite de la crue des fleuves ou de la remontée du niveau de la nappe phréatique ; ils sont localisés dans les plaines alluviales, sur les berges et les cordons littoraux ; ce sont des sols à texture plus argileuse (40 à 80 % d'argile), riche en matière organique et en matière minérale avec P2O5 variant entre 1 et 2 ‰ ;

- les sols à hydromorphie permanente ; ils sont localisés dans les zones marécageuses sub-littorales et dans certains fonds de vallées encaissées ; ils sont caractérisés par une forte teneur en matière organique et un pH toujours acide (pH= 5) ;

- les sols halomorphes caractérisés par l'eau salée qui crée des conditions physiologiques particulières.

L'analyse des facteurs géomorphologiques et édaphiques révèle l'existence d'une zone géographiquement presque homogène par la nature de leur substratum géologique et morphologique. De façon générale, il est noté dans tout le secteur sauf au Sud, la présence d'une pénéplaine cristalline légèrement ondulée, façonnée dans les formations géologiques anciennes au sein desquelles affleurent quelques inselbergs granitiques. La partie méridionale du secteur d'étude est constituée d'une série de plateaux (Abomey, Covè et Kétou) formée par des roches sédimentaires. Quant aux formations pédologiques, il est noté une nette dominance des sols ferrugineux présents dans les districts du Zou et de Borgou Sud ; viennent après les sols ferrallitiques présents dans le district de Bassila.

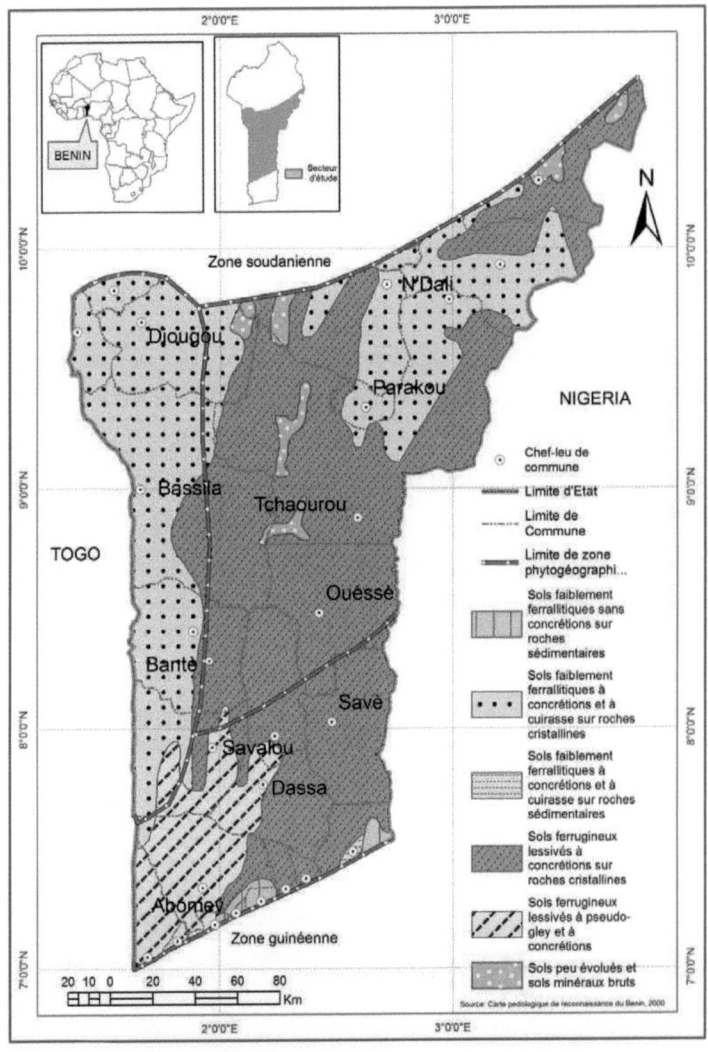

Figure 9 : Principales unités pédologiques de la zone d'étude

3.2.3. Formations végétales de la zone soudano-guinéenne

Selon Akoègninou *et al.* (2006), la zone de transition soudano-guinéenne est une mosaïque de forêt claire, de forêt dense sèche, de forêt dense humide semi décidue, de savanes arborée et arbustive et de galerie forestière. Elle comprend 3 secteurs désignés sous le nom de district par Houinato *et al.* (2000) et Adomou, 2005 (figure 10).

3.2.3.1. Secteur sud à climat de type forêt dense sèche ou secteur central sud ou district du Zou

Ce secteur correspond au district du Zou de Houinato *et al.* (2000) et de Adomou, 2005. Il prolonge la 'Southern Guinea Zone' de Keay (1953) cité par Akoègninou *et al.* (2006) au Nigéria qui s'étend jusqu'au Sud-est du Ghana. Il s'étend entre les méridiens 1°40' et 2°40' de longitude Est et les parallèles 7°20' à 8°40' de latitude Nord, dans le domaine de la pénéplaine précambrienne du Sud Bénin. Le climat est de type soudano-guinéen, caractérisé par la disparition progressive de la petite saison sèche et la fusion des 2 sommets pluviométriques. L'altitude y est variable, 150 à 200 m, voir 525 m au niveau de la colline de Savalou.

Le type de végétation climacique dans ce secteur dépend de la nature du sol. Il peut s'agir de la forêt dense humide semi-décidue (sol ferrallitique), de la forêt dense sèche (sol ferrugineux). Dans la forêt dense humide semi-décidue les espèces les plus importantes sont *Antiaris toxicaria, Aubrevillea kerstingii, Ceiba pentandra, Cola gigantea, Holoptelea grandis, Ricinodendron heudelotii, Anogeissus leiocarpa, Bequaertiodendron oblanceolatum, Blighia sapida, Dialium guineense, Lannea. nigritana, Mimusops andongensis* et *Tamarindus indica* (Akoègninou et Akpagana, 1997). Les espèces caractéristiques de la strate arborescente dans la forêt dense sèche sont *Isoberlinia* spp., *Monotes kerstingii, Anogeisus leiocarpa, Khaya senegalensis* (Akoègninou *et al.*, 2006). Physionomiquement, les galeries forestières ont l'aspect de forêt ombrophile. Elles sont riches en espèces, dont les plus fréquentes sont *Berlinia grandiflora. Elaeis guineensis, Hexalobus crispiflorus, Pouteria alnifolia, Cola gigantea, C. millenii, Lecaniodiscus cupanioides, Napoleonaea vogelii, Pterocarpus santalinoides* et *Uvaria chamae*. Les nombreuses collines sont colonisées par des groupements saxicoles, dont les prairies à *Afrotrilepis pilosa*, le fourré à *Hildegardia barteri*, la savane arborée à *Bombax costatum* et *Isoberlinia doka*, et la savane arbustive à *Pteleopsis suberosa*.

3.2.3.2. Secteur nord de type miombo ou secteur central nord

Il correspond au district Borgou sud de Houinato *et al.* (2000) et Adomou (2005). Ses limites se situent entre les méridiens 1°25' et 3°45' de longitude Est et les parallèles 9°15' et 10°45' de latitude Nord. Les caractères géomorphologique et géologique sont semblables à ceux du secteur précédent. Le climat est de type tropical sec ou soudanien avec une pluviométrie d'environ 1200 mm par an. Sur le plan de la végétation, on rencontre pratiquement les mêmes types de formations végétales que précédemment à savoir forêt dense humide semi-décidue, forêt dense sèche, forêt claire, savanes boisée, arborée, arbustive, galeries forestières et groupements saxicoles. Les espèces dominantes sont *Isoberlinia tomentosa, Uapaca togoensis, Monotes kerstingii, Protea madiensis* var. *eliottii.*

3.2.3.3. Secteur de forêt dense humide semi-décidue sèche à affinités soudano-guinéennes ou secteur central nord-ouest ou district de Bassila

Ce secteur englobe un type aberrant de végétation définie comme la «Dry semi-deciduous forest, fire zone subtype» (Hall et Swaine, 1991) cité par Akoègninou *et al.* (2006). Il constitue une portion de la partie ouest du district Borgou sud de Houinato *et al.* (2000). C'est la terminaison au Bénin du faciès sec de la forêt semi-décidue du Ghana et du Togo qui apparaît comme une enclave dans la zone soudano-guinéenne. La particularité du secteur est la forte pluviométrie (1300 mm par an). Dans les reliques de forêt dense humide semi-décidue (Pénéssoulou, Soubouroukou, Sérou et Sèmèrè), les espèces dominantes de la strate arborescente sont *Khaya grandifoliola, Celtis zenkeri, Celtis toka, Zanha golungensis, Bosqueia angolensis, Anogeissus leiocarpa, Trichilia prieuriana, Diospyros mespiliformis, Cola gigantea, Diospyros monbuttensis* et *Antiaris toxicaria.*

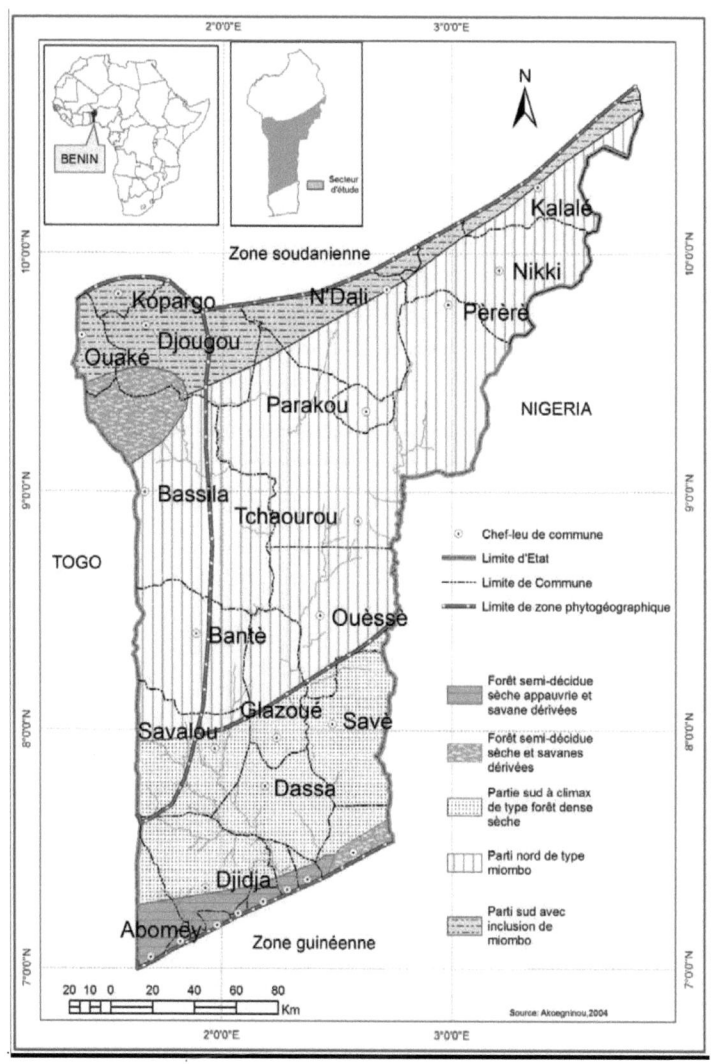

Figure 10 : Principales formations végétales du secteur d'étude

3.3. Données socio-économiques

L'évolution démographique, les groupes sociolinguistiques ainsi que les activités des populations constitueront les éléments clés pour apprécier les effets anthropiques sur les formations végétales en général et le rônier en particulier

3.3.1. Evolution démographique

Estimée à 855 236 habitants en 1979) puis à 1 277 377 habitants en 1992 (INSAE, 2014), soit un taux de croissance annuelle de 2,87 %, la population de la zone soudano-guinéenne s'est accrue rapidement pour passer à 1 893 820 habitants en 2002 (avec un taux de 3,91 %). Actuellement, la population s'élève à 2 829 152 habitants en 2013, soit un taux de 3,72 % selon les résultats provisoires du RGPH 4 (tableau II).

Tableau II : Dynamique de la population du milieu d'étude (1979 à 2013)

Départements	Communes	1979	1992	Taux de croissance annuelle 1979-1992 (%)	2002	Taux de croissance annuelle 1992-2002 (%)	2013	Taux de croissance annuelle 2002-2013 (%)
	Parakou	60 915	103 577	3,86	149 819	3,76	254254	4,81
	Pèrèrè	20 053	27 135	2,18	42 891	4,68	79240	5,61
Borgou	Kalalé	38 730	62 805	3,51	100 026	4,76	168520	4,75
	N'Dali	26 490	45 334	3,91	67 379	4,04	114659	4,84
	Nikki	34 278	66 164	4,81	99 251	4,14	150466	3,77
	Tchaourou	34 852	66 382	4,71	106 852	4,88	221108	6,68
	Bantè	28 598	46 699	3,56	82 120	5,81	106945	2,62
	Dassa	41 579	64 065	3,14	93 967	3,90	112118	1,58
	Glazoué	37 869	49 405	3,27	90 475	4,30	123542	2,81
Collines	Ouèssè	31 664	52 071	3,62	96 850	6,40	141760	3,44
	Savè	26 117	45 403	4,03	67 753	4,08	87379	2,29
	Savalou	51 257	72 641	2,52	104 749	3,73	144814	2,92
Couffo	Aplahoué	52 122	77 491	2,87	106 998	4,21	170069	3,38
	Bassila	32 614	46 416	2,55	71 511	4,42	130770	5,51
	Djougou	87 178	134 099	3,12	181 895	3,10	266522	3,45
Donga	Kopargo	34 708	36 666	0,19	50 820	3,60	71290	3,05
	Ouaké	30 475	32 515	0,46	45 836	3,49	7423	4,35
Plateau	Kétou	39 553	63 079	3,43	100 499	4,77	156497	4,02
	Abomey	50 149	66 595	2,05	78 341	2,28	92823	1,52
Zou	Covè	25 610	31 431	1,47	34 442	0,92	50235	3,41
	Djidja	43 870	57 368	1,93	84 590	3,96	123804	3,44
	Zangnanado	26 555	30 036	1,89	36 756	0,68	54914	3,63
Total	22	855236	1277377	2,87	1893820	3,91	2829152	3,72

Source : INSAE, 2013

3.3.2. Groupes socio-culturels

Le milieu d'étude abrite plusieurs groupes socio-culturels. Selon INSAE (2002), les plus importants sont respectivement du nord au sud les Yoa, les Lokpa, les Peulh, les Yoruba, les Fon, Dendi, Nago, Bariba et les Adja. Selon Akoègninou (2004), l'histoire du Bénin date de 1300, période pendant laquelle a eu lieu le plus grand mouvement migratoire des Adja. Ces derniers sont à l'origine de la majeure partie des populations du Sud et du Centre du pays, mis à part quelques Yoruba, originaires du Nigéria, installés sur le plateau de Sakété-Pobè, à la frontière bénino-nigériane et dans la région de Savè.

3.3.3. Activités des populations

Selon INSAE (2002), la principale activité de la population est l'agriculture (59 %) en moyenne. Les activités secondaires sont l'élevage et la pêche (33,0 %) dans le Couffo, du commerce des produits agricoles et autres (15 %) dans les Collines, (28 %) dans le Borgou et (30 %) dans le Plateau. On note également dans tout le milieu d'étude des structures artisanales et améliorées de transformation des produits agricoles: huile de palme et de palmiste, fabrication de gari, fabrication de savon, de charbon et autres. La chasse et le tourisme sont aussi pratiqués dans le secteur d'étude.

Conclusion partielle

En somme, le relief de la zone soudano-guinéenne est peu accidenté hormis les inselbergs. Le climat est de type tropical humide de transition. Ces facteurs morpho-pédologiques et climatiques favorisent la présence de différentes formations végétales dans le milieu. Ces facteurs écologiques stationnels expliquent en partie la présence et le comportement de *Borassus aethiopum* dans le secteur d'étude. L'étude de la valorisation de cette espèce passe nécessairement par une démarche méthodologique qui tient compte non seulement du comportement de l'homme à son endroit, mais aussi de la nature à travers le climat, les sols et autres.

CHAPITRE 4 : Démarche méthodologique

Ce chapitre prend en compte les matériels et les méthodes de collecte de données ainsi que celles de traitement de données. Les matériels concernent celui de collecte de données et celui de laboratoire. Les diverses méthodes ont été présentées suivant chaque objectif spécifique de la présente étude.

4.1. Matériels utilisés

4.1.1. Matériel de collecte des données de terrain

Le matériel utilisé pour la collecte des données sur le terrain est constitué essentiellement de:

- fiches d'enquête qui ont servi à collecter les informations lors des enquêtes et interviews ;
- carte topographique du secteur d'étude pour se situer sur le terrain ;
- Penta décamètre: c'est un ruban de 50 m gradué qui a servi à la mesure des dimensions des placeaux ;
- clinomètre SUUNTO : c'est un instrument de mesure des hauteurs. Il a été utilisé pour la mesure des hauteurs totales et des hauteurs fûts des arbres. Son fonctionnement repose sur le principe trigonométrique (photo 6) ;
- Ruban π : c'est un ruban de 10 m qui a été utilisé ici pour mesurer les diamètres à hauteur de poitrine d'homme ou à 1,30 m des arbres (photo 4) ; sa particularité est la lecture directe du DBH sans calcul sur une de ses faces ;
- récepteur GPS (Global Positioning System) : il a été utilisé pour repérer les centres des placettes et d'enregistrer leurs coordonnées (photo 5) ;
- appareil photographique pour la prise des vues ;
- pied à coulisse : c'est une règle graduée qui a été utilisé pour la mesure de la longueur et de la largeur des fruits de *Borassus aethiopum* ;
- peson de mesure de portée 500 x 5g pour la prise du poids des fruits ;
- bande fluorescente pour matérialiser les limites du placeau ;
- coupe-coupe pour l'ouverture des layons et la confection des piquets de coins;
- sécateurs pour le prélèvement des échantillons;
- fiches de relevé de végétation.

4.1.2. Matériel de laboratoire

Les opérations de laboratoire ont concerné la détermination des paramètres morphologiques des fruits de *Borassus aethiopum*. Dans ce cadre, le matériel utilisé est composé de :

- bain pour le séchage des échantillons d'hypocotyles ;
- réactifs et tubes pour les diverses analyses des échantillons...

4.2. Méthodes de collecte de données

La collecte des données quantitatives et qualitatives a été réalisée à l'aide de différentes méthodes.

4.2.1. Méthodes de collecte de données relatives à la détermination de la valeur socio-économique et du screening phytochimique du rônier

L'importance socio-culturelle de *Borassus aethiopum* a été déterminée par enquêtes ethnobotaniques.

Le questionnaire adopté (annexe 1) est relatif à l'identité des enquêtés et de leur village, les catégories d'usage, les critères de différentiation au niveau local des individus de *Borassus aethiopum* et les menaces exercées par les populations locales sur l'espèce.

Les enquêtes se sont déroulées auprès de différentes personnes, hommes et femmes de différents âges. Des enquêtes individuelles et de groupe ont été aussi réalisés.

Pour plus de précision dans le domaine ethno-médicinal, les personnes âgées, les guérisseurs et les agents forestiers ont été individuellement ciblés pour des entretiens basés sur des questions ouvertes, directes et indirectes.

4.2.1.1. Choix des localités

Le choix des villages ou localités à enquêter repose sur deux critères fondamentaux. Il s'agit des grands groupes sociolinguistiques d'une part et des zones de forte présence ou d'exploitation de l'espèce d'autre part. En effet, les connaissances endogènes et l'alimentation des populations sont culturelles et donc variables d'un groupe ethnique à l'autre (Assogbadjo, 2006). Les informations reçues chez les agents du CeCPA /Savè et Glazoué ont beaucoup servi pour le second critère de choix des villages d'enquête.

Dans chaque localité échantillonnée, des enquêtes préliminaires ont été effectuées afin d'identifier, (i) les ménages propriétaires de pieds de *Borassus aethiopum* se trouvant dans leurs champs, (ii) les ménages ne possédant pas de pieds de *Borassus aethiopum* dans leurs champs, mais intéressés par les produits de l'arbre et les consommant régulièrement, puis enfin, (iii) les ménages impliqués dans la transaction commerciale des produits de *Borassus aethiopum*. Les neuf villages choisis sont ceux où l'espèce existe en nombre important ; c'est le cas de la commune de Savè et de Glazoué (figure 11).

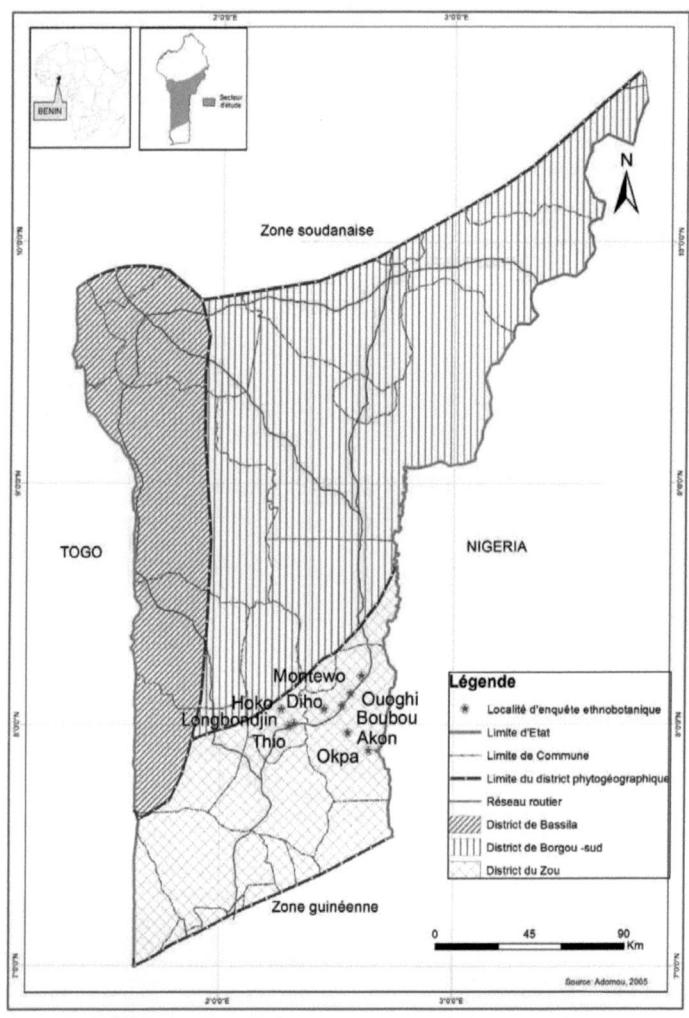

Figure 11 : Localisation des sites d'enquêtes ethnobotaniques

4.2.1.2. Choix des personnes enquêtées

L'enquête a été faite à trois niveaux :

- au niveau des paysans dans les villages et les champs ;

- aux niveaux des vendeurs d'hypocotyles et d'articles de rônier dans les marchés et quartiers ;

- au niveau des vanniers dans les villages.

- Enquête au niveau des paysans

Les informations qui ont été recueillies auprès de certaines personnes ressources ont permis de retenir de façon systématique toutes les localités où le rônier est présent et /ou connu pour ses usages en privilégiant les localités où les informations sont disponibles.

Les données recueillies ont concerné plusieurs paramètres (annexe 1). Les enquêtes ont porté sur 180 paysans dans 09 villages de 05 arrondissements (Kaboua, Sakin, plateaux, Okpara et Thio) à raison de 20 paysans par village. La technique de choix des paysans a consisté à questionner d'abord des chefs ou des sages des villages afin de dégager les grands exploitants du rônier ou tout au moins ceux qui sont présents au moment de l'enquête. Cette technique simple utilisée, est aussi très pratique lorsqu'on procède par choix raisonné, ne disposant pas d'une liste des unités de la population mère et connaissant très peu d'individus qui répondent aux variables ou aux critères retenus (Dépelteau, 2000 ; Avocèvou-Aïsso, 2011). Le tableau III donne la répartition des paysans enquêtés en fonction des différents villages.

Communes	Arrondissements	Villages	Effectifs enquêtés
Savè	Okpara	Djabata	20
		Akon	20
	Kaboua	Montéwo	20
	Plateaux	Boubou	20
	Sakin	Diho	20
		Ouoghi	20
Glazoué	Thio	Thio	20
		Hoco	20
		Longbondjin	20
Total			180

Source : terrain, avril 2012

- Enquête au niveau des vendeurs des produits de rônier

Il s'agit de deux types de vendeurs : ceux qui vendent les hypocotyles (en gros ou en détail) et ceux qui vendent les articles (éventails, chapeaux, nattes, sacs...) à base du rônier. Ici les enquêtes ont été faites aussi bien dans les marchés qui sont des lieux privilégiés de rencontres et d'échanges des divers produits entre les individus que dans les villages et arrêts de bus, autobus et autres véhicules de transports. Au nombre de ces marchés, on peut citer le marché principal de Savè (Odjaïkpanou) qui s'anime tous les lundis, le marché de Ouoghi, celui de Boubou qui s'animent tous les jeudis et celui de Glazoué qui s'anime tous les mercredis. Les enquêtes ont été aussi faites au niveau du carrefour de l'hôtel Idadu presque aux pieds des mamelles de Savè.

Pour ce qui concerne les vendeurs d'articles à base des organes de rônier, ils ont été plus rencontrés dans les marchés principaux des communes de Savè et Glazoué qui s'animent respectivement les lundis et mercredis de chaque semaine.

L'échantillon comprend au total 55 vendeurs d'hypocotyles et 15 vendeurs d'éventails (tableau IV). Les données collectées sont qualitatives (sexe, lieux d'approvisionnement des produits) et quantitatives (prix d'achat et de vente des produits, quantité vendue et frais divers). Les enquêtes se sont déroulées au début de la saison sèche, période très propice pour la commercialisation des hypocotyles.

Tableau IV: Nombre de vendeurs enquêtés par village

Marché/ Village/quartier	Vendeurs d'hypocotyles	Vendeurs d'éventails	Total des vendeurs
Marché principal Odjaïkpanou	9	4	13
Marché et village de Ouoghi	10	2	12
Pont de péage et pesage de Diho	5	/	5
Village de Diho	5	2	7
Village de Montéwo	6	/	6
Marché et village de Boubou	10	2	12
Carrefour de l'hôtel Idadu	5	/	5
Village de Hoco	3	3	6
Village de Thio	2	4	6
Total	**55**	**15**	**70**

Source : *terrain, avril 2012*

Outre les questionnaires, l'observation participante et les entrevues à l'aide de guide ont été faits auprès de quelques vendeurs d'hypocotyles dans le village de Boubou où il existe une association dénommée Ifètayo qui signifie « l'amour apporte le bonheur, la gloire, la joie… » pour la vente d'hypocotyles, au pont de péage et de pesage de Diho, où il y a maintenant une gestion rationnelle et contrôlée par 5 femmes de Diho qui ont été utilisées comme instrument pour l'obtention des informations sur le circuit de commercialisation des hypocotyles et l'apport de ce commerce dans les dépenses de leur foyer.

- Enquête au niveau des vanniers

A ce niveau peu de vanniers ont été rencontrés. Dans le secteur d'étude, les articles à base de rônier commercialisés recensés sont surtout : éventail et chapeau. La population de Savè ne s'adonne pas trop à cette activité. Elle préfère la production d'hypocotyles. C'est surtout à Glazoué que cette activité connait plus d'ampleur. Ainsi, quelques vanniers dans les villages et commerçants dans les marchés ont été enquêtés. Le tableau V donne la répartition des artisans des organes du rônier par site.

Tableau V : Nombre de vanniers enquêtés par site

Site	Effectif enquêté
Diho	04
Odjaïkpanou	01
Akon	01
Hoco	03
Thio	04
Total	13

Source : *terrain, avril 2012*

4.2.1.3. Analyse phytochimique

Le screening phytochimique est basé sur les réactions (coloration et précipitation) différentielles des principaux groupes de composés chimiques contenus dans les plantes selon la méthode de Houghton et Raman (1998). Cette analyse a été réalisée au Laboratoire de pharmacognosie au CBRST à Porto-Novo et consiste à la recherche de grands groupes de composés chimiques comme les alcaloïdes, les composés polyphénoliques (tanins, flavonoïdes, anthocyanes et leuco-anthocyanes), les dérivés quinoniques, les saponosides, les triterpénoïdes et stéroïdes, les dérivés cyanogéniques, les mucilages, les coumarines, les composés réducteurs, les dérivés anthracéniques et les hétérosides.

Les réactifs utilisés dans le cadre de ce criblage phytochimique sont résumés dans le tableau VI.

Tableau VI: Résumé des réactions spécifiques de chaque classe de composé

Classe de principe actif	Réactifs spécifiques et réactions
Alcaloïdes	-Dragendorff (iodobismuthate de patassium) à précipité rouge
	-Mayer (iodomercurate de potassium-à précipité jaune
Tanins catéchiques et galiques	-Réactif de Stiasny à précipité rose
	-Saturation d'acétate de Na + quelques gouttes de FeCl3 à 1%
Flavonoïdes	Shinoda (réaction à la cyanidine) à coloration orangée, rouge ou violette
Anthocyanes	Coloration rouge de filtrat augmenté en milieu acide et bleue violacée en milieu alcalin
Leucoanthocyanes	Sinoda (alcool chlorydrique) à coloration rouge cerise
Dérivés quinoniques	Born- Trager (réaction entre cycles quinoniques en milieu HN 3àcoloration rose à rouge violacée
Saponosides	Détermination de l'indice de mousse (positive si IM > 100)
Stéroïdes et Triterpenoïdes	-Liebermann-Buchard (anhydride acétique-acide sulfurique 50 :1) à coloration violette à bleue ou verte
	-Kedde (acide dinitrobenzoïque 2% dans l'éthanol + NaOH (1N) 1 :1) à coloration rouge pourpre ou rouge au vin)
Dérivés Cyanogéniques	Gugnard (papier imbibé d'acide picrique) à coloration orange à marron
Mucilages	Etude de la viscosité des infusés et décoctés.
Composés réducteurs	Liqueur de Fehling à chaud à précipité rouge-brique
Coumarines	Ammoniaque à 25% à fluorescence intense
Dérivés anthracéniques	Coloration rouge intense
Huiles essentielles	Entrainement à la vapeur et distillat recueilli dans un tube gradué contenant du xylène + odeur

Source : Travaux de laboratoire, 2013

4.2.2. Méthodes de collecte de données relatives à la caractérisation des différentes populations de rônier

4.2.2.1. Distribution spatiale de *Borassus aethiopum* dans la zone de transition du Bénin

Pour l'étude de distribution spatiale et d'estimation de la densité de rônier à l'hectare (nombre d'individus/ha), chacune des dix-huit communes du secteur d'étude a été explorée. Les coordonnées géographiques des localités de présence de l'espèce ont été systématiquement enregistrées à l'échelle communale.

Chaque localité explorée est géo-référencée au GPS afin de faciliter la réalisation de la carte de distribution de *Borassus aethiopum* dans le secteur d'étude.

Dans chaque localité, un transect (Ti) de 8 km de long, est disposé dans un sens donné (selon les indications des villageois) à partir du centre de la localité qui, le plus souvent est un village

75

(figure 12). Durant la marche sur le transect Ti, la distance moyenne d'observation des individus de rônier considérés pour le calcul de densité, est d'environ 250 m de part et d'autre du transect (Assogbadjo, 2006).

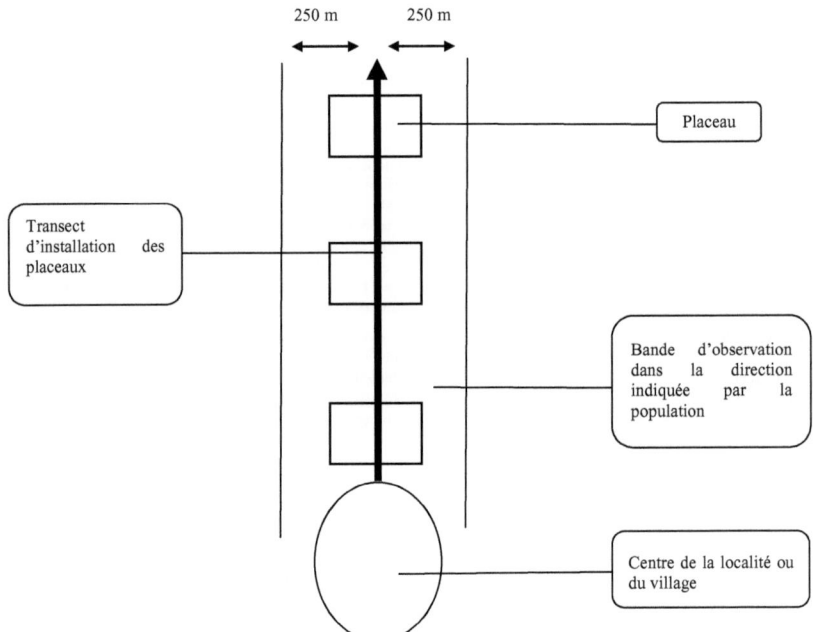

Figure 12 : Schéma du transect pour l'installation des placeaux

Ainsi, pour l'ensemble des localités à explorer, une certaine superficie a été inventoriée. En nous basant sur la présence de l'espèce et sa densité dans chaque localité, une carte de distribution et d'abondance *de Borassus aethiopum* a été élaborée pour la zone de transition phytogéographique du Bénin.

4.2.2.2. Caractérisation des habitats naturels de rôniers

La caractérisation des habitats naturels de *Borassus aethiopum* a été réalisée dans trois communes, en raison d'une par district de la zone de transition du Bénin (figure 13). Le choix de ces communes a été fait en fonction des informations reçues auprès des agents des CeCPA lors de l'exploration du secteur d'étude à des fins de distribution spatiale de l'espèce. Pour y parvenir, les relevés phytosociologiques ont été réalisés suivant la méthode sigmatiste de Braun-Blanquet (1932). Au niveau de chaque district, précisément dans les communes ciblées, l'inventaire des arbres et arbustes a été réalisé à l'intérieur des placeaux rectangulaires de 50 m x 30 m (1500 m²) sur un transect de 8 km qui ont été disposés en tenant compte d'une distance de 2 km entre deux placeaux afin de rencontrer plusieurs types d'habitat de l'espèce. Au total, 77 placeaux ont été installés à partir du centre de chaque village en fonction des informations reçues auprès des populations, relatives à la présence de l'espèce. A chaque espèce est affecté le coefficient d'abondance-dominance ; celui utilisée ici est celle de Braun-Blanquet (1932). Dans les placeaux, les données structurales et dendrométriques ont été relevées.

Le coefficient d'abondance-dominance d'une espèce exprime le nombre d'individus et son recouvrement par unité de surface dans le milieu. Il varie de 0 à 5 :

+ : individus rares ou très rares et à recouvrement très faible (<1 %) ;

1 : individus assez abondants, mais à recouvrement faible (1 à 5 %) ;

2 : individus très abondants et à recouvrement compris entre 6 et 25 % ;

3 : nombre d'individus quelconque, recouvrement allant de 26 à 50 % ;

4 : nombre d'individus quelconque, recouvrement allant de 51 à 75 % ;

5 : nombre d'individus quelconque et recouvrement compris de 76 et 100 %.

Les espèces végétales ont été identifiées en partie sur le terrain à l'aide du document « Arbres, arbustes et lianes des zones sèches d'Afrique de l'Ouest» de Arbonnier (2002). Les espèces non identifiées sur le terrain ont été échantillonnées et déterminées par la suite à l'Herbier National du Bénin par comparaison aux spécimens de référence. Le diamètre (dbh ≥10) des individus d'arbres mesurés à 1,30 m au-dessus du sol a été l'essentiel paramètre collecté.

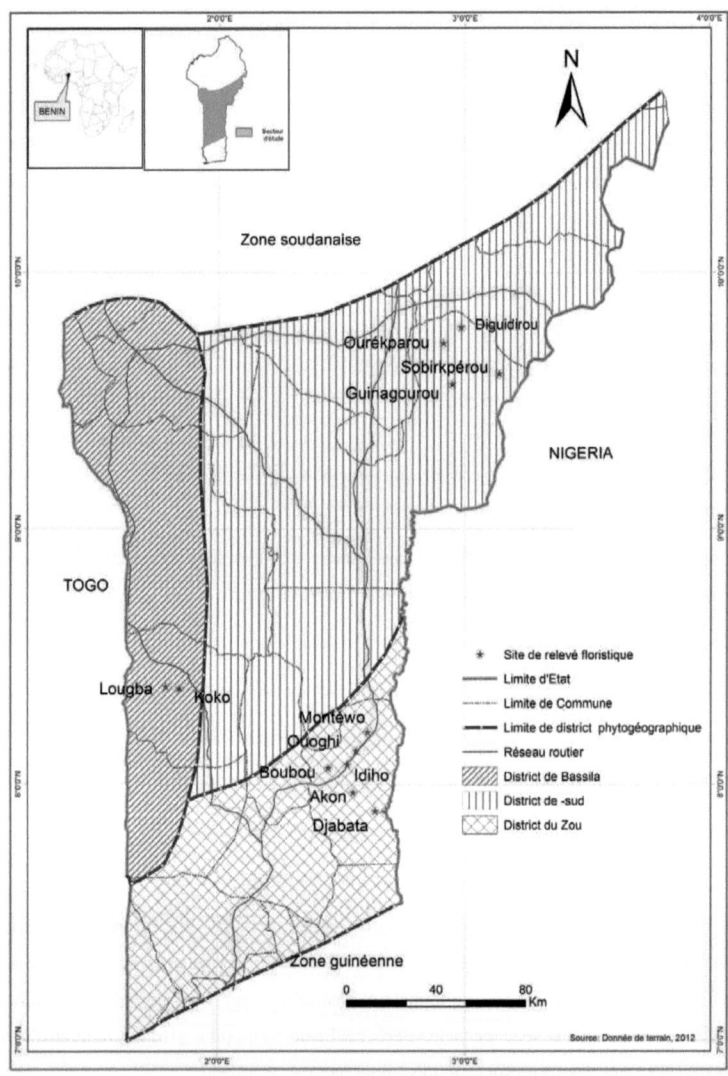

Figure 13: Sites de relevés floristiques

4.2.3. Méthodes de collecte de données relatives à l'identification des caractéristiques morphologiques de *Borassus aethiopum*

L'étude de la variabilité morphologique de *Borassus aethiopum* a été réalisée dans les trois phytodistricts que compte la zone de transition guinéo-congolaise du Bénin. Des données qualitatives et quantitatives ont été collectées sur trois organes de l'arbre. Les paramètres morphologiques des populations de rônier ont été déterminés à travers l'évaluation des descripteurs morphologiques et de la caractérisation morphologique des sites.

4.2.3.1. Choix des localités

Les travaux réalisés par Adomou (2005) et les prospections effectuées en 2012, ont signalé la présence des populations de *Borassus aethiopum* dans les trois phytodistricts (Zou, Bassila et Borgou Sud) du secteur d'étude du présent travail. Ainsi, une commune par district a été retenue pour la collecte des données.

Dans chaque commune, une à quatre localités ont été choisies suivant la densité des individus de *Borassus aethiopum*. Ainsi, les localités de Savè, de Pèrèrè et de Bantè ont été prospectées. Le choix des localités a été fait en fonction de la présence de l'espèce, des formations végétales ou des paramètres morpho-pédologiques du site.

4.2.3.2. Choix des arbres

La combinaison des informations fournies par les communautés rurales et les agents : forestiers a permis de repérer les populations de *Borassus aethiopum*. Le choix des populations a été fait par formation végétale. Au niveau de chacune des populations, il a été choisi des individus en cours de production des fruits ou ayant déjà produit au moins une fois de fruits. Ainsi, vingt-cinq individus espacés d'au moins 20 mètres ont été sélectionnés afin de ne pas récolter du matériel sur des individus proches.

Selon la littérature fournie par Kouyaté (2005), la taille minimum de l'échantillon est de vingt-cinq individus indépendants et supposés non apparentés, pour la récolte des graines en foresterie pour l'établissement des pépinières de production afin d'avoir les meilleures chances d'une diversité maximale (Graudal, 1998). A chaque emplacement, les individus sont numérotés de 1 à 25, puis marqués à la peinture rouge au niveau de la hauteur de poitrine ou à 1,30 m au-dessus du sol afin d'éviter qu'ils ne soient comptés doublement, et de dissuader les exploitants frauduleux à les toucher. Les populations de rônier répertoriés ont été géographiquement référencés à l'aide d'un GPS modèle 315 Magellan (tableau VII). Au total, 175 individus ont été suivis sur les sept sites. Chaque population a été codifiée en utilisant le nom du site dans lequel elle se trouve.

Tableau VII : Caractérisation éco-géographique des populations de *Borassus aethiopum*

Unité phytogéographique	Populations	Altitude (m)	Latitude (N)	Longitude (W)
Phytodistrict du Zou	Diho	219	8°05´30´´	2°30´45´´
	Ouoghi	288	8°06´13´´	2°32´36´´
	Djabata	120	7°55´55´´	2°35´34´´
	Boubou	174	8°04´26´´	2°26´47´´
Phytodistrict de Borgou Sud	Sobirikpérou	436	9°39´06´´	3°11´21´´
	Guinagourou	396	9°32´52´´	2°59´26´´
Phytodistrict de Bassila	Lougba	262	8°23´42´´	1°47´27´´

Source : terrain, avril 2013

4.2.3.3. Caractérisation morpho-pédologique des sites

La caractérisation sommaire des sols occupés par les populations de *Borassus aethiopum* a été réalisée au moyen des études antérieures dans la zone. Elle se justifie par le fait que la réussite de la domestication d'une espèce forestière est liée en grande partie à la qualité du sol qui sert de support. L'approche morpho pédologique est choisie afin de comparer les populations de rônier sur les différents types et formes de relief.

Pour ce travail, les caractéristiques comme la texture, la profondeur, la capacité de rétention, l'eau utile, la matière organique, la matière minérale et le pH des sols ont été décrites (tableau VIII).

Tableau VIII : Caractéristiques des sols à *Borassus aethiopum*

Sites	Types de sol	Texture	Profondeur	Capacité de rétention d'eau	Matières organiques	Matières minérales	Formations végétales majeures
Diho	SFLCRC	Sableuse (H.A) à argilo-sableuse (H.B)	Peu profonds	Faible	2 à 3 %	K + P2O5 Très faible	Forêt sèche, et forêt galerie
Ouoghi	SFLCRC	Sableuse (H.A) à argilo-sableuse (H.B)	Peu profonds	Faible	2 à 3 %	K + P2O5 Très faible	Forêt sèche, et forêt galerie
Djabata	SFLCRC	Sableuse (H.A) à argilo-sableuse (H.B)	Peu profonds	Faible	2 à 3 %	K + P2O5 Très faible	Forêt sèche, et forêt galerie
Boubou	SFLCRC	Sableuse (H.A) à argilo-sableuse (H.B)	Peu profonds	Faible	2 à 3 %	K + P2O5 Très faible	Forêt sèche, et forêt galerie
Sobirikpérou	SFLCRC	Sableuse (H.A) à argilo-sableuse (H.B)	Peu profonds	Faible	2 à 3 %	K + P2O5 Très faible	Forêt sèche, et forêt galerie
Guinagourou	SFLCRC	Sableuse (H.A) à argilo-sableuse (H.B)	Peu profonds	Faible	2 à 3 %	K + P2O5 Très faible	Forêt sèche, et forêt galerie
Lougba	SFFCCRC	Sableuse (H.A) à argilo-sableuse (H.B)	Peu profonds + cuirasse	Très faible	1 %	K + P2O5 Faible	Forêt semi-décidue, et forêt galerie

Source : Akoègninou (2004) et Adomou (2006)

SFLCRC: Sols ferrugineux lessivés à concrétions sur roches cristallines; SFFCCRC: Sols faiblement ferrallitiques avec concrétions et cuirasses sur roches cristallines.

4.2.3.4. Evaluation des descripteurs morphologiques

L'évaluation de la variabilité morphologique de *Borassus aethiopum* a été réalisée en créant un système de descripteurs proposés par plusieurs auteurs (IBPGR, 1980; Zitan, 1995; Ouédraogo, 1995). Neuf descripteurs ont été retenus après des observations préliminaires sur le terrain.

Selon IBPGR (1980), la caractérisation d'une plante consiste à l'enregistrement de la variabilité des caractères qui sont très héréditaires, facilement visibles à l'œil et exprimés dans

81

tous les environnements.

> **Descripteur morphologique du tronc**

Le descripteur morphologique au niveau du tronc est la circonférence du tronc prise à 1,30 m du sol (photo 4). Elle est exprimée en centimètre et mesurée à l'aide d'un mètre ruban π (± 1 mm). La mesure a concerné 25 individus en groupe par population, soit un total de 175 individus.

La circonférence est un paramètre physique facilement mesurable et à partir duquel, on peut faire des estimations de volume de bois ou de normes de catégories de bois ou la production de fruits ou l'âge d'exploitabilité des parcelles de domestication (Kouyaté, 2005).

Photo 4 : Mesure de la circonférence à 1,30 m du sol d'un pied de *Borassus aethiopum* à l'aide d'u ruban π

Prise de vue : Yabi, 2012

La photo 4 montre la technique de prise de la circonférence du rônier à 1,30 m du sol. Le matériel utilisé est le ruban π qui présente ici une couleur jaune.

> **Descripteur morphologique du houppier**

Le descripteur morphologique du houppier est la hauteur de la partie située entre le milieu du renflement et le sol.

Exprimée en mètre, elle a été mesurée à l'aide d'un clisimètre (visée haut, visée bas) et : ou d'une perche. L'évaluation de ce paramètre physique est utile pour la domestication, car des études antérieures ont montré que le houppier représente plus de 70 % du volume des arbres des espèces forestières de savanes (Kouyaté, 1995). La mesure de la hauteur de l'espèce permet aussi d'identifier des individus de grande hauteur pour lesquels le bois serait plus abondant, donc nécessaire pour les programmes de sélection et d'amélioration génétique pour la production de bois de service.

> **Descripteurs morphologiques des fruits**

L'observation a concerné vingt-cinq fruits frais et non parasités par individu, soit au total 175 fruits sur l'ensemble des sept populations de *Borassus aethiopum*.

Les fruits ont été ramassés automatiquement dès qu'ils sont tombés et le choix a été porté sur toutes les formes et grosseur. La longueur en mm (Lf) de chaque fruit a été mesurée à l'aide d'un pied à coulisse avec une précision de ± 0,1 mm. La longueur a été prise du point de fixation du fruit à l'axe de l'inflorescence jusqu'à l'extrémité du fruit. La circonférence (C) en mm du fruit (photos 5 et planche 3) a été prise à l'aide d'un mètre ruban de couturier (± 1 mm). Le poids du fruit (Pf) exprimé en kilogramme, a été déterminé à l'aide d'une balance Mettler (type PE 160, max = 160 g, min = 0,5 g ± 0,1 g) à la récolte.

Photo 5 : Tas de fruits de *Borassus aethiopum* à Boubou

Prise de vue : Gbesso, 2012

Planche 3 : Mesure des dimensions et du poids d'un fruit de *Borassus aethiopum*

Prise de vue : Gbesso, 2012

Plusieurs paramètres ont été mesurés sur les fruits à l'aide de différents instruments. Les photos 3 a, b et c de la planche 3 illustrent les différentes prises de mesures.

> ➤ **Descripteurs morphologiques foliaires**

Les mesures descriptives sur les feuilles de *Borassus aethiopum* ont porté sur cinq feuilles fraîches par individu, entièrement développées et non parasitées, soit au total 35 feuilles sur l'ensemble des s e p t populations. Les descripteurs mesurés ont été la longueur des feuilles exprimée en m (Lfe) à l'aide d'un mètre ruban de couturier (± 1 mm), la longueur en m des pétioles des feuilles (Dp) à l'aide d'un pied à coulisse avec une précision de ± 0,1 mm. Les feuilles de *Borassus aethiopum* sont palmées (photo 6) ; donc il ne sera pas question de déterminer le nombre de folioles, à partir duquel on aura à catégoriser les feuilles: feuille paripennée et feuille imparipennée et autres. La longueur des feuilles est prise de la base du pétiole jusqu'à l'extrémité de la feuille.

Photo 6 : Vue partielle d'une partie de la feuille de *Borassus aethiopum*

Prise de vue : Gbesso, 2012

La photo 6 montre une partie de la feuille de *Borassus aethiopum* qui a fait également l'objet de la caractérisation morphologique de l'espèce.

4.2.4. Méthodes de collecte de données relatives à l'évaluation de l'effet de la pression anthropique sur la diversité et la conservation de l'espèce

Les données ont été collectées à l'aide d'un inventaire floristique et d'une enquête socio-culturelle. En ce qui concerne l'inventaire floristique, 30 placeaux rectangulaires de 50 m x 30 m ont été mis en place au hasard dans les deux communes où l'espèce est plus commercialisée. A l'intérieur de chaque placeau, 5 placettes carrées de 5 m dont une au centre du rectangle et à sommet ont été installées pour recenser la régénération (figure 14). Dans chaque placette, les plantules de *Borassus aethiopum* ont été comptées.

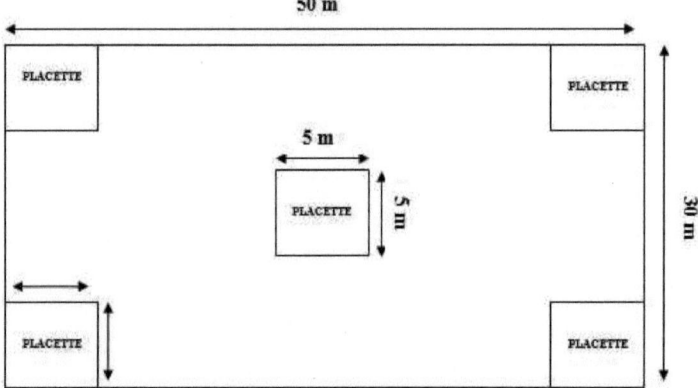

Figure 14: Schéma de la disposition des placettes à l'intérieur du placeau

L'enquête socio-culturelle est faite sur la base d'un guide d'entretien pour recenser non seulement l'avis de la population sur l'intensité de la pression anthropique (utilisation excessive de la ressource, la dégradation des peuplements, perte d'habitat…) mais aussi toutes les stratégies endogènes mises en place pour la conservation du rônier. La sélection des villages a été faite à l'aide des informations reçues au niveau du CeCPA /Savè et Glazoué. Les neuf villages choisis sont ceux où l'espèce existe en peuplements denses dans la commune de Savè et de Glazoué. L'enquête a été faite au niveau des paysans dans les villages.

En dehors de l'enquête, la recherche documentaire a été aussi faite pour appréhender les mesures réglementaires prises par les structures étatiques pour la protection de l'espèce au Bénin.

Les enquêtes ont porté sur 180 paysans dans 09 villages de 05 arrondissements (Kaboua, Sakin, plateaux, Okpara, Thio) à raison de 20 paysans par village. La technique de choix des paysans a consisté à questionner d'abord des chefs ou sages des villages afin de dégager les grands exploitants du rônier ou tout au moins ceux qui sont présents au moment de l'enquête. C'est ainsi que 20 exploitants ont été questionnés dans chaque village. Cette technique simple, utilisée est aussi très pratique lorsqu'on procède par choix raisonné, ne disposant pas d'une liste des unités de la population mère et connaissant très peu d'individus qui répondent aux variables ou aux critères retenus (Dépelteau, 2000 ; Avocèvou-Aïsso, 2011).

Il a été aussi déterminé la relation entre le commerce d'hypocotyles et la régression de la diversité de l'espèce à l'aide des modes ou techniques de collecte des fruits (ramassage ou cueillette), du comptage du nombre de fruits par grappe et le nombre de grappes par arbre sur ceux en fructification.

4.3. Traitement des données et analyse des résultats

4.3.1. Détermination de la valeur socio-économique du rônier en fonction des groupes ethniques ainsi que le screening phytochimique des hypocotyles

❖ Méthode d'analyse des données socio-culturelles

Taux de réponse (F)

Pour le traitement des données, les informations ont été regroupées par village, par sexe et par ethnie afin de pouvoir les comparer. Après le dépouillement des fiches d'enquête, le taux de réponse par type d'utilisation a été exprimé par la formule qui suit :

$$F = S/N \times 100, \text{ avec :}$$

S: nombre de personnes ayant fourni une réponse par rapport à une utilisation donnée;

Et **N**: nombre total de personnes interviewées.

Valeur d'usage ethnobotanique (*vu*)

La valeur d'usage des espèces a été calculée selon la méthode utilisée Camou-Guerrero *et al.,* 2008. La valeur d'usage d'une espèce donnée (*k*) au sein d'une catégorie d'usage donnée est représentée par son score moyen d'utilisation au sein de cette catégorie. Elle est calculée par la formule :

$$vu_{(k)} = \sum si/ n \text{ où,}$$

vu(k) est la valeur d'usage ethnobotanique de l'espèce k au sein d'une catégorie d'usage donnée,

- *si* est le score d'utilisation attribué par le répondant i,

- *n* est le nombre de répondants pour une catégorie d'usage donnée. La valeur d'usage totale de l'espèce k est alors calculée par la somme des valeurs d'usage de cette espèce au sein des différentes catégories d'usage par la formule: $VU_T = \sum vu_{(r)}$ où, VU_T représente la valeur d'usage totale de l'espèce, *vu* est la valeur d'usage de l'espèce pour une catégorie d'usage donnée, p est le nombre de catégories d'usage.

La valeur d'usage permet de déterminer de façon significative les espèces ou les organes ayant une grande valeur d'utilisation dans un milieu donné. Pour chaque catégorie d'utilisation, la valeur d'usage ethnobotanique totale pour les six catégories considérées a été calculée dans cette étude. Le test de signification, exprimant le degré de ressemblance entre différents villages en ce qui concerne l'utilisation des produits de *Borassus aethiopum* par les populations locales ainsi que l'ACP (Analyse en Composantes Principales) ont été faits avec les logiciels SPSS et XLSTAT.

❖ Méthode d'analyse des données économiques de l'espèce

Pour le traitement des données, deux outils d'analyse ont été utilisés. Dans un premier temps, une analyse des marges à partir des moyennes et coefficients de variation a été faite et en second lieu une comparaison des moyennes avec le test (t) de Student pour apprécier l'efficacité du système de commercialisation de l'hypocotyle du rônier a été réalisée avec le logiciel XLSTAT.

La quantification d'une quarantaine d'hypocotyles frais a été faite à l'aide d'une balance Mettler afin de bien mener les calculs des marges de bénéfices des différents acteurs impliqués dans cette activité. Le principe a été de calculer les différentes marges des acteurs, de même que les charges des fonctions selon les travaux de (Sodjinou, 2000). On a distingué les marges brutes, les marges de commercialisation ou marges commerciales, et les marges nettes.

Les marges brutes (MB) ont été obtenues en déduisant du prix de vente (PV), le prix d'achat (PA) du produit. Elle est obtenue par la formule :

MB = PV- PA

Les marges commerciales (MC) ont été obtenues en retranchant des marges brutes, les coûts variables des fonctions accomplies par les intermédiaires. Elle est donnée par la formule :

MC = MB – Coûts Variables Totaux

Les marges nettes (MN) sont obtenues en soustrayant des marges de commercialisation, les coûts fixes. La formule est :

MN = MC – COUTS FIXES

Dans cette analyse, les coûts fixes n'ont pas été pris en compte car n'existant pas. On peut alors assimiler la marge commerciale à la marge nette (Assogbadjo, 2009). Les coûts liés aux charges de commercialisation par unité de mesure ont été calculés par rapport aux dépenses liées à chaque fonction ou service à la quantité du produit vendue ou couverte par ladite fonction ou ledit service. Un marché est efficace si les marges brutes, c'est-à-dire les différences des prix de vente et des prix d'achat, sont significativement égales aux différentes charges supportées par les divers acteurs du système de commercialisation. Dans le cas contraire le système est inefficace (Sodjinou, 2000). Pour apprécier ces différentes alternatives, le test (t) de Student a été fait.

4.3.2. Caractérisation les différentes populations de rônier selon les districts phytogéographiques

La technique de traitement des données utilisée a été celle de la Detendred Correspondance Analysais (DCA) qui est une forme améliorée de l'Analyse Factorielle des Correspondances (AFC). Cette méthode permet une ordination dans un espace réduit de nuages de points constitués par relevés et celui des n espèces (variables). Elle permet ainsi une compréhension des différentes structures (groupes de relevés, groupes d'espèces), grâce à l'examen des projections des nuages de relevés et espèces sur différents plans factoriels. Cette méthode a l'avantage de corriger la configuration arquée (effet Gutman) qui traduit un gradient élevé dans les données soumises à une AFC. Elle est classique en phytosociologie de nos jours.

Les relevés sont encodés à l'aide du tableur Excel 2007. L'ordination et la classification hiérarchique des relevés (clustering) ou dendrogramme ont été réalisés par le logiciel PC.ORD 5. 0 en utilisant la distance de Sørensen (Bray-Curtis).

L' «Indicator Species Analysis» a été utilisé pour calculer la valeur indicatrice de chaque espèce (Dufrêne et Legendre, 1997) et identifier numériquement les espèces indicatrices de chaque groupe de relevés végétaux à partir du test de Monte Carlos (P-value < 0,05). Ainsi les espèces indicatrices ont été utilisées pour nommer les groupes de relevés végétaux.

✓ **Description des groupes végétaux**

L'analyse de la diversité des groupes végétaux a été faite à l'aide de l'indice de diversité de Shannon-Wienner (H') (1949) et de l'équitabilité de Pielou (E) (Magurran, 2004).

o **Indice de diversité de Shannon-Wienner (H)**

Il a été déterminé par la formule :

$$H = -\Sigma pi.log_2 pi$$

Avec pi = ri /r ; où ri est le recouvrement de l'espèce i dans le relevé considéré et r désigne la somme totale des recouvrements des espèces du relevé.

H s'exprime en bits. Il varie généralement entre 1 et 5 bits.

Lorsque H est élevé (H > 3,5) cela signifie une forte diversité au sein du groupement végétal, ce qui traduit que les conditions de la station sont très favorables à un grand nombre d'espèces dans des proportions quasi-égales.

Par contre si H est faible (H < 2,6) cela signifie que les conditions du milieu sont très défavorables et induisent une forte spécialisation des espèces ; on a alors un groupement dominé par quelques espèces qui se partagent en grande partie le recouvrement au niveau du groupement.

o **Equitabilité de Pielou (E)**

Il traduit le degré de diversité atteint par rapport au maximum théorique (Blondel, 1976). Il a été calculé par la formule :

$$E = H /H\ max$$

Avec **H** *max* = $log_2 S$; où S est le nombre total d'espèces.

Il est compris entre 0 et 1. E tend vers 0 lorsque la quasi-totalité des individus appartiennent à une seule espèce et prend la valeur 1 lorsque toutes les espèces ont exactement le même recouvrement.

Pour chaque groupement végétal les paramètres suivants ont été également calculés. Il s'agit de :

o **la densité moyenne de tige** ; elle a été déterminée par le nombre de pieds d'arbres à l'hectare dans chaque groupe de relevés suivant la formule :

$$N = n/S\ ;$$

Où **n** est le nombre total d'individus d'arbres inventoriés dans le groupement et S l'aire totale échantillonnée dans le groupement en hectare ;

o **le diamètre de l'arbre moyen** du groupement qui a été déterminé par la formule :

où di est le diamètre à hauteur d'homme de l'arbre i du groupement et n le nombre total d'individus d'arbres rencontrés au niveau du groupement ;

o la surface terrière exprimée en m²/ha, est donnée par la formule :

$$G = \frac{\pi}{4000s} \sum_{i=1}^{n} d_i^2$$

où di est le diamètre à hauteur de poitrine d'homme ou à 1,60 m du sol (base de l'arbre).

✓ **Analyse des données de relevés dendrométriques**

Le principal paramètre dendrométrique calculé est la structure diamétrique des arbres au sein de chaque groupement végétal.

Elle a été réalisée grâce au logiciel Minitab 14.0 et ajustée à la distribution de Weibull. . Ce qui a permis d'évaluer la dynamique des individus du rônier au sein de toutes les formations végétales. La distribution de Weibull est celle qui depuis une vingtaine d'années connaît le plus de succès, essentiellement pour deux raisons : une grande flexibilité et l'existence d'une forme explicite de sa fonction de répartition. La fonction de répartition de la distribution de Weibull est décrite comme suit :

$$f(x) = \frac{c}{b} \left(\frac{x-a}{b}\right)^{c-1} \exp[-\left(\frac{x-a}{b}\right)^c]$$

Avec a, le paramètre de position ; b, le paramètre d'échelle ou de taille et c le paramètre de forme lié à la structure observée,

c < 1: Distribution en « J renversé », caractéristique des peuplements multispécifiques.

c= 1 : Distribution exponentiellement décroissante, caractéristique des populations en extinction.

1 < c < 3,6: Distribution asymétrique positive ou asymétrique droite, caractéristique des peuplements monospécifiques avec prédominance d'individus jeunes ou de faible diamètre

c = 3,6 : Distribution symétrique ; structure normale, caractéristique des peuplements équiennes ou monospécifiques de même cohorte

c > **3,6** : Distribution asymétrique négative ou asymétrique gauche, caractéristique des peuplements monospécifiques à prédominance d'individus âgés. Après avoir réparti les diamètres en différentes classes, un test de Kruskal-Wallis au seuil de 5 % a été fait pour apprécier la significabilité des résultats d'un groupement végétal à l'autre.

4.3.3. Identification des caractéristiques morphologiques de l'espèce

Pour l'ensemble des données écologiques et morphologiques recueillies sur l'ensemble des populations de *Borassus aethiopum*, la moyenne, l'écart-type et le coefficient de variation ont été calculés par population et pour l'ensemble des populations afin d'évaluer la variabilité entre et à l'intérieur des populations. La classification de la variabilité à l'intérieur et entre les provenances a été faite en utilisant une échelle proposée et testée sur la bio-systématique des provenances ouest-africaines de *Parkia biglobosa* (Ouédraogo, 1995) : variation faible (CV = 0–10 %); variation moyenne (CV = 10–15 %) ; variation assez importante (CV = 15–44 %) ; variation importante (CV > 44 %). Pour le calcul de la hauteur des individus de *Borassus aethiopum*, elle a été déterminée à l'aide de la formule :

$$H_t = Dv \left(\tan Vb + \tan Vh \right) ; \text{avec}$$

H_t, la hauteur totale de l'arbre, Vb, visée bas et Vh, visée haut ;

Dv, la distance de visée correspondant à la distance de chute de l'arbre.

Des classes de variation ont été constituées en utilisant une échelle proposée par Ouédraogo (1995) et Kouyaté (2005) portant respectivement sur l'étude de la biosystématique des provenances ouest-africaines de *P. biglobosa* et la caractérisation morphologique de *Detarium microcarpum* : (1) variation faible (CV= 0-10 %); (2) variation moyenne (CV= 10-15 %); (3) variation assez importante (CV= 15-44 %); et (4) variation importante (CV > 44 %).

La nature quantitative des données morphologiques justifie l'emploi de l'analyse en composantes principales (ACP). Ainsi, l'analyse multivariée (ACP) a été faite dans le cadre de cette étude pour différencier les individus, connaître les groupes de populations et analyser leur regroupement afin de déboucher à la détermination des descripteurs et des populations intéressantes pour les futurs programmes de sélection et d'amélioration génétique en vue de la domestication de *Borassus aethiopum*. La nature quantitative des données morphologiques justifie l'emploi de l'analyse en composantes principales (ACP).

L'ACP permet de visualiser et d'analyser rapidement les corrélations entre les n variables et les m observations initialement décrites par les n variables sur un graphique à deux ou trois dimensions (Philippeau, 1986; Rakotoniaina, 1998; Johnson et Wichern, 1998; Ouédraogo, 2002). Des corrélations sont établies entre des descripteurs morphologiques et des facteurs géographiques afin de procéder à l'effet de l'environnement sur ces descripteurs afin de nous guider dans le choix des descripteurs intéressants. Les analyses ont été faites en utilisant le logiciel R. Pour la lecture des résultats d'analyse, une échelle de mensuration a été élaborée par la méthode statistique des moyennes (tableau IX).

Tableau IX : Matrice de l'échelle de mensuration

Descripteurs morphologiques	Valeurs	Signification
Longueur du Fruit (LF)	Moyenne (M)	Normale
	$\geq M$	Forte
	$\leq M$	Faible

Source : Résultats, 2013

4.3.4. Evaluation de l'effet de la pression anthropique sur la diversité et la conservation de l'espèce à travers la densité de l'espèce

L'estimation de production fruitière à l'hectare est déterminée selon Vidjogni (2011) par la formule :

$$Pha = \sum diPn$$

Avec di, la densité de *Borassus aethiopum* femelle et Pn, la production en fruit de chaque arbre.

Les logiciels Word, Excel, SPSS et Arc-View ont été utilisés pour le traitement des données. Les questionnaires ont été générés et dépouillés à l'aide du logiciel Sphinx. Les données socio-culturelles quantitatives ont été représentées sous forme de tableau, d'histogrammes et de camemberts à l'aide du logiciel Excel et Sphinx. Des moyennes ont été calculées afin d'obtenir des résultats concrets pour la partie discussion du document. Ces moyennes annuelles ont été calculées d'abord au niveau de chaque village et ensuite entre les villages de la commune en général. Cela a permis de faire des tests de comparaisons et de procéder aux tests de signification dans le logiciel SPSS (Statistical Package for the Social Sciences). Le test de khi-deux et l'analyse des variances ont été faits pour la comparaison des moyennes. Ils ont permis de voir s'il y a une différence significative entre les résultats des différents villages.

Conclusion partielle

Dans ce chapitre, il a été mis l'accent sur la nature des données collectées, les techniques et les outils de collecte ainsi que les dispositifs expérimentaux pour identifier les grands groupes chimiques favorisant l'activité aphrodisiaque des hypocotyles de *Borassus aethiopum*.

La démarche méthodologique adoptée a permis de combiner les travaux de terrain notamment l'évaluation de l'importance socioéconomique, la caractérisation écologique et morphologique de *Borassus aethiopum* avec les travaux de laboratoire tels que les tests statistiques.

Ces différentes approches méthodologiques adoptées ont permis d'aboutir aux résultats présentés dans la deuxième partie de ce travail.

DEUXIEME PARTIE : Résultats et Discussion

La deuxième partie comprend cinq chapitres et concerne la présentation des résultats et la discussion. Après l'étude des aspects ethnobotaniques du rônier dans le chapitre 5, le sixième chapitre met l'accent sur les études de diversité écologique de rônier suivant les différents districts phytogéographiques de la zone de transition soudano-guinéenne du Bénin. Quant au septième chapitre, il aborde la caractérisation morphologique des différents organes de *Borassus aethiopum*. L'avant dernier chapitre (8) de cette partie se focalise sur l'évaluation de l'effet de la pression anthropique sur la diversité et la conservation de l'espèce dans le secteur d'étude. Le dernier chapitre (9) est consacré à la discussion des résultats

CHAPITRE 5 : ETHNOBOTANIQUE ET IMPORTANCE
SOCIOCULTURELLE ET ÉCONOMIQUE DU RÔNIER DANS LES
COMMUNES DE SAVE ET GLAZOUE AU CENTRE DU BENIN

Le chapitre V met en exergue les différentes connaissances locales détenues par les grands groupes ethniques du milieu d'étude. Il présente en outre l'importance économique de l'espèce à travers les revenus des différents acteurs impliqués dans la commercialisation des organes de l'espèce.

5.1. Connaissances endogènes sur *Borassus aethiopum*

5.1.1. Connaissance de l'espèce

La totalité (100 %) des populations enquêtées connaissent *Borassus aethiopum*, l'utilisent et la désignent sous différents noms en fonction des différents groupes socio-linguistiques rencontrés (tableau X).

Tableau X : Noms locaux de *Borassus aethiopum* en fonction des groupes socio-linguistiques

Groupes sociolinguistiques	Langues	Noms locaux
Nago	Tchabè	Agbon gbondjoï,
Fon	Fongbé	Agontin ; agontéguédé
Idaatcha	Idaatcha	Egué aagban
Ditamari	Ditamari	Mukpétimu
Lokpa	Lokpatom	Kploho
Yom	Yom	Kpanunan
Peulh	Peulh	Kpatchi

Source : Résultats d'enquêtes, *avril 2012*

De l'avis de 95 % de personnes enquêtées, il existe des fruits de *Borassus aethiopum* à une, deux, trois ou quatre noix ; ce qui détermine quatre différentes catégories de grosseurs du fruit de l'espèce. Par ailleurs, le goût est soit très sucré ou légèrement sucré. Les fruits sont de couleur verte quand ils ne sont pas mûrs et jaune-orangée à maturité (photo 7). Il faut noter que plus des 50 % des connaissances sont détenues par les personnes les plus âgées.

Photo 7 : Couleurs du fruit mûr et non mûr de rônier

Prise de vue : Gbesso, 2012

5.1.2. Connaissances des différentes catégories d'usage

Au total six catégories d'usage des organes de *Borassus aethiopum* ont été enregistrées. La figure 15 résume la fréquence de l'utilisation des différents organes de l'arbre dans les différentes catégories d'utilisation des populations du milieu d'étude.

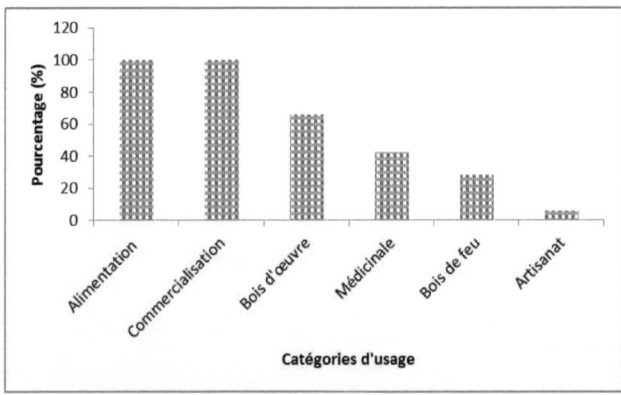

Figure 15 : Proportion d'utilisation des différents organes du rônier par catégories d'usage.

Source : Résultats d'enquêtes, *avril 2012.*

98

NB : La catégorie d'usage « Alimentation » prend en compte les organes de Borassus aethiopum utilisés dans le secteur d'étude alors que la commercialisation tient surtout compte des organes exportés.

De l'observation de la figure 15, il ressort que les organes du *Borassus aethiopum*, précisément le fruit, sont plus utilisés dans l'alimentation (100 %) et le commerce (100 %) que dans toutes les autres catégories. L'artisanat local vient dernière position avec 5,55 %. L'ACP montre que le type d'usage varie selon les groupes ethniques (figure 16).

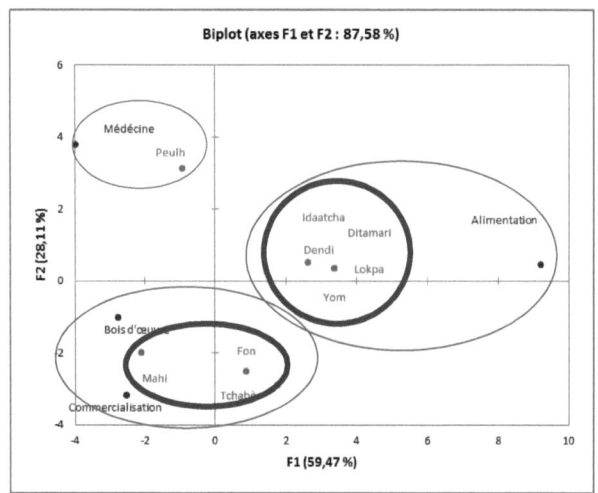

Figure 16 : Exploitation de *Borassus aethiopum* en fonction des groupes socioculturels

L'Analyse en Composantes Principales (ACP) des variables à savoir les groupes ethniques et les catégories d'usage montre que la première composante à elle seule explique 59,47 % des informations contenues dans le tableau de départ et la deuxième composante explique 28,11 % des informations ; ces deux premiers axes expliquent 87,58 % des informations contenues dans les variables initiales; ce qui est suffisant pour garantir une précision d'interprétation.

De la lecture de la figure 16, il ressort que la variable médecine est corrélée positivement avec la variable Peulh sur l'axe 2; ce qui signifie que Peuls utilisent plus les organes de l'espèce en médecine traditionnelle que les autres ethnies. Quant aux Fon, Mahi et Tchabè, ils sont plus corrélés à la commercialisation et au bois d'œuvre sur l'axe 2 ; ce qui signifie que ces ethnies font plus usage des organes dans le commerce et comme bois d'œuvre. En ce qui concerne le mode d'utilisation qu'est l'alimentation, on remarque que c'est surtout les ethnies Idaatcha, Ditamari, Lokpa, Yom et Dendi qui sont plus corrélées avec ce dernier sur l'axe 1.

Cette préférence en milieu Peulh dominé par une sous-ethnie de sédentaires pour la plupart peut s'expliquer par le fait que l'espèce est utilisée dans des rituels magiques servant de protection à la population. Quant aux Tchabè, les Mahi et les Fon, cela peut s'expliquer par le fait qu'ils sont pour la plupart des propriétaires de rôneraies et font la production des hypocotyles.

5.1.2.1. Usages alimentaires

La contribution du rônier dans l'alimentation a été observée dans tous les ménages de paysans et de vendeurs. L'usage alimentaire est fait dans tous les villages concernés par l'étude. Les organes du rônier concernés sont : les hypocotyles et les fruits.

Les hypocotyles représentent la partie de l'espèce qui apporte des revenus importants aux producteurs et revendeurs. Mais au-delà de la vente, ils sont consommés bouillis de préférence ou fumés. La consommation des hypocotyles est enregistrée notamment en période de soudure (mars-avril) et en général sur toute la période d'abondance de la récolte (octobre-décembre). La proportion autoconsommée varie considérablement d'un ménage à l'autre et d'un village à l'autre. Certains consomment 20 % de leur production et priorisent plutôt la vente de la quasi-totalité (80 %). C'est ce qui explique la faiblesse relative du taux de consommation dans la plupart des villages.

En ce qui concerne les fruits, ils sont présents et mûrs tout au long de l'année. Les populations en mangent quand elles le veulent. Ces fruits se consomment crus, bouillis et fumés. La figure 17 présente la fréquence de consommation des hypocotyles par les populations des villages d'étude.

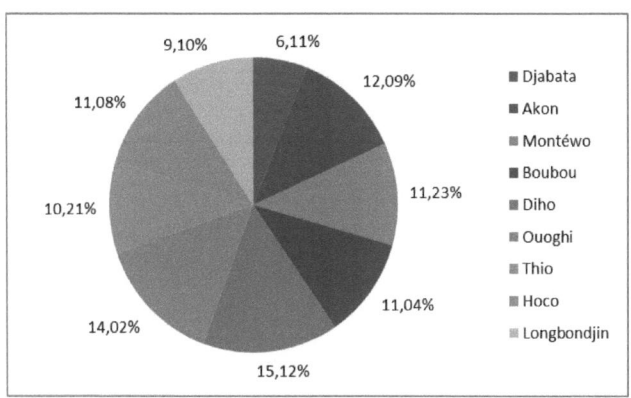

Figure 17 : Fréquence de consommation des hypocotyles dans les villages d'étude

Source : *Résultat d'enquête, avril 2012*

5.1.2.2. Usages médicinaux et médico-magiques

Certains organes du rônier sont utilisés dans la médecine traditionnelle. Ces usages (tableau XI) sont les mêmes dans tous les villages enquêtés. Le rônier est utilisé en général pour le traitement du paludisme, de l'impuissance sexuelle, des règles douloureuses et pour la fortification des nouveau-nés.

L'arbre est aussi utilisé pour guérir les envoûtements. Il est considéré comme sacré par les ethnies Yom ou Lokpa. Les populations rassemblent des pierres au pied de l'arbre et immolent des animaux pour conjurer les mauvais sorts suite à la consultation d'un oracle. Les racines sont utilisées (11,66 %) chez les Lokpa pour protéger la maison. A Savè, précisément à Djabata, le rônier représente un totem pour le fétiche du village ; donc il est interdit aux habitants d'apporter les organes de l'espèce au village. Les anciens l'appellent «arbre fétiche» car c'est un arbre pérenne qui prend trop de temps pour donner de fruits. Pour les populations de Glazoué (Mahi et Idaatcha) par contre, l'arbre n'a aucune signification médico-magique.

Tableau XI : Maladies traitées par les organes du rônier à Savè et Glazoué

Organes	Maladies traitées	Mode d'utilisation	Fréquence d'utilisation (%)
Noyaux	Fortifie les nouveau-nés et guérit le vertige	Infusion	48
Racines	Paludisme	Infusion des racines se prend comme de l'eau	10
	Fortifie les femmes en état de grossesse précoce	Infusion des racines se prend comme de l'eau	30
	Règles douloureuses	Macération avec d'autres ingrédients	60
	Faiblesse sexuelle	Macération avec d'autres ingrédients	90
Hypocotyles	Faiblesse sexuelle	Macération alcoolique et/ou mélangées avec d'autres ingrédients	100

Source : Résultats d'enquêtes, *avril 2012*

Il ressort de la lecture du tableau XI que huit maladies sont traitées par trois organes du rônier. Les modes d'utilisation diffèrent en tenant compte de la maladie traitée. Plus de 90 % des interlocuteurs affirment l'efficacité des hypocotyles dans le traitement de la faiblesse sexuelle. Des analyses des hypocotyles (screening phytochimique) ont été faites au laboratoire pour vérifier cette fonction (tableau XII).

Tableau XII : Screening phytochimique des hypocotyles de rônier

Composés chimiques recherchés	Résultat
Tanins catéchiques	+
Tanins galliques	++
Flavonoïdes	-
Anthocyanes	+
Leucoanthocyanes	+/-
Mucilages	++
Saponosides	+ $(9/10^{ième})$
Dérivés cyanogéniques	-
Composés réducteurs	-
Anthracéniques libres	-
Anthracéniques combinés : O-hétérosides	-
O-hétérosides à génines réduites	+
C- hétérosides	++
Hétérosides cardiotoniques	--
Triterpénoïdes	-
Stéroïdes	-
Coumarines	+
Alcaloïdes	-
Dérivés quinoniques	-

NB : (++) = Abondant ; (+) = Présence; (-) = Absent ; + /- = douteux

Le screening phytochimique montre la présente des tanins catéchiques et galliques, d'anthocyanes, de leucoanthocyanes, les mucilages, les saponosides, les hétérosides et les coumarines. Les propriétés pharmacologiques de ces grands groupes chimiques ne sont toujours pas les mêmes. Ainsi, les anthocyanes sont des pigments naturels des feuilles, des pétales et des fruits et dont l'effet anti-oxydant laisse supposer que leur apport par l'alimentation pourrait jouer un rôle bénéfique dans la santé humaine, notamment dans le domaine des risques cardiovasculaires. Les composés réducteurs ont une activité d'antioxydants, piégeurs de radicaux libres, d'anti-inflammatoires, d'antiallergiques, d'inhibiteurs enzymatiques et d'interaction avec le métabolisme de l'acide arachidonique. Quant aux mucilages, ce sont des émollients, des antalgiques et antiseptiques, des adoucissants, des antiprurigineux dans les affections dermatologiques, des laxatifs mécaniques, des épaississants, des absorbants, des adoucissants en cas d'irritation et surtout certains peuvent avoir un effet positif sur le taux de NO dans le sang : un potentialisateur des muscles lisses comme le corps caverneux. Les coumarines sont des antibactériens, des fongicides, des laxatifs, des antitumoraux, des antiseptiques urinaires, des allergisants etc. Les dérivés anthracéniques et saponosides ont un large spectre d'activité. La présence de tous ces grands groupes chimiques surtout des mucilages peut bien expliquer l'effet aphrodisiaque des hypocotyles du rônier.

5.1.2.3. Usages artisanaux et autres

Le bois du rônier est de bonne qualité et ne pourrit pas vite. Il n'est pas attaqué par les insectes. Il était très utilisé par les populations de Savè et Glazoué qui continuent de s'en servir comme matériau de construction de maison. Mais la fréquence d'utilisation est faible (16,66 %) dans tous les villages concernés par les enquêtes. Le tableau XIII présente la fréquence d'utilisation les organes du rônier dans chaque village.

Tableau XIII : Fréquence d'utilisation des organes du rônier

Organes	Fréquence d'utilisation des organes par village en %									Moyenne
	Akon	Boubou	Montéwo	Diho	Ouoghi	Djabata	Thio	Longbondjin	Hoco	
Stipe	15,42	7,71	5,14	23,13	10,28	12,85	5,14	7,71	10,28	10,85
Feuilles	11,48	13,12	9,84	13,94	13,12	9,84	14,76	9,84	13,12	12,12
Racines	18,75	21,87	6,25	6,25	12,5	6,25	9,375	6,25	12,50	11,11

Source : *Résultats d'enquête, avril 2012.*

Il ressort du tableau XIII que les racines sont plus utilisées dans les villages de Boubou et Akon (21,87 % et 18,75 %) que dans les autres villages (6,25 % et 12,5 %). Le test d'analyse de Khi-deux montre qu'il existe une différence significative entre les variables au seuil de 5% (ddl=5, p=0,043). Donc il existe une différence significative au niveau de l'utilisation des racines lorsqu'on passe d'un village à l'autre.

Les types d'usage du tronc du rônier sont les mêmes (charpente, chevrons, poutres, traverses et cadres de baies) dans les neuf villages enquêtés ; mais la fréquence d'utilisation diffère d'un village à un autre (de 23,13 % à Diho et 5,14 % à Thio). Ces fréquences sont relativement faibles parce que le tronc du rônier est remplacé de nos jours par d'autres variétés de bois plus facile à travailler dont le teck (*Tectona grandis*). Le test d'analyse de Khi-deux montre qu'il existe une différence significative entre les variables au seuil de 1 % (ddl=5, p=0,001) d'un village à l'autre. Les photos 8 et 9 illustrent des exemples d'utilisation du tronc de rônier.

Photo 8: Traverses de rônier   **Photo 9:** Vue partielle d'une charpente de maison en bois du rônier à Diho

Prises de vue : Gbesso, 2012

Les photos 8 et 9 montrent des traverses à base du rônier utilisées dans la construction des maisons. Plus des 90 % des charpentes des anciennes maisons de la zone d'étude sont faites du tronc de rôniers. Pour l'obtention de ces traverses, les populations, surtout propriétaires des rôneraies abattent plus les pieds mâles que les pieds femelles qui sont les producteurs de fruits. En ce qui concerne les feuilles, elles sont généralement utilisées dans la fabrication des éventails, la construction de grenier dans les champs, des toits de maisons, de paillotes et de douches. Elles sont également utilisées pour la fabrication de chapeaux et pour le chauffage. Il faut retenir que la population s'adonne plus à la commercialisation des hypocotyles qu'à ces activités sus-citées. La lecture du tableau XIII indique également :

- une fréquence d'utilisation des feuilles du rônier qui varie entre 9 et 13 % dans les neuf villages d'étude ; soit une moyenne de 12,12 % par village ;
- les feuilles du rônier sont utilisées à des fréquences similaires dans tous les villages enquêtés. Cela pourrait s'expliquer par le fait que les localités concernées sont généralement plus rurales qu'urbaines.

Le test d'analyse de Khi-deux montre qu'il existe une différence significative entre les variables au seuil de 1% (ddl=5, p=0,001) d'un village à l'autre. La planche 4 illustre des usages des feuilles à Savè et Glazoué.

Planche 4 : Quelques usages des feuilles de rônier dans le secteur d'étude (a : paillote ; b et c : éventails ; d : éponges traditionnelles ; e et f : habitats des peulhs)

Prise de vue : Gbesso, 2012

Les branches du rônier sont étalées et soutenues par des bois pour l'obtention des paillotes (planche 4a). C'est une pratique qui est fréquente partout où l'espèce est présente. Quant aux planche 4b et 4c, elles présentent le processus de fabrication des éventails utilisés aussi bien dans les milieux ruraux que dans les villes. La planche 4d montre des éponges traditionnelles à bases des pétioles de rônier. Les dernières photos de la planche (4e et 4f) illustrent l'utilisation des feuilles de rônier dans la construction de maisons des Peulhs (Boussou). La première montre l'arrière de la paillote avec des feuilles de rônier bien visibles. La deuxième montre la façade de la paillote avec une porte d'entrée.

5.2. Production des hypocotyles et importance économique du rônier

Le rônier au sein des communautés est reconnu et conservé au sein des écosystèmes pour, non seulement son importance sociale (divers usages, patrimoine de prestige et considérations spirituelles), mais aussi pour son rôle économique (revenus et avantages divers tirés de l'exploitation de l'espèce par les communautés).

5.2.1. Production des hypocotyles

5.2.1.1. Historique et caractérisation sommaire des hypocotyles

Le questionnaire adressé à quelques personnes âgées (12), a révélé que la production des hypocotyles est une vieille activité.

En réalité, tout a commencé par la curiosité d'un ancien chasseur de Ouoghi (selon les natifs de cette localité) qui a eu faim et qui s'est proposé de faire cuire les racines fraîches du rônier qui se trouvaient en abondance dans la forêt où il chassait. C'est ainsi qu'il a mangé les hypocotyles. Il s'est alors rendu compte que c'était agréable et en a récolté d'autres pour la maison. Arrivé chez lui, il a constaté qu'il n'a eu ni de troubles gastriques, ni autres maladies. Il a alors fait cuire les hypocotyles et en a donnés à sa famille et aux étrangers venus lui rendre visite.

C'est alors que cet aliment est entré dans la culture des Tchabè et s'est étendu sur les localités voisines et surtout dans les grandes villes du pays comme Cotonou, Porto-Novo, Ouidah, etc. où sa commercialisation prend un grand essor.

La caractérisation sommaire des hypocotyles a été faite pour permettre d'établir avec précision un échantillonnage des quantités d'hypocotyles exprimées en nombre (unité ou quarantaine), en unités de poids conventionnelles. Ainsi, les étalonnages suivants peuvent être utilisés pour la quantification des productions et des tonnages entrant dans les transactions (tableau XIV).

Tableau XIV : Quantification des hypocotyles

Poids frais moyen par hypocotyle (g)	*Nombre d'hypocotyles/kg*	**Poids de 40 hypocotyles (kg)**
127,8 à 138	7,2 à 7,7	5,1 à 5,5

Source : Résultats d'enquêtes, avril 2012.

5.2.1.2. Techniques de production d'hypocotyles

La production est une activité saisonnière. Dans la zone d'étude, bien qu'il y ait des fruits mûrs toute l'année, la mise en germination n'a lieu qu'au début de la saison des pluies. C'est une activité qui démarre dès la fin du mois de mars pour s'achever au mois de décembre. Elle crée donc peu de problème d'insertion dans le calendrier agricole. Les fruits demandent en moyenne 6 mois et demi pour donner des hypocotyles (Tableau XV).

Tableau XV : Calendrier de production des hypocotyles

Mois	Jan	Fév.	Mrs	Avr	Mai	Ju	Juil	Août	Sept	Oct.	Nov.	Déc.	Jan	Fév.
Activités de production														

━━━▶ Ramassage de fruits   ‑ ‑ ‑▶ semis de fruits   ━ ·▶ récolte d'hypocotyles

Source : Résultat d'enquêtes, *avril 2012*.

Le semis des fruits des mois d'août et de septembre donne lieu à une petite récolte qui permet d'alimenter le commerce d'hypocotyles dans la zone de production. C'est d'ailleurs pour cette raison que la commercialisation des hypocotyles à Savè s'étale sur toute l'année.

La production d'hypocotyles se réalise en trois étapes essentielles : la collecte des fruits qui commence en janvier, le semis des fruits qui se fait à partir de mars et la récolte des hypocotyles qui a lieu six à sept mois après le semis des fruits.

Le semis des fruits se fait après avoir remué la terre (figure 18). Certains paysans installent immédiatement les fruits après la collecte et les recouvrent de feuilles de rônier (photo 13) ; mais d'autres attendent le début de la saison des pluies. Il est important de retenir que dans le milieu d'étude, la majorité des producteurs (95 % à Savè et 85 % à Glazoué) installent directement les fruits sur les sols remués (itinéraire B) ; le reste (10 %) le fait sur des buttes de terre pour faciliter le déterrage des hypocotyles (itinéraire C).

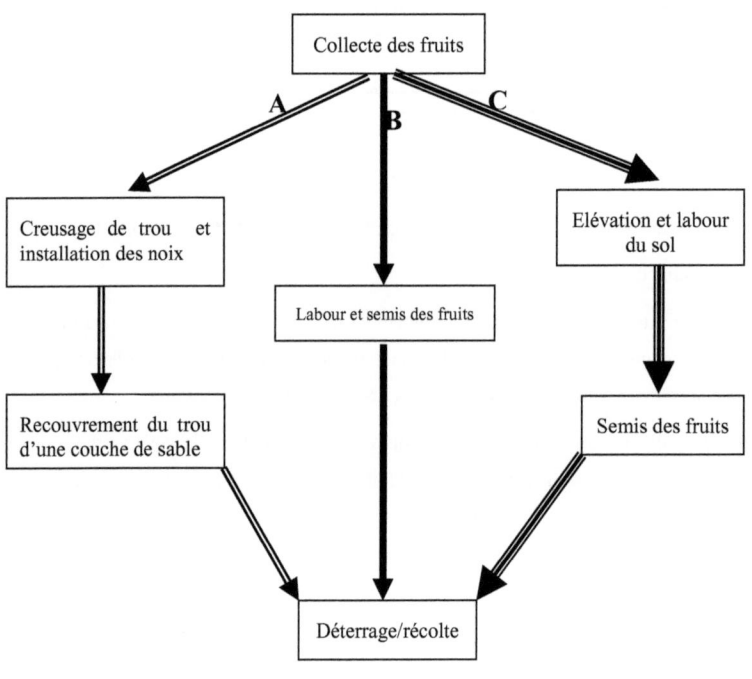

Option A : ⟹   Option B : ⟹ Option C : →

Figure 18: Itinéraires techniques possibles de la production d'hypocotyles au centre Bénin

Source : Résultat d'enquête, *avril 2012*

De la lecture de la figure 18, il ressort que les étapes d'itinéraire varient d'une option à une autre (3 à 4). Ainsi, B, ayant le moins d'étapes (3 étapes) est celui pratiqué par 95 % des producteurs de la commune de Savè et 85 % de ceux de Glazoué. L'option C est plus pratiquée à Glazoué, où les producteurs estiment qu'elle facilite le déterrage des hypocotyles à maturité. Quant à l'option A, elle a été observée à Diho (Savè) pour les mêmes raisons que précédemment.

Du point de vue des superficies moyennes de production d'hypocotyles, elle est peu variable entre les villages d'enquête. Ces superficies sont en général en dessous de 50 m². La production d'hypocotyles peut donc être considérée comme une forme d'agriculture qui est peu consommatrice d'espace. Elle peut donc constituer une alternative pour les paysans sans terre dans un contexte où les espaces fertiles font de plus en plus défaut, surtout dans la zone d'étude où les semences (fruits) sont disponibles pour la mise en œuvre de cette production.

Les photos 10 et 11 illustrent des techniques de production d'hypocotyles à Savè et à Glazoué.

Photo 10 : Mise sur terre des fruits du rônier pour l'obtention des hypocotyles dans un champ à Diho (Savè)

Prise de vue : Gbesso, 2012

Photo 11 : Mise sur butte de terre des fruits de rônier dans un champ à Thio (Glazoué)

Prise de vue : Gbesso, 2012

Les photos 11 et 12 montrent des tas de fruits de rôniers mis en terre pour l'obtention des hypocotyles depuis 7 mois. L'obtention des hypocotyles varie d'une commune à l'autre. La photo 13 illustre l'option B et la photo 14 illustre l'option C.

Les photos 12 et 13 illustrent quelques opérations pour l'emballage et le transport des sacs de jute contenant des hypocotyles.

Photo 12: Tri d'hypocotyles par les détaillantes avant achat au marché de Glazoué

Photo 13 : Mise en sac des hypocotyles achetées au marché de Glazoué

Prise de vue : Gbesso, 2012

La photo 12 montre l'emballage des hypocotyles dans des sacs de jutes prêts à être acheminés vers le marché de Gbégamey (Cotonou). Dans la photo 13, les femmes s'adonnent au tri des hypocotyles ; ce tri se fait en fonction de la qualité de ces derniers et non de leur grosseur. L'acheminement de ces sacs d'hypocotyles se faisait tous les jeudis lorsque le train circulait. Il se fait maintenant du mercredi à vendredi à cause de la non-disponibilité des véhicules de transport.

5.2.1.3. Les circuits de commercialisation des hypocotyles

La commercialisation des hypocotyles pratiquée par les populations autochtones et allochtones a permis d'établir un circuit de commercialisation des hypocotyles provenant de la commune de Savè (Figure 19).

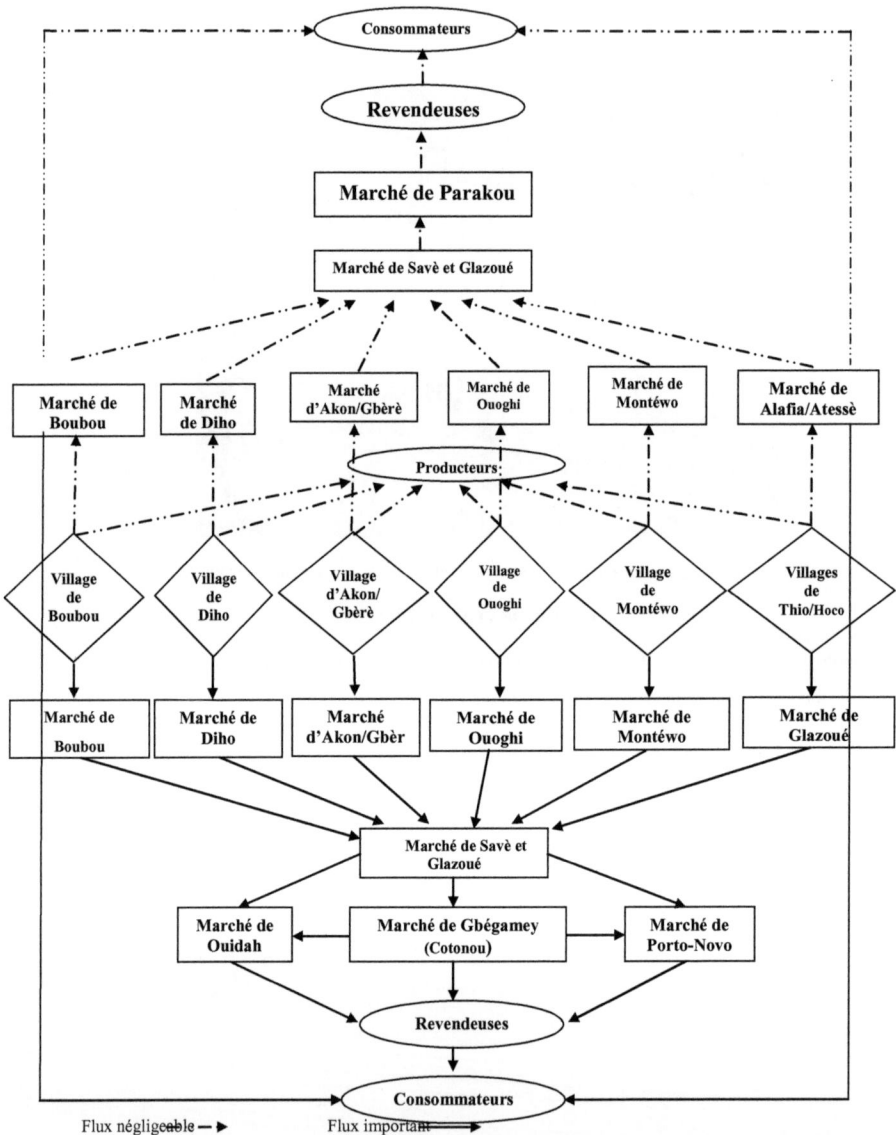

Figure 19 : Circuit de commercialisation des hypocotyles provenant de Savè et Glazoué

Source : Résultat d'enquête, *avril 2012.*

114

La figure 19 présente les villages de production et les lieux de destination des hypocotyles. Elle montre également le circuit de commercialisation des hypocotyles, donc l'importance des flux d'hypocotyles qui sont déversés sur les marchés de Cotonou et de Parakou.

Il ressort de l'analyse de la figure 16 et des 96 % de réponses des producteurs que les 3/4 de la production d'hypocotyles de Savè sont acheminés vers les marchés de Cotonou alors que Parakou n'en reçoit que le 1/4. Cela pourrait s'expliquer par le fait que la demande est plus forte à Cotonou, vu l'importance démographique de la ville de Cotonou par rapport à celle de Parakou.

5.2.1.4. Techniques de conservation et d'emballage des hypocotyles

Les hypocotyles sont des denrées périssables et nécessitent donc des techniques de conservation. Ainsi, les techniques mises au point varient selon les acteurs de la filière. Il en existe deux chez les producteurs. La première consiste à étaler les hypocotyles frais déterrés à l'air libre pendant une semaine. La seconde consiste à les enterrer à nouveau, à un endroit un peu humide ces pendant sept jours au maximum après le déterrage.

En ce qui concerne les détaillantes, elles conservent les hypocotyles frais dans de l'eau (photo 14) renouvelable tous les deux jours et ceci pendant une semaine au plus. Dans tous les cas, la durée de conservation des hypocotyles n'excède pas une semaine.

Pour toutes les détaillantes enquêtées, seul l'emballage en sachet (photo 15) est le mode le plus esthétique et plus rapide de livraison des hypocotyles cuits ; mais ces derniers se gâtent plus vite dans les sachets qu'à l'air libre (une demie journée au plus).

Photo 14 : Moyen de conservation des hypocotyles frais dans de l'eau chez les détaillantes

Photo 15 : Emballage d'hypocotyles cuits dans des sachets chez les détaillantes

Prise de vue : Gbesso, 2012

La photo 14 montre des hypocotyles crus conservés dans de l'eau. Les hypocotyles séjournent pendant trois semaines dans l'eau mais il est très important de changer l'eau toutes les semaines. Quant à la photo 15, elle illustre un moyen de conservation des hypocotyles après cuisson ; ils sont emballés dans des sachets plastiques transparentes pour la vente. Cette forme de conservation ne dure pas plus de 24 heures.

5.2.2. Importance économique

5.2.2.1. Importance économique pour les ménages de producteurs

Les revenus moyens obtenus de la vente d'hypocotyles par les producteurs varient entre 34 500 FCFA et 52 666 FCFA par an. Les revenus tirés de cette spéculation permettent d'affirmer que la production d'hypocotyles dans les communes de Savè et Glazoué pourrait bien constituer une alternative si elle est bien organisée et bien gérée par les animateurs. Ces recettes peuvent servir de revenus d'appoint pour les producteurs.

Le tableau XVI présente les revenus moyens dans chaque village par paysan.

Tableau XVI : Récapitulatif du revenu moyen par an (en F CFA) du paysan

Villages	Revenu moyen/an (CFA)	Ecart-type	Erreur standard
Akon/Gbèrè	48 500	27,82798	5,08067
Boubou	34 500	21,79489	3,97918
Montéwo	54 500	23,50165	4,29079
Diho	54 666	24,10227	4,40045
Ouoghi	52 100	23,86507	4,35715
Hoco	52 666	24,48551	4,47042
Thio	48 100	21,79489	4,29078
Moyenne	49 488	24,98553	1,86306

Source : Résultats d'enquête, *avril 2012*

NB : L'investissement (énergie fournie, achat de houe et autres) n'est pas pris en compte car insignifiant.

De l'analyse de ces résultats, il ressort que dans l'ensemble des villages visités, le revenu moyen annuel par tête avoisine 50 000 F CFA. Pour tous les paysans interrogés, la production d'hypocotyles est une activité secondaire. Ils ont généralement une activité principale qui est soit l'agriculture (74,46 %), soit le commerce (14,99 %), soit encore d'autres métiers (10,55 %). Le test d'analyse ANOVA montre qu'il existe une différence significative entre les revenus des producteurs d'hypocotyles au seuil de 5% (ddl=5, p=0,013) d'un village à un autre.

5.2.2.2. Importance économique pour les ménages de vendeurs

Les ménages de vendeuses détaillantes obtiennent un bénéfice mensuel qui varie entre 10 500 F CFA et 21 750 F CFA que ce soit en période d'abondance ou de soudure.

En ce qui concerne les ménages de vendeurs grossistes et semi-grossistes, ils obtiennent des bénéfices appréciables. Le nombre de sacs vendus par vendeur par an varie entre 2 et 10 par semaine et chaque sac contient 15 à 25 quarantaines selon la manière dont les hypocotyles ont été disposés dans le sac. Les bénéfices mensuels fluctuent entre 20.835,68 F CFA et 82.261,84 F CFA. Ces revenus sont relativement intéressants lorsqu'on sait que la vente d'hypocotyles couvre une période de 6 mois en moyenne d'activités intenses dans l'année. Ceci correspondrait à des revenus annuels variant entre 125.014,08 F CFA et 493.571,04 F CFA par individu (tableau XVII).

Tableau XVII : Récapitulatif des revenus moyens par semaine des vendeurs par village

Villages	Prix d'achat moyen (F CFA/kg)	Prix de vente moyen (F CFA/kg)	Marge moyenne brute réalisée (F CFA/kg)	Quantité moyenne vendue en une semaine (kg)	Marge moyenne brute réalisée en une semaine	Frais divers moyen/semaine (F CFA)	Marge moyenne nette réalisée en une semaine (F CFA)
Ouoghi	62,89	132,07	69,18	530	36665,45	17500	19165,41
Montéwo	62,89	132,07	69,18	503,59	34832,13	16627	18207,13
Boubou	62,89	132,07	69,18	353,33	24443,33	11655	12788,46
Diho	62,89	132,07	69,18	530	36665,41	16100	20565,46
Hoco	62,89	132,07	69,18	110	7608,93	2400	5208,92
Thio	62,89	132,07	69,18	137	9477,66	3327	6150,66
Moyenne				360,63	24948,80	11268,16	13680,99

Source : Résultat d'enquête, *avril 2012.*

De l'analyse du tableau XVII, il ressort que les vendeurs grossistes et semi-grossiste de Savè et de Glazoué ont une marge moyenne nette variable entre 5208,92 F CFA et 20565,46 F CFA/semaine. La quantité vendue en une semaine dans chaque village représenté dans le tableau XVII n'est que la moyenne enregistrée dans chacun de ces villages puisque la marge de sacs vendus varie de 2 à 10 sacs par semaine et par personne selon le village. Le test ANOVA montre qu'il existe une différence significative au seuil de 5 % (ddl=5, p=0,865) entre les marges nettes des vendeurs d'hypocotyles de ces différents villages.

La présente étude a montré que les marges bénéficiaires obtenues par un vendeur d'hypocotyles par semaine dans les villages de Ouoghi, Montéwo, Boubou et Diho sont largement supérieures au SMIG hebdomadaire qui est de 6500 F CFA. Cela implique que la commercialisation des hypocotyles est une activité qui procure des revenus importants à ceux qui s'y adonnent.

La photo 16 montre quelques vendeuses d'hypocotyles bouillis au poste de péage et pesage de Diho (Savè).

Photo 16 : Quelques vendeuses détaillantes d'hypocotyles bouillis au poste de péage à Diho

Prise de vue : Gbesso, 2012

La photo 16 illustre des vendeuses d'hypocotyles à Diho. Ces vendeuses sont des jeunes filles engagées par des vendeuses détaillantes pour vendre des hypocotyles bouillis au poste de péage et pesage de Diho. Elles sont là presque toute l'année et sont rémunérées en fonction de la quantité d'hypocotyles vendus par jour.

5.2.2.3. Paramètres de commercialisation

Les paramètres de commercialisation examinés, en plus des marges brutes tirées de la commercialisation des hypocotyles par les ménages de vendeuses sont le prix d'achat, le prix de vente et les frais divers des hypocotyles.

Pour ce qui est des prix d'achat, ils sont pratiquement les mêmes dans les villages enquêtés. Etant donné qu'on est dans des zones de production, les prix d'achat varient entre 7,14 et 12,5 F CFA par unité d'hypocotyle selon la période (abondance ou pénurie).

En ce qui concerne les prix de vente, ils varient selon les vendeurs. Lorsqu'il s'agit d'une vendeuse détaillante de Savè et Glazoué, l'hypocotyle coûte de 25 à 35 F CFA l'unité. Mais quand il s'agit des vendeurs grossistes ou semi-grossistes, il coûte en moyenne 800 F CFA la quarantaine, soit 20 F CFA l'unité. La grosseur des hypocotyles n'a pas d'influence sur le coût car tout est généralement vendu au même prix chez les producteurs, les grossistes et les semi-grossistes.

Les frais divers sont en général, les frais de déterrage (800 à 1.000 F/sac), les frais de transport Savè-Cotonou ou Savè-Parakou (1.500 à 2.000 F /sac), du champ au bord de la voie (500 à 1.000 F/sac) et les frais de chargement et déchargement (300 F/sac) pour les grossistes et semi-grossistes. Chez les détaillantes, il s'agit du transport et des frais de bois de chauffe pour la cuisson et les frais d'emballage. Le transport des hypocotyles se fait par des taxis ou par des camions. Les transporteurs se font ainsi de grands profits grâce à ce commerce.

Un complément d'enquêtes a permis de constater que les grossistes de Savè et de Glazoué livrent leurs marchandises à une grossiste à Cotonou. Cette dernière les livre aux vendeuses détaillantes de Cotonou au prix de 1.400 F CFA la quarantaine. Celles-ci les revendent au prix 3.000 F CFA la quarantaine y compris les frais divers ; ce qui revient à 75 F CFA l'unité. Les hypocotyles sont donc vendues 2 à 3 fois plus chers dans les zones de grande consommation que dans les zones de production.

5.2.2.4. Production d'articles à base de rônier et importance économique

La production de ces articles se fait généralement (90 %) par des ressortissants des ethnies Mahi, Fon et Somba. C'est une activité saisonnière qui occupe le temps de repos des paysans puisqu'ils n'ont pas d'activités champêtres en saison sèche. Ces articles sont bien vendus en cette période où il fait chaud. Le prix de vente d'une quarantaine d'éventails varie entre 1.500 et 2.000 F CFA la quarantaine au niveau des vanniers entre et 2.500 à 3.000 F CFA au niveau des revendeuses. Un bon vannier peut produire entre 15 et 20 éventails par jour ce qui revient à 568,75 F CFA/jour pour un vannier. Les vanniers s'approvisionnent en de très jeunes pousses dans les savanes et galeries forestières.

En ce qui concerne les chapeaux, leur production prend plus de temps que celle des éventails. Il faut en moyenne une journée pour en fabriquer un. Ce qui fait qu'il revient un peu plus cher 150 à 200 F CFA chez les producteurs et 300 à 500 F CA chez les revendeuses. Les pieds mâles de l'espèce sont également vendus par lesdits propriétaires entre 15.000 et 20.000 F CFA l'unité car ces pieds ne donnent pas de fruits.

5.2.3. Analyse selon le genre

Le tableau XVIII présente la répartition des vendeurs d'hypocotyles enquêtés (grossistes et semi-grossistes) par sexe et par village ou marché.

Tableau XVIII : Répartition des vendeurs d'hypocotyles (grossistes et semi-grossistes) par sexe et par village

Villages	Masculin %	Féminin %	Total
Boubou	14,28	85,72	100 (n = 10)
Montéwo	40	60	100 (n = 6)
Ouoghi	0	100	100 (n = 10)
Akon/Gbèrè	33,33	66,66	100 (n = 10)
Diho	0	100	100 (n = 10)
Djabata	0	100	100 (n = 2)
Hoco	45	55	100 (n = 3)
Thio	0	100	100 (n = 4)
Total	14,60	85,40	100 (n = 55)

Source : Résultat d'enquête, avril 2012.

NB : Les vendeuses détaillantes n'ont pas été prises en compte car ne sont que des femmes. n = taille de l'échantillon

L'analyse du tableau XVIII révèle que la vente des hypocotyles est une activité essentiellement féminine. Elle est généralement pratiquée par les femmes (87,23 %). Très peu d'hommes s'adonnent à cette activité (12,76 %). C'est au niveau de la production des hypocotyles qu'ils sont souvent présents. En ce qui concerne les vendeurs détaillants d'hypocotyles bouillis, seules les femmes sont enregistrées. Cette activité génératrice de revenus permet aux femmes de subvenir aux dépenses familiales. Cela peut s'expliquer par le fait qu'au Bénin, les femmes sont plus fréquentes dans les marchés et surtout dans le commerce des produits vivriers ou denrées alimentaires.

Conclusion partielle

La présente étude a permis de connaître, les différentes formes d'exploitation et l'intérêt de l'arbre pour les populations de Savè et de Glazoué.

Les résultats obtenus montrent que les utilisateurs sont d'un âge moyen de 38 ans. Sur le plan alimentaire, les organes de la plante consommés sont le fruit et l'hypocotyle. Le fruit est consommé cru, bouilli ou cuit alors que l'hypocotyle est toujours cuit. Sur le plan de la médecine traditionnelle, les organes de l'espèce contribuent à traiter les maladies comme la faiblesse sexuelle et les règles douloureuses. Les organes de la plante (pétiole, limbe, nervures, etc.) sont utilisées pour divers usages, que ce soit en vannerie ou dans la construction des maisons. Les organes du rônier sont souvent cueillis dans les savanes arborées et arbustives, dans les champs et très rarement dans les concessions. La population ne plante généralement pas l'arbre car elle estime qu'il croit très lentement. Les terres ou parcs à rônier sont souvent de nature communautaire et les propriétés, à titre individuel, sont peu nombreuses. Ces derniers le deviennent souvent par héritage ou rarement par plantation.

Les revenus tirés de cette spéculation permettent d'affirmer que la production d'hypocotyles dans les communes de Savè et de Glazoué pourrait bien constituer une alternative si elle est bien organisée et bien gérée par les animateurs.

Les principaux résultats de ce chapitre confirment l'hypothèse 1 de départ qui stipule que les populations de Savè et de Glazoué détiennent des connaissances sur le rônier.

CHAPITRE 6 : CARACTÉRISATION ÉCOLOGIQUE DES POPULATIONS DE RÔNIER DANS LA ZONE DE TRANSITION SOUDANO-GUINÉENNE AU BÉNIN

Ce chapitre met l'accent sur les études de caractérisation écologique de rônier suivant les différents districts phytogéographiques de la zone de transition soudano-guinéenne du Bénin. Ceci a été fait à travers la détermination de la distribution spatiale l'espèce, de son habitat naturel ainsi que ses paramètres dendrométriques.

6.1. Distribution spatiale de *Borassus aethiopum* dans le secteur d'étude

La figue 20 indique des densités du rônier dans la zone soudano-guinéenne du Bénin.

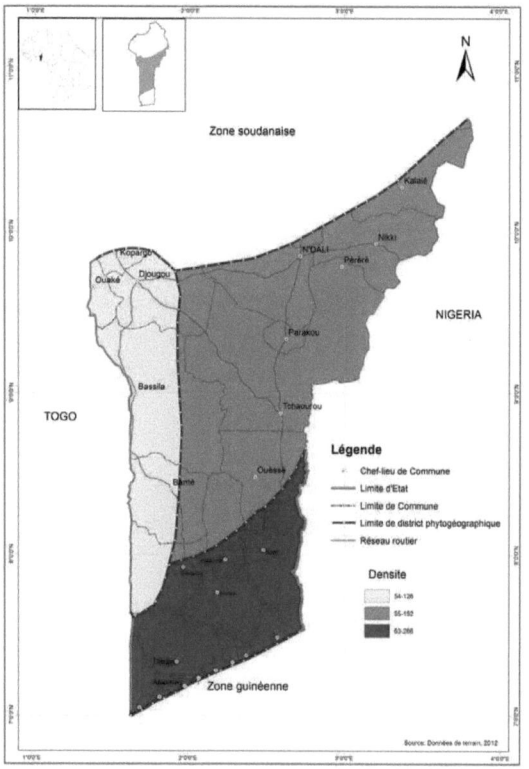

Figure 20 : Distribution spatiale de *Borassus aethiopum* dans la zone de transition

De la lecture de la figure 20, il ressort que de façon générale *Borassus aethiopum* est plus abondante dans le phytodistrict de Zou avec une moyenne de 164,5 pieds/ha que dans les deux autres phytodistricts (Borgou-sud : 103,5 pieds/ha ; Bassila : 90 pieds/ha) de la zone de transition soudano-guinéenne.

6.2. Caractérisation des habitats de *Borassus aethiopum*

Les relevés sont effectués dans les trois districts du secteur d'étude à raison de 35 relevés dans le phytodistrict du Zou (Boubou, Ouoghi, Diho, Djabata, Montéwo, Akon) ; 23 relevés dans le phytodistrict de Borgou Sud (Sobrikpérou, Guinangourou, Diguidirou, Ourékparou) et 12 relevés dans le phytodistrict de Bassila (Lougba, Koko) ; soit au total 70 placeaux dans les trois districts.

6.2.1. Partition des relevés au sein des formations végétales

La matrice brute constituée de 70 relevés et de 64 espèces a été soumise à une analyse multivariée par le biais de la DCA (Detrended Correspondence Analysis). Les axes factoriels de la DCA expliquent 2,69 % de l'inertie totale.

La figure 21 présente l'ordination des relevés sur le plan des axes 1 et 2 de la DCA.

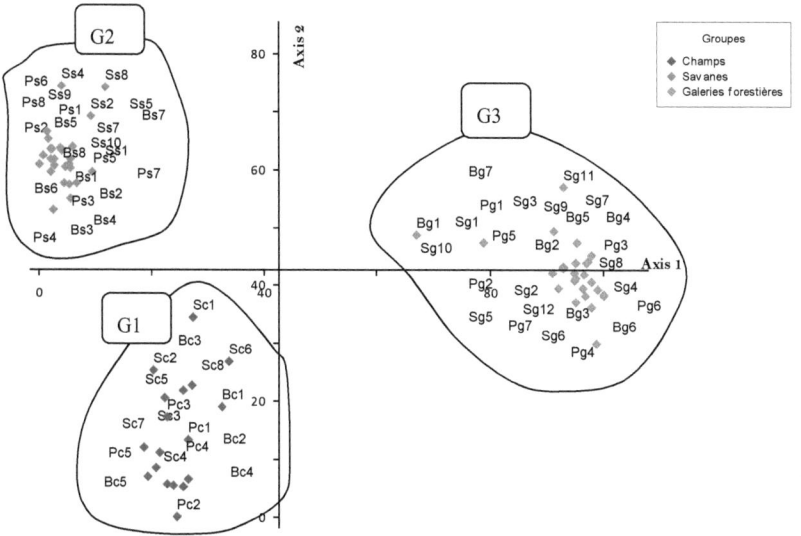

Figure 21 : Répartition des relevés dans les plans factoriels des axes 1 et 2 de la DCA

On distingue trois groupes de relevés :

- Groupe 1 (G1) : constitué des relevés effectués dans les champs et jachères ;

- Groupe 2 (G2) : réunissant les relevés effectués dans les savanes ;

- et Groupe 3 (G3) : formé des relevés effectués dans les galeries forestières.

L'axe 1 discrimine à son origine les relevés de savanes et à son extrémité droite les relevés de forêts galerie. Il traduit alors un gradient d'humidité ou de complexité structurale.

L'axe 2 oppose les relevés des champs et jachères (à son origine) aux relevés de savanes. Il indique un gradient d'anthropisation de la végétation.

Ainsi

- le groupe de relevé G1 est constitué de 18 relevés et caractérise les champs et jachères. Les espèces indicatrices de ce groupe de relevés sont *Adansonia digitata* et *Mangifera indica*.

- le groupe de relevés G2 ordonne 26 relevés et caractérise les savanes. Les espèces indicatrices de ce groupe de relevés sont *Combretum molle* et *Burkea africana*.

- le groupe de relevés G3 regroupe l'ensemble des 26 relevés effectués dans les galeries forestières. Les espèces indicatrices de ce groupement sont : *Tamarindus indica et Mitragyna inermis*.

Le dendrogramme des relevés (figure 22) confirme la partition des relevés en 3 groupes à 51 % de dissemblance.

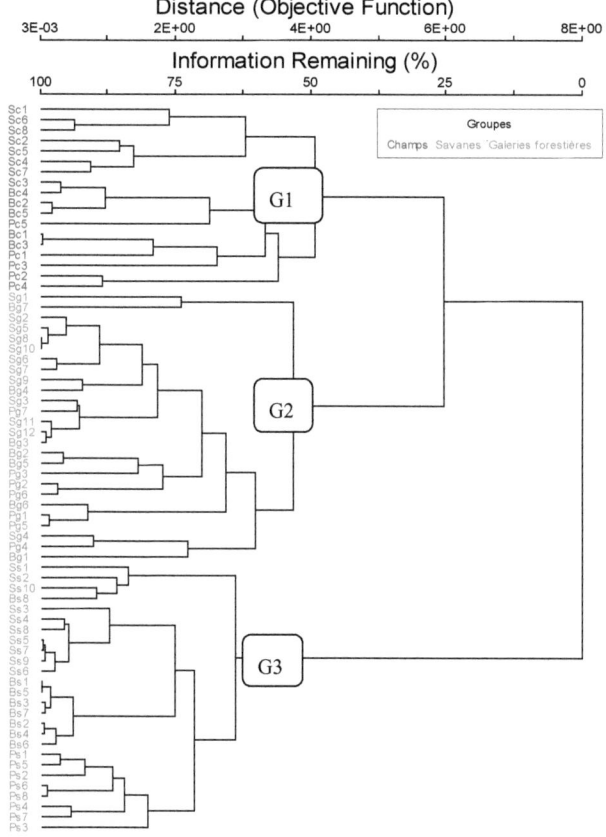

Figure 22 : Dendrogramme de dissimilarité des trois groupes de 70 relevés

127

6.2.2. Composition floristique et diversité spécifique des groupes de relevés

Au total, 64 espèces sont recensées. Elles sont réparties en 25 familles dont les plus importantes sont les Leguminosae (15 espèces), les Combretaceae (7 espèces), les Rubiaceae (6 espèces) et les Meliaceae (4 espèces). Le tableau XIX résume les informations sur la composition floristique et la diversité spécifique des groupes de relevés enregistrés dans le milieu d'étude.

Tableau XIX : Caractéristiques et diversité des communautés identifiées

Code	Nom du groupe de relevé	Espèces indicatrices	Valeur indicatrice	P Value (Monte Carlos test)	Richesse spécifique	Familles dominantes	Indice de Shannon	Equitabilité de Piélou
G1	Champs et jachères	Adansonia digitata	94,4	0,0002	20	Leguminosae et Rubiaceae	3,89	0,90
		Mangifera indica	94,4	0,0002				
		Anacardium Occidentale	88,9	0,0002				
G2	Savanes	Combretum molle	100,0	0,0002	40	Combretaceae et Leguminosae	5,49	0,97
		Burkea africana	100,0	0,0002				
G3	Galeries forestières dégradées	Tamarindus indica	78.3	0,0002	31	Leguminosae et Rubiaceae	4,21	0,84
		Mitragyna inermis	84.6	0,0002				

Il ressort de la lecture du tableau XIX que la richesse spécifique des groupes de relevés varie de 20 à 40 espèces végétales. Du point de vue de la diversité spécifique la communauté végétale G2 présente l'indice de diversité de Shannon le plus élevé ; soit 5,49 bits et une équitabilité de 0,97. Cette valeur d'équitabilité indique une bonne répartition des espèces et une parfaite exploitation

128

des ressources du milieu par les espèces. L'indice de diversité de Shannon des deux autres groupes de relevés est également supérieur à 3,5 bits (G1=3,89 et G3=4,21). Cela signifie une forte diversité au sein des groupes de relevés G1 et G3; ce qui indique que les conditions des stations sont très favorables à un grand nombre d'espèces dans des proportions quasi-égales. Quant à l'équitabilité de Pielou, elle varie entre 0,84 et 0,90 pour les trois groupes de relevés; on peut alors conclure que les espèces du groupe de relevés G1 sont moins bien réparties que celles des groupes de relevés G2 et G3. De cette analyse, on peut donc déduire que les habitats préférés de *Borassus aethiopum* sont les savanes et les galeries forestières.

6.2.3. Caractéristiques structurales et dendrométriques de *Borassus aethiopum* dans les groupes de relevés

Les caractéristiques structurales et dendrométriques de *Borassus aethiopum* varient d'un groupe de relevé végétal à un autre (Tableau XX).

Tableau XX : Paramètres structurales et dendrométriques de *B aethiopum* dans les différents groupes de relevé d'étude

Paramètres	Groupe de relevés végétaux		
	G1	G2	G3
Dg (cm)	36,83	37,64	33,72
G (m²/ha)	28,93	29,55	26,47
N (nbre de pieds/ha)	77,24	132,89	110,78
Hauteur (m)	10	14	12

Soit Dg= diamètre de l'arbre moyen, G (m²/ha) = la surface terrière, N = densité et G = Groupe de relevé

L'analyse des paramètres dendrométriques de *Borassus aethiopum* dans la zone de transition soudano-guinéenne indique une différence significative pour les diamètres, les hauteurs et les densités des arbres entre les trois groupes de relevés ($p < 0,05$). La structuration des moyennes indique que le diamètre moyen de l'arbre dans les trois groupes de relevés est différent. Il est plus élevé dans les savanes (37,64 cm) puis dans les champs/jachères (36,83 cm) et enfin dans les galeries forestières (33,72 cm).

De même, c'est dans les savanes qu'on retrouve les individus les plus grands (hauteur moyenne = 14 m). Quant à la densité du peuplement, les plus élevées sont aussi observés dans les savanes (132,89 arbres/ha) tandis que les plus faibles valeurs de ces densités sont observées dans les champs/jachères (77,24 tiges / ha).

6.2.4. Structure diamétrique de *Borassus aethiopum*

La répartition de *Borassus aethiopum* par classe de diamètre au sein des différents groupes de relevé est présentée dans la figure 23. On constate que pour n'importe quel groupe de relevés considéré, les effectifs du *Borassus aethiopum* sont plus élevés dans les classes de diamètre de]30 ; 40 cm]. Les effectifs les plus faibles sont constatés dans les classes de] 20 ; 30 cm] et] 45 ; 50 cm].

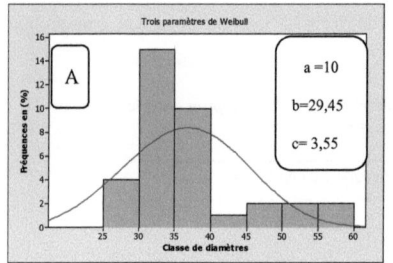 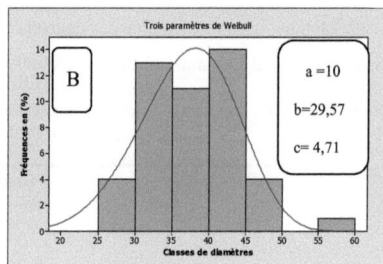

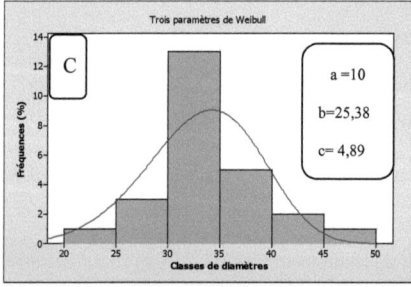

Figure 23 : Structure diamétrique de *Borassus aethiopum* dans les communautés végétales
A : champs et jachères, B : savanes, C : forêt galerie

L'analyse de la figure 23 montre que les individus de tous les groupes de relevés se retrouvent dans la classe de diamètre située entre]30 ; 40 cm], ce qui confère à ces groupes une structure asymétrique centrée. L'ajustement de la structure à la fonction mathématique de Weibull donne un paramètre de forme c = 1,48 caractéristique des peuplements avec prédominance d'individus jeunes ou de faible diamètre. Les individus de très gros diamètre sont quasi inexistants au niveau des trois (03) groupes de relevés. Pour *Borassus aethiopum*, il peut être tiré comme conclusion que les jeunes pieds qui ont généralement les gros diamètres sont moins nombreux que les pieds adultes. Ce qui indique que les populations de rônier sont de plus en plus vieillissantes.

Le test de Kruskal-Wallis révèle qu'il existe une différence significative entre les diamètres de *Borassus aethiopum* dans les différents groupes de relevés végétaux (H = 8,45 ; DF =2 ; P = 0,015).

Conclusion partielle

Cette étude sur la distribution spatiale et la caractérisation écologique des peuplements du *Borassus aethiopum* dans la zone de transition, constitue une contribution à la connaissance de l'espèce et aux paramètres écologiques indispensables à sa conservation dans cette partie du Bénin.

La caractérisation phytosociologique a permis d'identifier trois grands groupes de peuplements distincts par leurs traits spécifiques induits par la topographie et les types de formations végétales que sont les champs, les savanes et des forêts galeries. On peut retenir que deux types d'habitat sont favorables au développement de l'espèce. Il s'agit des zones de savanes et des galeries forestières. En outre, on peut également retenir que l'espèce est pratiquement présente dans toutes les communes de la zone de transition mais en densité très variée ; et que c'est à Savè et à Glazoué qu'elle est assez abondante et fait plus objet de commercialisation.

Les résultats du présent chapitre confirment l'hypothèse 2 selon lequel les paramètres écologiques de *Borassus aethiopum* varient d'un groupe de relevés à un autre.

CHAPITRE 7 : CARACTÉRISATION MORPHOLOGIQUE DE
BORASSUS AETHIOPUM DANS LA ZONE DE TRANSITION
SOUDANO-GUINÉENNE DU BÉNIN

Le présent chapitre aborde la caractérisation morphologique des différents organes de *Borassus aethiopum* à travers la description du tronc, du houppier, du fruit et des feuilles de l'arbre.

7.1. Description morphologique du tronc

Les informations relatives à la caractérisation biométrique de *Borassus aethiopum* sont consignées dans le tableau XXI

Tableau XXI : Caractéristiques biométriques de *Borassus aethiopum* pour le DBH du tronc pris à 1,30 m du sol

Variables	Populations						
	Diho	Ouoghi	Djabata	Boubou	Sobirikpérou	Guinagourou	Lougba
Moyenne (cm)	36,25	37,54	33,88	36,24	36,92	36,92	33,34
Ecartype	4,84	5,73	5,66	7,87	7,67	6,89	4,66
Coef_var	0,13	0,17	0,17	0,21	0,21	0,19	0,13
Moy pop			35,87				
Ecart-type pop			6,19				
Coef_var pop			0,17				

L'observation du tableau XXI montre que les populations de *Borassus aethiopum* dans la zone soudano-guinéenne mesurent 35,87±6,19 cm de diamètre pris à 1,30 m. Les valeurs minimale et maximale se rencontrent respectivement à Lougba ($C_{1,30m}$= 33,34±4,66 cm) et à Ouoghi ($C_{1,30m}$ =37,54±5,66 cm). L'écart observé entre les valeurs de DBH de *Borassus aethiopum* de ces populations peut être expliqué d'une part par l'âge et d'autre part par les conditions environnementales de chaque milieu comme le climat. Il faut aussi retenir que chez *Borassus aethiopum*, plus l'individu prend de l'âge, plus le diamètre diminue et plus la hauteur augmente. On peut donc aisément retenir que cet écart est plus lié à l'âge.

On note une faible variation de la circonférence du tronc à 1,30 m entre les populations de la zone de transition (CV= 0,17 %) qui peut être expliquée par les faibles exigences écologiques de l'espèce. Quant à la variation intra-population, elle est aussi faible et varie entre (CV= 0,13 %) à Lougba et à Diho puis (CV= 0,21 %) à Sobirikpérou et à Boubou.

7.2. Description morphologique du houppier

Le tableau XXII présente les hauteurs des différentes populations de *Borassus aethiopum* dans la zone soudano-guinéenne.

Tableau XXII : Caractéristiques biométriques de *Borassus aethiopum* pour la hauteur

Variables	Populations						
	Diho	Ouoghi	Djabata	Boubou	Sobirikpérou	Guinagourou	Lougba
Moyenne (m)	11,12	10,64	10,60	9,12	10,32	11,24	11,52
Ecart-type	2,20	2,25	2,20	1,99	2,01	2,73	2,03
Coef_var	0,20	0,21	0,21	0,22	0,20	0,24	0,18
Moyenne pop	10,65						
Ecart-type pop	2,20						
Coef_var pop	0,21						

Il ressort de l'examen du tableau XXII que la hauteur moyenne de *Borassus aethiopum* est de 10,65 ± 2,20 m pour l'ensemble des populations de *Borassus aethiopum* du secteur étudié. Elle varie entre un minimum de 09,12 ± 1,99 m à Boubou et un maximum de 11,24 ± 2,03 m à Lougba. La grande valeur de hauteur enregistrée à Lougba serait liée d'une part à l'âge et d'autre part aux conditions environnementales de chaque milieu. Il faut aussi retenir que chez le *Borassus aethiopum*, plus l'individu prend de l'âge, plus le diamètre diminue et plus la hauteur augmente.

La variation entre les populations est faible (CV= 0,21) parce que la valeur du CV est comprise entre 0 et 10 %. Quant à la variation à l'intérieur de la population, elle est également faible et varie entre 18 % à Lougba et 24 % à Guinagourou. Cette faible variation de la hauteur pourrait s'expliquer par l'homogénéité topographique (les formes de relief sont pratiquement les mêmes) des sites de collecte de données.

7.3. Description morphologique des fruits

La description morphologique des fruits s'est faite à l'aide des paramètres comme la longueur, la circonférence et le poids des fruits. De façon générale, les fruits ont en moyenne deux noyaux ; ce qui justifie la présence de plusieurs morphotypes (photo 17)

Photo 17 : Différentes grosseurs des fruits du rônier

La photo 17 montre les types de fruits de l'espèce et on peut noter quatre types de fruits ; plus le fruit est gros, plus le nombre de noyaux est élevé. De façon générale, il peut être retenu que les fruits ont de façon générale une forme ovoïde.

7.3.1. Longueur des fruits

Les différentes possibilités de variation de la longueur des fruits des sept populations de *Borassus aethiopum* sont présentées dans le tableau XXIII.

Tableau XXIII: Caractéristiques biométriques de *Borassus aethiopum* pour la longueur des fruits

Variables	*Populations*						
	Diho	Ouoghi	Djabata	Boubou	Sobirikpérou	Guinagourou	Lougba
Moyenne (cm)	14,58	14,21	13,41	14,32	14,78	14,75	13,10
Ecart-type	3,10	2,63	3,27	2,92	2,22	1,70	2,97
Coef_var	0,21	0,18	0,24	0,20	0,15	0,11	0,23
Moyenne pop		14,16					
Ecart-type pop		2,69					
Coef_var pop		0,19					

De l'analyse du tableau XXIII, il ressort que les fruits de *Borassus aethiopum* mesurent 14,16 ± 2,69 cm de long pour l'ensemble des populations de *Borassus aethiopum* du secteur étudié. Les valeurs (minimale et maximale) enregistrées sont 13,10 ± 2,97 cm à Lougba et 14,78 ± 2,22 cm à Sobirikpérou. La faible valeur de longueur enregistrée à Lougba pourrait s'expliquer par les paramètres environnementaux de ce milieu tel que le climat comme l'indique l'indice d'humidité de Mangenot qui est plus faible à Banté (2,84) qu'à Savè (2,94) par exemple.

La variation inter-populations est faible (CV= 0,19) parce que la valeur du CV est comprise entre 0 et 10 %. La variation intra-population est également faible et varie entre 0,11 % à Guinagourou et 0, 25 % à Djabata. Cette faible variation de la longueur des fruits pourrait s'expliquer par l'hétérogénéité topographique des sites de collecte de données.

7.3.2. Circonférence des fruits

Les différentes caractéristiques biométriques de la circonférence des fruits dans les sept populations de *Borassus aethiopum* sont présentées dans le tableau XXIV.

Tableau XXIV : Caractéristiques biométriques de *Borassus aethiopum* pour la circonférence du fruit

Variables	Populations						
	Diho	Ouoghi	Djabata	Boubou	Sobirikpérou	Guinagourou	Lougba
Moyenne (cm)	44,24	42,96	42,40	43,04	45,24	44,52	41,00
Ecart-type	6,86	6,14	8,83	7,91	5,57	4,63	5,55
Coef_var	0,16	0,14	0,21	0,18	0,13	0,10	0,14
Moyenne pop		43,34					
Ecart-type pop		6,50					
Coef_var pop		0,15					

Les fruits de *Borassus aethiopum* mesurent 43,34 ± 6,50 cm de circonférence pour l'ensemble des populations de *Borassus aethiopum* du secteur étudié. Les valeurs minimales et maximales enregistrées sont 41 ± 5,55 cm à Lougba et 45,24 ±5,57 cm à Sobirikpérou. La faible valeur de longueur enregistrée à Lougba pourrait s'expliquer par le sol de ce milieu qui est du type ferrallitique.

La variation entre les populations est faible (CV= 0,15) parce que la valeur du CV est comprise entre 0 et 10 %. Quant à la variation à l'intérieur de la population, elle est également faible et varie entre 0,10 % à Guinagourou et 0, 21 % à Djabata. Cette faible variation de la circonférence des fruits pourrait s'expliquer par l'hétérogénéité topographique des sites de collecte de données.

7.3.3. Poids des fruits

Les différentes caractéristiques biométriques de la circonférence des fruits dans les sept populations de *Borassus aethiopum* sont présentées dans le tableau XXV.

Tableau XXV : Caractéristiques biométriques de _Borassus aethiopum_ pour le poids du fruit

Variables	_Populations_						
	Diho	Ouoghi	Djabata	Boubou	Sobirikpérou	nagourou	Lougba
Moyenne (kg)	1,63	1,97	1,56	1,54	1,45	1,46	1,40
Ecart-type	0,65	6,14	8,83	7,91	5,57	4,63	5,55
Coef_var	0,40	3,11	5,66	5,14	3,84	3,17	3,97
Moyenne pop	1,57						
Ecart-type pop	5,61						
Coef_var pop	3,61						

Les fruits frais de _Borassus aethiopum_ pèsent 1,57 ± 5,61 kg pour l'ensemble des populations de _Borassus aethiopum_ du secteur étudié. Le poids varie entre un minimum de 1,40 ± 5,55 kg à Lougba et un maximum de 1,97 ± 6,14 kg à Ouoghi. La grande valeur de poids enregistrée à Ouoghi serait liée aux facteurs environnementaux, précisément la présence d'un régime climatique bimodal qui permet à l'espèce de régénérer facilement.

La variation entre les populations est faible (CV= 3,61) parce que la valeur du CV est comprise entre 0 et 10 %. Quant à la variation à l'intérieur de la population, elle est également faible et varie entre 0,10 % à Guinagourou et 0, 21 % à Djabata. Cette faible variation du poids des fruits pourrait s'expliquer par l'homogénéité topographique des sites de collecte de données.

7.4. Description morphologique des feuilles

La description morphologique des feuilles s'est faite à l'aide des paramètres comme la longueur des feuilles et des pétioles.

7.4.1. Longueur des feuilles

Les différentes caractéristiques biométriques de la longueur des feuilles dans les sept populations de _Borassus aethiopum sont_ présentées dans le tableau XXVI.

Variables	Population						
	Diho	Ouoghi	Djabata	Boubou	Sobirikpérou	Guinagourou	Lougba
Moyenne (m)	1,51	1,53	1,49	1,51	1,44	1,42	1,37
Ecart-type	0,10	0,07	0,09	0,07	0,08	0,10	0,06
Coef_var	0,06	0,05	0,06	0,04	0,06	0,07	0,05
Moyenne pop			1,47				
Ecart-type pop			0,08				
Coef_var pop			0,06				

Les feuilles de *Borassus aethiopum* mesurent 1,47 ± 0,08 m de longueur pour l'ensemble des populations de *Borassus aethiopum* du secteur étudié. Les valeurs minimales et maximales enregistrées sont 1,34 ± 0,06 m à Lougba et 1,53±0,07 m à Ouoghi. La faible valeur de longueur enregistrée à Lougba pourrait être liée à la stratégie développée par l'espèce pour juguler les conditions difficiles au niveau de ce site qui se trouve sur des sols à cuirasse, à capacité de rétention et matières organiques très faibles.

La variation entre les populations est faible (CV= 0,05) parce que la valeur du CV est comprise entre 0 et 10 %. Quant à la variation à l'intérieur de la population, elle est également faible et varie entre 0,04 % à Boubou et 0, 06 % à Guinagourou. Cette faible variation de la circonférence des fruits pourrait s'expliquer par l'homogénéité topographique des sites de collecte de données.

7.4.2. Longueur des pétioles

Le tableau XXVII présente les longueurs des pétioles des différentes populations de *Borassus aethiopum* de la zone de transition du Bénin.

Tableau XXVII : Caractéristiques biométriques de *Borassus aethiopum* pour la longueur des pétioles

Variables	Population						
	Diho	Ouoghi	Djabata	Boubou	Sobirikpérou	Guinagourou	Lougba
Moyenne (m)	1,31	1,33	1,32	1,34	1,36	1,37	1,46
Ecart-type	0,11	0,06	0,07	0,06	0,16	0,14	0,11
Coef_var	0,08	0,05	0,06	0,04	0,12	0,10	0,08
Moyenne pop			1,36				
Ecart-type pop			0,10				
Coef_var pop			0,07				

L'analyse du tableau XXVII montre que les pétioles de *Borassus aethiopum* dans la zone de transition mesurent 1,36±0,10 m de longueur. Les valeurs minimale et maximale se rencontrent respectivement à Diho (1,31±0,11m) et à Lougba (1,47±0,11m). L'écart observé entre les longueurs de pétiole de *Borassus aethiopum* des sept populations peut être expliqué par le fait que les populations de Lougba sont plus vieilles que les autres. On peut donc retenir que chez le *Borassus aethiopum*, plus l'individu prend de l'âge, plus la longueur des pétioles augmente.

On note une très faible variation de la longueur des pétioles entre les populations de la zone soudano-guinéenne (CV= 0,07 %) qui peut être expliqué par les faibles exigences écologiques de l'espèce. Quant à la variation intra-population, elle est aussi très faible et t varie entre (CV= 0,04 %) à Boubou puis (CV= 0,12 %) à Sobirikpérou.

7.5. Corrélations

L'explication des résultats des corrélations entre les descripteurs morphologiques et les sites de prélèvement va tenir compte de l'échelle de mensuration (tableau XXVIII)

Tableau XXVIII : Matrice de l'échelle de mensuration des descripteurs morphologiques

Descripteurs morphologiques	Valeurs	Signification
Longueur du Fruit (LF)	14,16	Normale
	14,75	Forte
	13,10	Faible
Circonférence du Fruit (CF)	43,34	Normale
	45,24	Forte
	41,00	Faible
Poids du Fruit (PF)	1,57	Normale
	1,97	Forte
	1,40	Faible
DBH (DBH)	35,87	Normale
	37,54	Forte
	33,34	Faible
Longueur de la Feuille (LFe)	1,47	Normale
	1,53	Forte
	1,37	Faible
Longueur du Pétiole (LP)	1,36	Normale
	1,46	Forte
	1,33	Faible
Hauteur (H)	10,65	Normale
	11,52	Forte
	09,12	Faible

7.5.1. Corrélations entre les descripteurs morphologiques

Le tableau XXIX présente les résultats des corrélations entre les descripteurs choisis pour la caractérisation morphologique des organes de *Borassus aethiopum* dans la zone de transition du Bénin.

Tableau XXIX : Corrélations entre les descripteurs morphologiques

	LF	CF	PF	DBH	H	LP	LFe
LF	1	**0,96**	0,20	-0,57	0,06	**-0,56**	0,50
F	**0,96**	1	-0,24	**0,52**	0,07	**-0,67**	0,39
PF	-0,20	-0,24	1	-0,56	-0,28	-0,47	0,42
DBH	**0,57**	**0,52**	-0,56	1	-0,30	0,05	0,13
H	0,06	0,07	-0,28	0,30	1	0,13	0,05
LP	-0,56	-0,67	-0,47	0,05	0,13	1	-0,47
LFe	0,50	0,39	0,42	0,13	0,05	-0,47	1

Les chiffres en gras indiquent des corrélations significatives au seuil de 5 %.

NB : LF : Longueur du Fruit ; CF : Circonférence du Fruit ; PF : Poids du Fruit ; DBH : Diamètre à hauteur de Poitrine d'Homme ; H : Hauteur ; LP : Longueur du Pétiole ; LFe : Longueur de la Feuille.

Il se dégage que la longueur des fruits de *Borassus aethiopum* est significativement et positivement corrélée à la circonférence des fruits (r=0,95) et au diamètre à poitrine d'homme à 1,30 m du sol (r= 0,57) ; mais elle est corrélée significativement et négativement avec la longueur du pétiole (r= 0,56). Ceci peut être interprété comme si la longueur des fruits dépend de la grosseur de ces derniers, donc du nombre de noyaux par fruits et du DBH de l'espèce. La longueur des fruits est alors proportionnelle à la circonférence des fruits et au DBH de l'arbre et inversement proportionnel à la longueur du pétiole. Ceci signifie que plus l'individu a un DBH élevé, plus la longueur et la grosseur des fruits augmente et moins le pétiole des feuilles est grand, plus la longueur est élevé. Il peut être alors retenu que plus l'individu est jeune (DBH élevé), plus il produit des gros et longs fruits.

Des corrélations significatives et positives sont aussi observées entre le rapport entre la circonférence des fruits et le DBH (r= 0,52) et négatives entre la circonférence des fruits et la longueur du pétiole (r= -0,67) et entre le poids des fruits et le DBH (r=-0,56).

7.5.2. Analyse en Composantes Principales

Le tableau XXX récapitule les informations relatives aux composantes principales des axes d'analyse choisie.

Tableau XXX : Valeurs propres et contribution relative des descripteurs à la formation des différents axes

Composantes principals	Axe 1	Axe 2
Valeur propre	3,02	1,97
% de variabilité	43,14	71,23
Variabilité cumulative %	43,14	28,09
LF	30,53	1,02
CF	30,28	0,98
PF	0,17	47,62
DBH	10,68	20,59
H	0,08	1,29
LP	16,21	16,98
LFe	12,06	11,52

Les deux axes choisis de valeur propre supérieure à 1 représentent 71,22 % de la variabilité totale des populations de *Borassus aethiopum*.

L'Analyse en Composantes Principales (ACP) des variables à savoir les descripteurs de l'espèce et les districts phytogéographiques montre que la première composante à elle seule explique 43,13 % des informations contenues dans le tableau de départ et qu'avec les quatre premiers axes, on arrive à expliquer 97,47 % des informations contenues dans les variables initiales; ce qui est suffisant pour garantir une précision d'interprétation.

La figure 24 présente la projection des différents descripteurs dans le système d'axes.

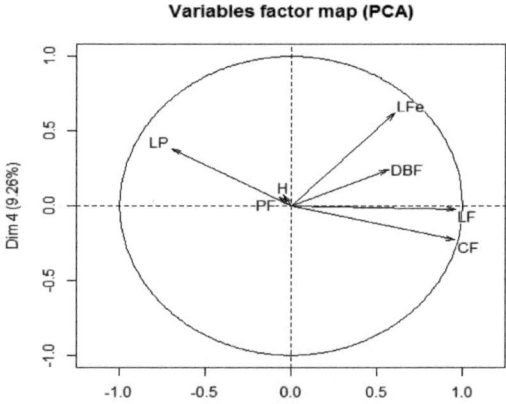

Figure 24 : Répartition des descripteurs de *Borassus aethiopum* dans les plans des axes 1 et 2

Il ressort de l'analyse de la figure 24 que les descripteurs comme la longueur des fruits (LF), la circonférence des fruits (CF) et la longueur des feuilles (LFe) ont contribué positivement à édifier l'axe 1 avec des corrélations respectives 30,53 ; 30,28 et 12,05. La variable à savoir Longueur des pétioles (LP) à l'opposé a contribué négativement à la mise en place de l'axe 1 avec une corrélation de 16,20. L'axe 1 oppose donc deux groupes de descripteurs. Ce qui signifie que les populations de *Borassus aethiopum* montrant une longueur des fruits (LF), la circonférence des fruits (CF) et la longueur des feuilles (LFe) élevées sont celles qui présentent une petite longueur des pétioles (LP).

Les variables longueur des pétioles (LP) et le DBH ont contribué positivement à édifier l'axe 2 avec des corrélations respectives 16,97 et 20,58. A l'opposé, poids des fruits (PF) et longueur des feuilles (LFe) avec des corrélations respectives (- 47,61 et -11,01). L'axe 2 oppose également le groupe de variables LP et DBH au groupe PF et LFe. L'axe 2 montre donc la variation d'un ensemble de descripteurs végétatifs par rapport au poids du fruit. On conclut que les populations de *Borassus aethiopum* ayant un DBH élevé sont celles qui ont de longs pétioles avec de petits fruits et feuilles. La hauteur (H) de l'espèce (corrélation : 80,20) et la longueur des pétioles (LP) (corrélation : 22,41) ont contribué respectivement à l'édification des axes 3 et 4. La hauteur et la longueur des pétioles constituent des caractères morphologiques spécifiques des populations de *Borassus aethiopum*.

La figure 25 présente la projection des districts montrant *Borassus aethiopum* dans le même système d'axes.

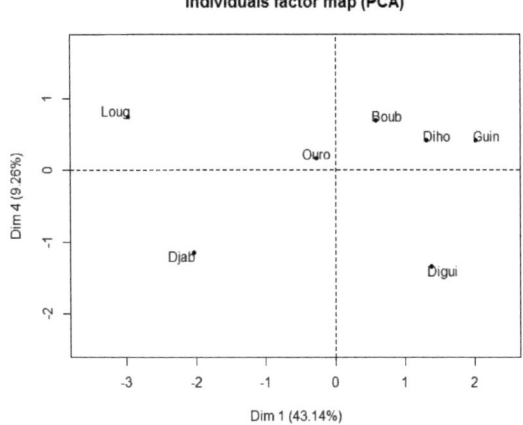

Individuals factor map (PCA)

Figure 25 : Répartition des populations de *Borassus aethiopum* dans les plans des axes 1 et 2

L'analyse de la figure 25 indique que la population de Diho (corrélation : 8,12) a contribué à l'édification de l'axe 1 alors que celle de Lougba (corrélation : - 41,94) a contribué négativement à l'édification du même axe. Cet axe oppose donc les populations de Diho et Lougba. L'examen de la répartition des populations de *Borassus aethiopum* sur l'axe 1 pourrait s'expliquer par le fait que ces deux populations appartiennent à deux phytodistricts différents mais occupent les mêmes types de sols (tableau VIII) ; cet axe est donc influencé par des paramètres écologiques et même des facteurs liés au génome;

La même situation est observée sur les axes 2 et 3 qui opposent respectivement les populations de Ouroghi (corrélation : - 21,93) et Diguidirou (corrélation : 17,94) et les populations de Guinagourou (corrélation : 24,39) et Boubou (corrélation : - 55,90).

Enfin, la population de Djabata a contribué à elle seule à l'édification de l'axe 4 avec une corrélation de – 28,64. Cette population évolue sur le même type de sol que la population de Diho qui est influencée par l'environnement et peut-être par les génomes. Il peut être donc retenu que cette population de Djabata est tributaire de cette situation aussi.

143

Les figures 24 et 25 superposées permettent de dire que :

- le district de Zou (population de Diho) présente des populations de *Borassus aethiopum* ayant les plus fortes valeurs de longueur des fruits (LF), de circonférence des fruits (CF) et de longueur des feuilles (LFe) avec une faible valeur de longueur des pétioles (LP) alors que la situation inverse est constatée dans le district de Bassila (Loug) ;

- les populations de *Borassus aethiopum* ayant la plus forte valeur de DBH, de plus longs pétioles avec de plus petits fruits et feuilles sont celles retrouvées dans le district de Borgou sud (population de Diguidirou) ; il peut être noté aussi ici que la situation inverse se retrouve dans le district de Zou (population de Ouroghi) ;

- la hauteur est le descripteur spécifique des populations de *Borassus aethiopum* des districts de Borgou sud (population de Guinagourou) avec une hauteur plus forte et de Zou (population de Boubou) avec une hauteur plus faible ;

- le district de Zou (population de Djabata) est caractérisé spécifiquement par des populations ayant une faible longueur des pétioles (LP).

Conclusion partielle

La caractérisation morphologique des organes de *Borassus aethiopum* dans la zone d'étude a montré que les individus à gros tronc, à fruits les plus gros à quatre graines, les plus lourds et les plus longs sont rencontrés à Ouoghi sur sols ferrugineux et situé dans le district du Zou. Les individus les plus hauts sont observés à Lougba. Les descripteurs performants sur le plan végétatif sont la longueur des fruits, le DBH et la circonférence des fruits.

Les dimensions des caractéristiques dendrométriques sont maintenant connues ainsi que celles des feuilles et des fruits des individus et des populations de *Borassus aethiopum*. Les résultats de la présente étude ont mis également en évidence des caractéristiques recherchées pour la sélection d'individus performants. On peut citer en exemple la variation intra-populations, la taille des fruits, la longueur des feuilles. Ces informations issues des mesures, constituent donc un préalable pour entreprendre des programmes de sélection variétale et clonale, et d'amélioration génétique.

L'hypothèse 3 de la présente étude qui stipule que la morphologie des organes de *Borassus aethiopum* varie d'un district phytogéographique à un autre est vérifiée par les résultats de ce chapitre.

CHAPITRE 8 : EVALUATION DE L'EFFET DE LA PRESSION ANTHROPIQUE SUR *BORASSUS AETHIOPUM* ET SA CONSERVATION DANS LA ZONE SOUDANO-GUINEENNE DU BENIN

Ce chapitre se focalise sur l'évaluation de l'effet de la pression anthropique sur la diversité et la conservation de l'espèce dans le secteur d'étude. Il met spécifiquement l'accent sur la régénération naturelle, la production fruitière, les formes d'exploitation ainsi que les stratégies de conservation de l'espèce.

8.1. Régénération de *Borassus aethiopum*

Le nombre de pieds *Borassus aethiopum* par hectare oscille entre 77,78 et 132,89 pour les sujets adultes et entre 1650 et 5236 pour les jeunes pousses régénérées naturellement. A première vue, les valeurs des densités des pieds régénérés semblent élevées ; mais il est indispensable de noter que ces pieds n'ont pas encore de tige et que suivant les étapes de croissance de l'espèce, les tiges n'apparaissent qu'après six, voire huit ans au moins. Ainsi, plus des 3/4 de ces pieds régénérés naturellement n'ont pas une croissance normale à cause, non seulement des perturbations naturelles (concurrence entre les pieds adultes et les pieds jeunes) mais aussi des effets anthropiques (feux de végétation, agriculture, exploitation forestière). La photo 18 illustre la coupe des pieds de *Borassus aethiopum*.

Photo 18 : Souches de rôniers coupés et jeunes pousses régénérées

Prise de vue : Gbesso, 2012

La photo 18 illustre une forme de pression exercée sur le rônier dans une savane. Dans les environs immédiats des rôniers coupés, on ne remarque aucune trace d'agrosystème pouvant témoigner du besoin de terre par la population riveraine de cette savane.

8.2. Production fruitière du _Borassus aethiopum_

Le calcul de densités des pieds femelles de _Borassus aethiopum_ (tableau XXXI) a permis de calculer la production fruitière.

Tableau XXXI : Nombre de pieds de rônier (femelle et mâle) par formation végétale

Type de formation	Densité/F (ha)	Densité/M (ha)	Densité (ha)
Galerie forestière	103,33	30,33	133,66
Champs et jachère	48,72	24,61	73,33
Savane	80,47	46,55	127,02

NB : F= Pied femelle de rônier ; M=Pied mâle de rônier

De l'analyse du tableau XXXI, il ressort que les galeries forestières sont plus riches en pieds femelles (77,31 %), viennent ensuite les savanes (34,68 %) et enfin les champs et jachères (21 %).

Selon les résultats des investigations sur le terrain, un pied adulte femelle de _Borassus aethiopum_ produit en moyenne 20 fruits/grappe et 22 grappes/arbre. On a donc en moyenne 440 fruits par arbre. Ainsi les résultats de la productivité des différentes formations en fruits de rônier, pourraient être estimés à partir des densités du _Borassus aethiopum_ dans chaque type de formation végétale (figure 26).

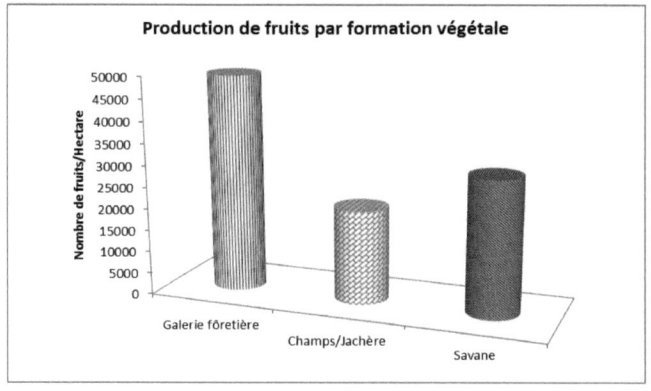

Figure 26 : Production fruitière par formation végétale à l'hectare

De l'examen de la figure 26, il ressort que les galeries forestières (49.865 fruits/pied) sont les plus productives car ayant une densité plus élevée de pieds femelles de *Borassus aethiopum*. Les champs/jachères (21.435 fruits/pied) sont les moins productifs à cause des pressions humaines.

Selon 82 % des populations enquêtées, ce n'est qu'une infime partie de cette production qui est ramassée chaque année par les collectrices. Le reste de fruits non ramassés seraient alors dissimulés au milieu des feuilles mortes. Ils sont plus tard soit détruits par les feux de végétation ou pourris avec le temps, soit germent pour constituer la régénération et assurer la pérennité de l'espèce.

Cependant, selon les populations enquêtées, plusieurs facteurs pris individuellement ou en combinaison entravent la productivité et la croissance de *Borassus aethiopum*. Il s'agit des feux de végétation, de l'agriculture, des attaques des parasites, de la diminution des précipitations et autres. Chacun de ces facteurs ou leur combinaison influence la productivité du *Borassus aethiopum* comme l'indique la figure 27.

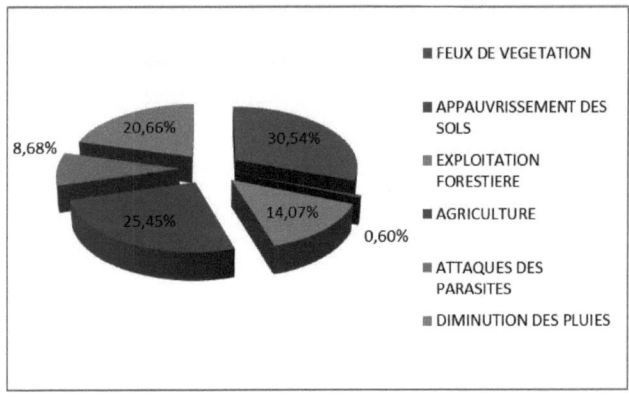

Figure 27: Facteurs entravant la productivité de *Borassus aethiopum*

La figure 27 présente les différents facteurs qui déterminent la productivité de *Borassus aethiopum*. Ainsi, selon 62 % des répondants, les feux de végétation (30,54 %) portent gravement atteinte non seulement à la productivité de l'espèce mais aussi au développement de l'espèce. Les autres facteurs non moins négligeables qui expliquent la destruction des rôniers sont respectivement l'agriculture (25,45 %), la diminution des précipitations (20,66 %) et l'exploitation forestière.

148

8.3. Techniques d'exploitation des organes du rônier

8.3.1. Mode de collecte et lieux de prélèvement des organes du rônier

Dans tous les villages concernés par l'étude, les répondants à l'enquête reconnaissent et déclarent à l'unanimité que la cueillette est le seul mode d'approvisionnement en organes de rônier en dehors des fruits qui sont ramassés. Elle consiste à parcourir les savanes et les champs sur une distance peu longue (500 m à 2 km) pour ramasser les fruits, les feuilles sèches tombées ou pour couper des feuilles.

La figure 28 montre l'importance des types de formations végétales dans lesquelles se fait le prélèvement des organes du rônier utilisés par les ménages paysans.

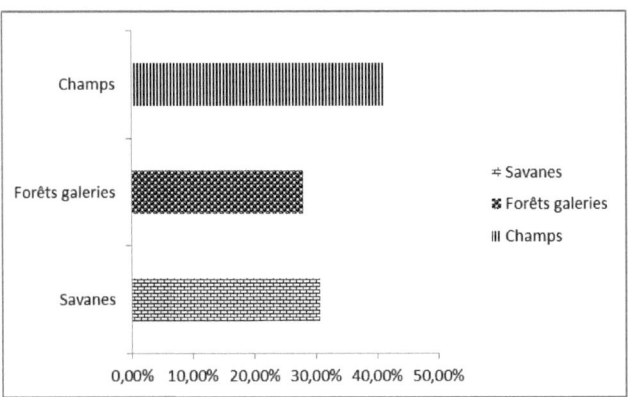

Figure 28 : Lieux de prélèvement des organes du rônier

De l'observation de la figure 28, il ressort que les organes du rônier sont d'abord prélevés dans les champs (41,33 %), ensuite dans les savanes (30,69 %) et enfin dans les forêts galeries (27,98 %). Il se pose alors le problème d'accessibilité et de dangers au lieu de prélèvement.

8.3.2. Statut foncier et droits d'usage des rôneraies dans les communes de Savè et de Glazoué

Le rônier est une espèce sauvage qui pousse naturellement et qui est protégé dans les champs. Sur les 180 paysans enquêtés, 59,4 % déclarent ne pas être propriétaires des rôniers qu'ils exploitent. Pour eux les rôneraies représentent un bien commun à tous les villageois. D'après les données d'enquête sur les 88 personnes propriétaires de rôneraie dénombrées dans l'échantillon, 97,6 % l'ont acquis par héritage ; 2,4 % sont devenus propriétaires par achat des champs avec rôniers. Le test d'analyse de Khi-deux montre qu'il existe une différence significative au seuil de 5 % (ddl=5, p=0,005) au niveau de la propriété des rôneraies lorsqu'on passe d'un village à l'autre.

En définitive, il existe deux possibilités d'acquisition des droits à l'exploitation du rônier.

- Si le rônier se situe dans le champ d'un paysan, il a droit sur tous les revenus que peut procurer l'arbre. Cependant, l'arbre ne peut être abattu que sur autorisation d'un forestier, car selon la loi 93-009 du 02/07/93 portant régime des forêts en République du Bénin, le rônier est classé au rang des espèces forestières protégées.

- Si le rônier se trouve dans les formations naturelles, il appartient à la communauté. Les feuilles et les fruits peuvent être librement exploités. Le tronc est exploité après obtention d'autorisation du chef du village ou du forestier.

8.4. Stratégies de conservation des rôneraies au centre-Bénin

8.4.1. Motivations et stratégies endogènes de conservation des rôneraies

Les semis et la plantation de l'espèce sont presque absents. On note un manque de motivation des populations interrogées (98 %) dû à la longue période de croissance de l'espèce (20 ans en moyenne). Ainsi la plantation de rônier est considérée comme un acte gratuit qui ne profite pas au planteur car pour certains, un planteur de *Borassus aethiopum* n'a pas la chance de goûter aux premiers fruits avant sa mort. Par contre, les pieds isolés de rônier qui existent encore dans quelques champs sont conservés vu l'importance socioéconomique, socioculturelle et écologique de l'espèce.

Quelques stratégies de conservation de *Borassus aethiopum* ont été identifiées dans le milieu d'étude : les systèmes agricoles et les pratiques des traditions. Il s'agit ici d'évaluer leur efficacité à la lueur de l'état actuel des peuplements de rôniers et d'envisager ou non des mesures correctives.

> ➤ **Le système agricole**

Les autochtones pratiquent une agriculture qui permet la régénération du milieu après exploitation. En effet, le mode cultural est l'agroforesterie, qui consiste à laisser un certain nombre de pieds d'arbres dans la parcelle d'exploitation pendant son occupation. Toutes les jachères, situées dans les anciennes limites des rôneraies, contiennent des pieds de rôniers. Par ailleurs, l'interdiction de couper les vieux arbres et surtout les arbres encore productifs, faite

150

aux emprunteurs exploitants de jachères, permet de conserver les pieds de rôniers sur les champs même ceux exploités par les immigrants. Toutefois, certains développent des techniques pour tuer les arbres à travers le feu clandestin. Depuis que les plantules sont devenues un bien marchand, il est courant de voir les exploitants agricoles laisser des pieds de rôniers lors du défrichage des champs ou de pratiquer la régénération naturelle assistée car c'est un investissement stratégique.

> **Les traditions locales**

Les rôniers situés dans les lieux sacrés, sont traités comme tels. Aussi, tout arbre (dont le rônier) se trouvant dans une cour, dans un champ de case ou dans un domaine individuel est investi de la valeur sacrée et ne peut être coupé, arraché ou incinéré que par le propriétaire ou ses ayants droits. Mais la tradition reconnue comme gardienne de la nature, est actuellement en branle en raison de la pression des religions importées.

8.4.2. Stratégies de conservation institutionnelle des rôneraies

A l'échelle locale, aucune mesure institutionnelle de gestion du rônier n'est adoptée. Selon les agents des mairies de Savè et de Glazoué, ce commerce n'est pas encore bien structuré par les pouvoirs en place, raison pour laquelle, même les TDL (Taxe de Développement Local) ne sont pas perçues chez les acteurs de ce commerce.

Au l'échelle nationale, comparativement à la gestion de la faune aquatique et à celle de la pêche, la réglementation en matière de gestion forestière est moins abondante en droit béninois de l'environnement. C'est seulement en 1987 que le Bénin a connu sa première réglementation sur les forêts avec la loi n° 87-012 du 21 septembre 1987 portant Code forestier. Au Bénin, *Borassus aethiopum* est protégé par la loi 93-009 du 02/07/93 portant sur le Régime des forêts. Selon cette loi, la coupe d'un pied de rônier nécessite l'autorisation d'un agent forestier ; ce qui n'est pas toujours respecté dans les communes de Savè et de Glazoué.

8.5. Obstacles à la conservation du rônier

Plusieurs obstacles entravent la mise en place des projets de conservation de *Borassus aethiopum*. Ils sont généralement d'ordre culturel, économique et écologique.

8.5.1. Sur le plan culturel

Il existe deux raisons principales qui président au non reboisement des rôniers dans le secteur d'étude.

151

❖ des populations affirment que l'arbre est une espèce sacrée, et par conséquent il ne peut être domestiqué par l'homme par voie de reboisement ou d'entretien ;

❖ une grande partie de la population est constituée de paysans, d'éleveurs et autres. De ce fait ils craignent la venue des accidents que peut provoquer la chute des drupes, qui sont susceptibles de causer la mort des animaux et des enfants.

De ce qui précède, pour tout succès du reboisement des rôneraies, il convient de faire le reboisement dans des terrains neutres qui sont hors d'atteinte des enfants, loin des concessions et mis sous supervision des communautés locales.

8.5.2. Sur le plan économique

Les obstacles à la conservation du rônier dans le centre du Bénin sont également de deux ordres. Il s'agit premièrement de la longue durée du début de production des fruits par les rôniers. En effet le rônier met en moyenne vingt ans dans le centre-Bénin (96 % des enquêtes) pour produire ses premiers fruits. De ce fait, comme l'exploitation économique principale du rônier dans la zone est basée sur les fruits et les plantules, cela veut dire que toute personne qui investit à cette fin, doit attendre au moins vingt ans pour le début du retour sur investissement. Ce genre de projet est connu en économie sur le vocable de projet de long terme, voire de très long terme dont la caractéristique principale est la faiblesse du taux de rendement interne. C'est le prototype des projets de développement. Ce taux est dans ces conditions très faible et peut s'avérer négatif. Autrement dit, le projet n'est pas économiquement rentable. Or, le particulier n'a pour objet que de rentabiliser ses investissements dans le court terme. Ainsi, seul l'Etat ou une structure à but non lucratif peut entreprendre un tel projet pour l'intérêt collectif.

Le second obstacle économique prend en compte l'exploitation du rônier, peu diversifiée dans la zone d'étude. Elle est concentrée sur le prélèvement des plantules. Ce qui accentue le vieillissement des rôneraies. En effet les populations ayant une seule source de revenue sont obligées de doubler leur effort de production afin de maximiser leur revenu, d'où la surexploitation des plantules.

Il convient, dès lors, d'associer d'autres partenaires dans la conservation des rôneraies. Leur rôle consistera essentiellement à financer le reboisement des rôneraies et à former les riverains à une diversification des activités d'exploitation des rôneraies. L'association d'autres cultures arbustives ou légumières ou céréalières de bon rapport comme le maïs serait également envisagée, vu que le rônier n'a pas un ombrage très gênant pour les cultures.

8.5.3. Sur le plan écologique

Il y a une insuffisance de connaissance sur cette ressource biologique et l'effet des facteurs anthropiques (feux de végétation, éléphants, bœufs) et climatiques (inondations, niveau de la nappe phréatique, sécheresses, pluies) qui peuvent en affecter la dynamique. En ce qui concerne les rôneraies, un rôle important devrait être apporté à la prospective pour la mise en œuvre des mesures de politiques concrètes de leur conservation. Ces investigations doivent porter en priorité sur:

❖ l'impact réel des prédateurs de rôniers tels que les éléphants qui contribuent à la dispersion des graines par leurs déjections ;

❖ la compétitivité intra spécifique pour déceler si la situation actuelle n'est pas devenue défavorable à la qualité de vie de l'espèce suite à une très forte augmentation du nombre de jeunes pousses au pied des arbres adultes;

❖ l'impact de l'évolution des facteurs abiotiques sur celle du peuplement des rôneraies tels que les changements climatiques, l'évolution de la composition chimique du sol, du niveau de la nappe phréatique, les inondations…

Conclusion partielle

Il ressort de ce travail que le mode de collecte des organes de *Borassus aethiopum* est la cueillette, hormis le ramassage des fruits. Ces organes, principalement les fruits sont prélevés généralement et plus souvent dans les champs que dans savanes et galeries forestières. Dans la plupart des cas, l'arbre n'est pas planté en raison de la lenteur de sa croissance. Les terres ou parcs à rônier sont souvent de nature communautaire et les propriétés, à titre individuel, sont peu nombreuses. Les propriétaires de rôneraies le deviennent souvent par héritage ou très rarement par plantation.

Il apparaît aussi que, même si la production fruitière n'est pas totalement épuisée, on note le vieillissement des pieds femelles de *Borassus aethiopum*. Ce vieillissement est observé grâce à certains phénomènes comme l'absence de feuille à la ceinture de l'espèce, la diminution du pouvoir de reproduction et la décrépitude totale de l'espèce. Cela est non seulement dû à l'absence de motivation des populations et de l'administration locale pour la conservation de l'espèce, mais aussi à des facteurs anthropiques tels que les feux de végétation, l'agriculture, l'exploitation forestière et autres.

CHAPITRE 9 : Discussion

Ce chapitre concerne la discussion qui a repris les résultats de chaque chapitre et les a confrontés avec ceux de recherche antérieures menées sur le même site ou ailleurs.

9.1. Importance socio-culturelle de *Borassus aethiopum*

L'étude menée sur *Borassus aethiopum* montre que les populations lui affectent des appellations différentes selon le groupe sociolinguistique. On l'appelle « Agbon gbondjoï » en Nago, « Egué Agban » en Idaatcha, « Kpaatchi » en Yom. Des observations similaires ont été faites par Malgras (1992), Malaisse (1997), Ambé (2001) et Atato *et al.* (2010) qui ont noté que les noms des fruitiers sauvages varient en fonction des groupes sociolinguistiques. Ces observations montrent que les tendances linguistiques reflètent des connaissances traditionnelles anciennes sur les espèces (Atato *et al.*, 2010). En revanche, les connaissances sur l'utilisation des fruits/hypocotyles (100 %) et des racines (16,6 %) sont homogènes et bien connues de toutes les populations. Cette homogénéité pourrait s'expliquer par le fait que ces deux organes sont utilisés principalement comme source d'aliments et comme médicaments dans le traitement de plusieurs maladies par les groupes sociolinguistiques investigués.

Aussi, l'étude a-t-elle permis d'identifier trois critères pour distinguer les fruits de *Borassus aethiopum*. Il s'agit du goût, de la couleur et de la forme des fruits. Selon les populations, le fruit a un goût sucré ou non sucré ; de couleur verte quand il n'est pas mûr et jaune-orangée à maturité et possède quatre formes selon le nombre de noyaux qu'il contient. Ces fruits sont généralement ovoïdes et s'identifient par leur grosseur. Ceux qui sont parfois allongés contiennent un seul noyau. En effet, le fruit peut comporter une à quatre noix. Pour certains, les fruits à une seule noix sont plus charnus et donc recherchés tandis que pour d'autres, les fruits à plusieurs noix sont plus sollicités car donne quatre hypocotyles ; ce qui enrichit leur revenu dans la vente des hypocotyles. Cet avis est contraire à celui de Vuattoux (1968) qui stipule que les fruits contiennent habituellement 3 graines et rarement 2. Ces observations pourraient être liées au nombre d'ovules présents dans l'ovaire lors de la fécondation chez l'espèce. L'utilisation du fruit en alimentation et des hypocotyles comme aphrodisiaque est bien reconnue et largement partagée par tous; ce qui confirme les travaux de Yaméogo (2008), Kansolé (2010), Waziri *et al.* (2010). Le screening phytochimique a révélé la présence de grands groupes chimiques (tanins catéchiques et galliques, anthocyanes, leucoanthocyanes, mucilages, saponosides, hétérosides et coumarines) dont les propriétés pharmacologiques pourraient expliquer le traitement de certaines maladies par les organes du rônier, en particulier les hypocotyles dans le traitement de la faiblesse sexuelle.

155

Les dosages spectrophotométriques ont montré que les hypocotyles contiennent de saponines. Ce groupe de composés est tensioactif (test de mousse positif) et possèdent des propriétés hémolytiques (test d'hémolyse positif). Selon Békro (2007), ces propriétés sont liées à l'interaction des saponines avec les stérols de la membrane érythrocytaire ; ce qui entraîne une augmentation de la perméabilité de la membrane et un mouvement ionique : Na+ et H2O entrent et K+ sort en favorisant l'éclatement de la membrane qui entraîne la fuite de l'hémoglobine. Aussi, note-t-on que les saponines manifestent une forte activité spermicide (Békro, 2007). C'est pour cette raison, que ce groupe de composés chimiques a été utilisé pour des essais de crèmes contraceptives destinées à l'application vaginale (Bruneton, 1999).

L'ensemble des résultats du screening phytochimique expliquerait en partie, et ce de façon rationnelle, l'engouement des populations en général et celles du secteur d'étude en particulier, à utiliser les plantes médicinales, notamment les hypocotyles de rônier aux fins de soins contre les troubles de l'érection. De nombreux exemples issus de travaux scientifiques tirés de la documentation étayent l'hypothèse selon laquelle *B. aethiopum* est aphrodisiaque. En effet, les écorces de Pausinystalia yohimbe sont riches en alcaloïdes indoliques dont les teneurs sont de 5 – 6 % (Paris et Letouzey 1960) et 1 – 6 % (Bruneton, 1999). Cette espèce est reconnue aphrodisiaque. Cette activité due à la vasodilatation marquée au niveau du bassin et du corps caverneux est liée à l'action de la yohimbine, l'alcaloïde majoritaire (60 à 70 %) (Pousset, 1992 ; Bruneton, 1999). Par ailleurs, les racines de *Tabernanthe iboga*, abrisseau de l'Afrique équatoriale, sont réputées aphrodisiaques. Cette activité biologique est liée à la présence d'alcaloïdes indoliques, ibogaïne (majoritaire), tabarnanthine, ibogaline, ibogamine que renferme l'écorce des racines (5 à 6 %) (Bruneton, 1999). Ces deux exemples démontrent clairement que certains alcaloïdes, notamment indoliques sont responsables des activités aphrodisiaques. Dans le cas de la présente étude, en revanche, le criblage phytochimique a prouvé que *B. aethiopum* ne contient pas d'alcaloïdes. Ces résultats sont conformes à ceux de Békro (2007) sur *Caesalpinia benthamiana* qui stipulent que l'activité aphrodisiaque remarquée chez cette espèce serait probablement liée à la présence des différents groupes de composés chimiques identifiés dans le screening phytochimique.

Selon Andersson et Wagner (1995), l'érection du pénis est un processus hémodynamique impliquant la relaxation des muscles lisses des corps caverneux et de ses artérioles associées qui est médiée par le monoxyde d'azote (NO). Dans la présente étude, le screening a révélé la présence des mucilages qui sont des potentialisateurs des muscles lisses des corps caverneux ; ce qui pourrait bien expliquer l'activité aphrodisiaque des hypocotyles du rônier. Ceci

156

confirme les études de Talaa (2009) au Maroc qui stipulent que certaines études de l'action des plantes aphrodisiaques sur l'érection seule, se basent sur leur effet relaxant sur la musculature lisse de tissus caverneux isolés. Une des molécules déjà connue par son effet érectogène et déjà utilisée dans le domaine médicale pour le traitement de la dysfonction érectile, est la papavérine un puissant relaxant direct de la musculaire lisse, alcaloïde isolée du pavot réputé pour son effet aphrodisiaque. Cependant, Waziri *et al.*, (2010) recommande la prudence dans la consommation des hypocotyles car un certain nombre de macrophages activés dans la rate et une large diffusion de l'hémolyse des globules rouges du sang ont été observés suite à l'administration de l'acétone d'extraits d'hypocotyles par voie intra-péritonéale sur des animaux de laboratoire pendant 21 jours.

Il faut aussi noter que dans le secteur d'étude, l'amande et le chou palmiste ne sont pas consommés mais le sont dans la partie septentrionale du Bénin (Hessou, 2011). Le stipe de l'arbre est fortement sollicité dans la construction des maisons et comme bois d'œuvre. Plus de 90 % des charpentes des anciennes maisons de la zone d'étude sont faites de tronc de rôniers. Quant à la racine, outre son utilisation pour le traitement des maladies, elle est utilisée pour traiter la faiblesse sexuelle. Ces différents résultats corroborent ceux de Depommier *et al.* (1992), Carrière (2002), Dan Guimbo (2007), Dan Guimbo *et al.* (2010) au Niger qui ont montré que les paysans conservent les arbres dans les champs pour divers usages : alimentation humaine, bois d'énergie et de construction, fourrage, pharmacopée et amélioration de la fertilité des sols.

En dehors des usages reconnus pour l'espèce au centre du Bénin, d'autres ont été rapportés au nord du Bénin par Hessou (2011) et au Burkina Faso et ailleurs par Yaméogo (2007). Il s'agit pour les feuilles de la fabrication de potasse, de flûte, de papier. En Inde, les feuilles sont mêlées à la terre de rizière dans laquelle elles pourrissent pour servir d'engrais vert ; c'est l'ancien support pour l'écriture en Inde et en Asie du Sud-est. Selon Yaméogo (2007), outre sa consommation comme boisson fraîche (vin de palme) à Banfora (Burkina Faso), Côte d'Ivoire et au Sénégal, la sève du rônier sert à fabriquer du vinaigre, du sucre et du médicament. Quant à la racine, en dehors de son usage médicinal antiasthmatique, elle est utilisée en décoction et sert de boisson pour les nouveau-nés. La même source rapporte que l'inflorescence mâle a un pouvoir fortifiant et que les racines, inflorescences et stipe sont diurétiques.

Par ailleurs, les connaissances sur l'utilisation de l'espèce sont réparties au sein des populations. Ceci signifie qu'une frange de la population détient plus de connaissances sur l'espèce. Cette frange de la population est composée de personnes très âgées indiquant que le niveau de connaissance de l'espèce augmente avec l'âge. Cette inégale répartition des connaissances dans la population pourrait induire à la longue une érosion des savoirs sur l'espèce car les connaissances endogènes sont une composante essentielle de la conservation de la biodiversité locale (Pilgrim *et al.*, 2007). De plus, les conservateurs ont longtemps estimé que les connaissances traditionnelles sont importantes et devraient être maintenues et transmises de génération en génération en vue de sécuriser les systèmes de gestion durable (Godoy *et al.*, 2002). De telles observations sur l'inégale répartition des connaissances dans la population ont été faites par Hanazaki *et al.*(2000) au Brésil, Matavele et Habib (2000) en Mozambique, Begossi *et al.* (2002), Amorozo (2004) au Brésil. Le tronc du rônier est remplacé de nos jours par l'usage d'une autre variété de bois (83,4 %) dont le teck, plus facile à fendre et à travailler. Ce qui explique sa faible fréquence d'utilisation (16,6 %) et montre que l'apparition d'autres options plus faciles peut participer à l'érosion des connaissances anciennes.

9.2. Importance économique pour les acteurs de la filière

L'apport économique dans est essentiellement dû à la commercialisation des hypocotyles et des éventails. La commercialisation des produits de rônier est intense durant les pics de saison sèche quand les autres produits agricoles sont très peu disponibles sur les marchés. Cette activité est donc une alternative pour améliorer les revenus des femmes rurales durant les périodes de pénurie alimentaire. En plus de leur saisonnalité, le marché des produits est restreint. Ceci s'observe surtout à Cotonou où le monopole du commerce est détenu par une seule grossiste à Gbégamey et qui alimente une bonne partie du sud-Bénin (Assogbadjo, 2009). Les hypocotyles procurent des revenus non négligeables qui varient entre 34.500 et 54.660 F CFA par an pour les producteurs et entre 125.014,08 F CFA et 493.571,04 F CFA par an pour les vendeurs grossistes et semi-grossistes.

Le rôle économique du rônier a été reconnu par toutes les communautés utilisatrices du rônier dans les communes de Savè et de Glazoué. Cette importance économique du rônier avait été décrite et largement élucidée par plusieurs auteurs tels que : Cabannes et Chantry (1987), Price et Ousmane (1999), Guinko (2002), Codjia *et al.* (2003), Houankoun (2003) à Savè et Glazoué, Wassi (2004) au nord du Bénin, Sokpon *et al.,* (2004) et Kodjo (2005) qui estiment que la commercialisation des organes du rônier particulièrement les hypocotyles procurent des revenus aux différents acteurs de cette filière.

Dans la zone d'étude, la production d'hypocotyles constitue une activité d'une grande importance. Cela peut s'expliquer par la disponibilité et la facilité d'approvisionnement en fruits pour la mise en valeur des parcelles ainsi que les modes de production des hypocotyles. Les résultats ont montré que 2.120 kg d'hypocotyles en moyenne sont acheminés de Boubou, 2.650 kg de Diho, 4.028 kg de Montéwo, 4.240 kg de Ouoghi par semaine pour Cotonou ; soit un total de 13.038 kg. Ces résultats confirment ceux de Sokpon et *al.*, (2004), qui ont identifié la zone des collines (Savè et Glazoué) comme étant celle où s'opèrent les plus importantes transactions d'hypocotyles dans le pays. Ces auteurs avaient évalué les quantités d'hypocotyles partant du marché de Glazoué et ont affirmé qu'en moyenne 4.950 kg sont acheminés de Savè, 2.475 kg d'hypocotyles de Diho (village de Savè) et 3.920 kg de Glazoué vers le marché de Godomey en une semaine.

L'analyse des marges nettes tirées par campagne, montre que les revenus paraissent relativement importants. Ces marges paraissent faibles car pour la totalité des enquêtés, la production d'hypocotyles est une activité secondaire ; leur activité principale demeure l'agriculture. Il faut noter que certains producteurs arrivent à se faire plus de 250.000 F CFA par an. Ces cas sont au nombre de deux et ont été rencontrés à Hoco (village de Glazoué) et à Gbèrè (village de Savè). En comparant les résultats de marges brutes de la présente étude à ceux de Sokpon et *al.*, (2004) et de Kodjo (2005) réalisés à Glazoué, on note des écarts de recettes ; soit 72.637 F CFA/mois et 87.500 F CFA/mois respectivement pour Glazoué et Savè. Les écarts positifs de recettes observées pourraient se justifier par le fait que le commerce des hypocotyles est plus important dans la commune de Savè que dans celle de Glazoué. Par ailleurs, les hypocotyles coûtent plus chers de nos jours qu'il y a une dizaine d'années. Il ressort de cette analyse que dans la zone d'étude, la vente d'hypocotyles constitue une activité à laquelle une meilleure attention devrait être accordée vu sa contribution à l'économie locale et à l'animation des réseaux marchands qui polarisent les marchés de Parakou et Cotonou.

Les prix d'achat sont relativement très bas et varient entre 7,14 et 12,5 F CFA par unité d'hypocotyle, en fonction de l'offre. A la vente , sur le terrain de production, les hypocotyles coûtent en moyenne 20 F CFA soit 5 à 100 F CFA en période d'abondance et 1 à 25 F CFA en période de pénurie. En ce qui concerne les prix de vente, ils varient selon les vendeurs. Lorsqu'il s'agit d'une vendeuse détaillante dans la zone d'étude, l'hypocotyle coûte de 35 à 50 F CFA l'unité. Ces résultats semblent se rapprocher de ceux de Sogué (2010) au Burkina Faso qui stipulent que les hypocotyles sont vendues généralement en tas de trois, quatre ou sept à 25 F CFA; et deux hypocotyles ou un à 25 F CFA chez les producteurs ; d'autres hypocotyles sont vendus à 35 F CFA voire 50 F CFA l'unité chez les commerçants.

Il ressort des résultats d'un complément d'enquête fait à Cotonou que le prix de vente d'hypocotyles revient en moyenne à 377,35 F CFA le kg soit 50,9 F CFA par hypocotyle dans les villes alors qu'il est à 132,07 F CFA/kg soit 17,84 F CFA/hypocotyle dans les zones de production. Les hypocotyles sont donc vendus 2 à 3 fois plus chers dans les zones de grande consommation (villes). Des résultats semblables ont été obtenus au Niger. En effet, Doka et Oumarou (1993) étudiant les prix de cette denrée, avaient conclu que ce sont les acteurs en aval de la production qui en tirent le maximum de profit. Selon eux, le « muritchi » (hypocotyle) et les fruits mûrs achetés sont vendus au triple, voire au quintuple de leur prix sur le marché de Dosso (chef - lieu de département) et de Niamey. Kodjo (2005) avait estimé le prix d'achat de cette denrée entre 8,9 et 12,1 F CFA par hypocotyle dans la zone agroécologique qui englobe Savè et Glazoué et le prix de vente à 51,9 F CFA par hypocotyle dans les villes.

L'hypocotyle revient à 132,07 F CFA dans les villes pour la présente étude. Ces résultats diffèrent de ceux de Houankoun (2003), Sokpon et al. (2004) et Kodjo (2005), avaient estimé le prix de vente du kg entre environ 373,7 et 400 F CFA (rémunéré au prix de 51,9 F CFA par hypocotyle dans les villes). Cette différence pourrait s'expliquer par le fait que les hypocotyles plus cher actuellement parce que la demande devient de plus en plus forte car la demande ne cesse de croître.

En plus de la technique utilisée fréquemment (itinéraire A), s'est ajouté l'itinéraire B qui permet de déterrer facilement et rapidement les hypocotyles en dépensant moins d'énergie. Des résultats semblables ont été également obtenu par Yaméogo (2008), à la différence que l'itinéraire B qu'il décrit consiste à creuser une fosse dont l'avantage est d'avoir une production plus rapide (6 à 7 mois) et plus élevée. Il faut noter aussi que les superficies emblavées par cette production prennent de l'ampleur de nos jours sous la pression de l'enjeu économique révélant du coup une prise de conscience grandissante des populations quant au rôle du facteur économique dans la recherche de leur bien-être. Il n'est plus pertinent de considérer que c'est uniquement la logique sociale qui détermine le comportement des exploitants. L'intensification de l'exploitation des plantules et l'absence de systèmes de conservation augurent un lendemain peu radieux pour les rôneraies de Savè et Glazoué.

9.3. Caractérisation écologique de *Borassus aethiopum*

La famille des Arecaceae est apparue au Crétacé et prit rapidement une grande extension, comme l'ont montré les abondants restes fossiles du Tertiaire (Cabannes et Chantry, 1987). Selon les mêmes auteurs, la répartition géographique des espèces et genres de la famille des Arecaceae est le résultat des fluctuations paléogéographiques qui ont réduit considérablement l'aire de ces dernières. Ainsi, on rencontre le *Borassus aethiopum* dans les zones soudaniennes et soudano-sahéliennes. Il a été introduit par les hommes et les animaux dans certaines savanes pyrophiles de l'intérieur et dans les savanes du littoral atlantique, au Ghana, en Côte d'Ivoire, au Bénin, au Gabon, au Congo. C'est sûrement ce qui justifie la présence de l'espèce au Bénin et surtout dans le centre qui regorge de vastes étendues de savanes bien drainés. Les résultats de la présente recherche montrent que *Borassus aethiopum* se rencontre dans les savanes et les galeries forestières. Ces résultats confirment en partie ceux de de Souza (1980) selon lesquels l'espèce est surtout rencontrée dans les savanes.

L'étude menée sur la caractérisation structurale indique quatre grands faciès de groupes végétaux autour desquels on rencontre *Borassus aethiopum*. Au nombre de ces groupes, seuls ceux des savanes et des galeries forestières permettent un bon développement de l'espèce. Cela peut s'expliquer par les formes de relief en place. Les populations de rôniers présentes sur les plateaux subissent plus de perturbations anthropiques que celles présentes le long des vallées à cause surtout de leur accessibilité. Ces aspects peuvent être justifiés par le fait que *Borassus aethiopum* n'est pas domestiqué. Ces résultats confirment ceux de Mathias (2004) qui a su montrer les conditions de développement phytosocilogique de *Borassus aethiopum*.

Les familles botaniques les plus riches en espèces sont les Leguminosae et les Combretaceae. La prédominance des Leguminosae n'est pas une caractéristique de la zone soudano-guinéenne mais une constante de la flore du Bénin (Akoègninou *et al.*, 2006). S'agissant des Combretaceae, la majorité des taxons appartenant à cette famille sont de la savane.

En ce qui concerne la surface terrière des groupes végétaux, elle varie entre 0,08 et 0,12 m^2/ha. Le nombre de pieds par hectare oscille entre 78 et 133 pour les pieds adultes et entre 5.236 et 1.650 pour les jeunes pousses. A première vue, les valeurs des densités des pieds régénérés semblent satisfaisantes, mais ces pieds n'ont pas encore de tronc et, suivant les étapes de croissance de l'espèce, les tiges n'apparaissent qu'après 6 à 8 ans au moins. Ainsi, plus des 3/4 de ces pieds régénérés naturellement disparaissent à cause, non seulement des perturbations naturelles (concurrence entre les pieds adultes et les pieds jeunes) mais aussi des effets anthropiques (feux de végétation, agriculture, exploitation forestière). Ceci expliquerait le peuplement dense observé dans les savanes et galeries au détriment des formations anthropisées. De même, c'est dans les savanes qu'on retrouve les individus les plus grands (hauteur moyenne = 14 m). Ces résultats diffèrent légèrement de ceux de Hessou (2011) et de Ouinsavi (2011) qui ont obtenu respectivement plus de 15 m de hauteur dans la zone soudanienne du pays. Cela pourrait s'expliquer par la présence élevée de compétition entre les espèces pour la recherche de l'énergie solaire ; ce qui pourrait inhiber la croissance en hauteur de ces individus observés dans la zone soudano-guinéenne. En milieux anthropisés (champs) par contre, la rôneraie est clairsemée et éparse par endroit, donc bien ensoleillée.

Les faibles valeurs observées pour la hauteur (10 m) en agrosystème s'expliquent par le fait que les formations naturelles ont été progressivement transformées en champ de cultures et par conséquent fortement anthropisées. De plus, Sinsin et al. (2004) ont montré que dans les différentes zones climatiques du Bénin, plus fortes sont les pressions exercées sur les individus d'*Afzelia africana*, plus faibles sont les hauteurs des arbres. De tels résultats ont été obtenus par Nyadoi (2005) au Kénya, Kiki (2008) sur *Vitex doniana* et Fandohan et al. (2010) sur le tamarinier qui ont montré que les pressions anthropiques ont un effet négatif sur les paramètres dendrométriques tels que la densité de régénération et la densité des adultes mais un effet positif sur le diamètre moyen. De même, une étude menée par Assogbadjo et al. (2010) dans la forêt classée de Wari-Maro a montré que les caractéristiques dendrométriques ont les plus grandes valeurs pour *Anogeissus leiocarpa* dans les peuplements soumis à une faible pression. Ce qui confirme aussi les densités relativement plus faibles observées dans les écosystèmes perturbés étudiés. De l'avis des populations, lors des défriches, beaucoup de plantules sont déracinées au profit des cultures ; ce qui contribue à réduire considérablement la densité de régénération dans ces écosystèmes. Cet avis est bien partagé par Abotchi (2002), Dan et al. (2010) qui ont montré que dans certaines localités, le faible nombre des plantules peut résulter des défrichements agricoles intensifs, l'exploitation pour le fourrage, l'exploitation du bois d'œuvre et bois-énergie et la fabrication du charbon de bois.

Pour le diamètre moyen qui varie de 32,51 à 38,41 cm, il n'y a pas une nette démarcation entre les groupes de relevés et. L'ajustement de la structure à la fonction mathématique de Weibull donne un paramètre de forme c = 1,48 caractéristique des peuplements avec prédominance d'individus jeunes ou de faible diamètre. Les individus de *Borassus aethiopum* ayant un gros diamètre sont les jeunes pieds alors que les individus de faible diamètre représentent les vieux pieds. Il ressort de ce constat que les populations de *Borassus aethiopum* enregistrées dans le secteur d'étude sont de vieux pieds. On peut donc déjà conclure que la zone de transition soudano guinéenne regorge plus de vieux pieds de *Borassus aethiopum* que de jeunes; il se pose donc le problème de renouvellement des populations de rônier afin de permettre sa conservation dans les formations végétales dans le secteur d'étude.

En effet, les plus gros effectifs ont été rencontrés en galeries forestières et entre les classes de diamètre de]30 ; 40 cm] alors que les plus faibles ont été retrouvés dans les champs et entre les classes de diamètre de]20 ; 30 cm] et] 40 ; 50 cm]. A ceci, doit être ajouté le fait que, plus le rônier prend de l'âge, plus son tronc se rétrécie. Ces résultats indiquent que le peuplement est dense selon que l'activité anthropique est moins importante ainsi que la compétition entre les végétaux et plus précisément entre les pieds adultes et les jeunes pousses; ce qui pourrait réduire l'importance des individus observés dans les formations de champs où l'action anthropique est permanente. En milieu de galeries forestières par contre, les conditions naturelles favorisent la régénération de l'espèce. Les résultats de la présente étude confirment en partie ceux de Ouinsavi *et al.,* (2011) qui imputent la responsabilité à l'influence du climat sur les individus de l'espèce. Selon UNSO (1993), cela est aussi dû à la compétition existante au pieds des rôniers adultes qui empêche le développement des jeunes semis qui s'explique par la concurrence des racines vis-à-vis de l'eau en saison sèche.

9.4. Caractérisation morphologique de *Borassus aethiopum*

Dans le secteur d'étude, *Borassus aethiopum* se rencontre sur deux principaux types de sols à savoir les sols ferrugineux lessivés à concrétions sur roches cristallines et les sols faiblement ferrallitiques avec concrétions et cuirasses sur roches cristallines. Parmi les sept sites visités, les sols ferrugineux lessivés à concrétions sur roches cristallines représentent 85,71 %, tandis que les sols faiblement ferrallitiques avec concrétions et cuirasses sur roches cristallines occupent 14,29 % de la superficie.

Au regard des résultats obtenus sur la caractérisation morphologique de l'espèce, il peut être donc déduit que *Borassus aethiopum* se rencontre surtout sur des sols ferrugineux lessivés à concrétions sur roches cristallines peu profonds, à capacité de rétention faible et à texture sableuse. La quantité de matière organique et minérale sur ces sols est également faible (respectivement 2,5 % et 1 %). Ceci corrobore une étude de Cabannes et Chantry, (1987) qui classe l'espèce parmi les espèces caractéristiques des terrains les plus pauvres qu'on rencontre sur les sols ferrugineux tropicaux généralement sablo-limoneux. Plus de 50 % des personnes interrogées lors de l'enquête ethnobotanique ont également confirmé cela. Selon 68,73 % de ces personnes, *Borassus aethiopum* se trouve sur des sols sablo-limoneux. Faisons remarquer que l'autre type de sol sur lequel évolue *Borassus aethiopum* est aussi un sol à capacité de rétention très faible, à matières organiques et minérales très faibles également ; donc ce type de sol est également pauvre.

Les caractéristiques biométriques de *Borassus aethiopum* présente des valeurs différentes d'un district à un autre. Les valeurs minimale et maximale de DBH se rencontrent respectivement à Lougba ($C_{1,30}$ m= 33,34±4,66 cm) et à Ouoghi ($C_{1,30}$ m =37,54±5,66 cm). On note une faible variation inter et intra-populations ; respectivement (CV= 0,17 %) et (CV= 0,13 %). Ces résultats sont comparables à ceux de Ouédraogo (1995) sur les populations ouest-africaines de *Parkia. biglobosa* composées de 1663 individus répartis sur cinq pays (Sénégal, Mali, Burkina Faso, Niger et Tchad), de Lovett et Haq (2000) qui étudient la diversité de *Vitellaria. paradoxa* dans les zones semi-arides du Ghana à partir de 294 individus répartis sur vingt-quatre sites et de Kouyaté (2005) sur *Detarium. microcarpum* au Mali avec 350 individus. Ces différents auteurs obtiennent respectivement une variation de 47,5 %, 52,93 % et 17,85 % entre les populations pour la circonférence. Il résulte que les populations béninoises de *Borassus aethiopum* (CV= 0,17 %) n'appartiennent pas à une même classe de variation. Cela peut être dû aux caractéristiques écologiques de l'espèce.

La variation du poids des fruits entre les populations est faible (CV= 3,61) parce que la valeur du CV est comprise entre 0 et 10 %. Des mesures similaires qui sont réalisées sur d'autres espèces savanicoles au Sénégal (Soloviev *et al.,* 2004) montrent une variation inter-populations moyenne de 11,4 % chez *Adansonia digitata* et 10,95 % chez *Detarium microcarpum* puis faible de 3,4 % chez *Tamarindus indica*, et 4 % chez *Balanites aegyptiaca* On en déduit que la variation inter-populations de *Borassus aethiopum* est faible dans la zone soudano-guinéenne du Bénin.

Les résultats de la présente étude s'accorde avec les travaux de certains auteurs pour qui les différences de poids des fruits sont dues surtout aux effets de l'environnement (Roach et Wulff, 1987 cités par Diallo, 2001). Des mesures similaires sont effectuées sur des fruits de *Adansonia digitata, Tamarindus indica et Balanites aegyptiaca* récoltés au Sénégal (Soloviev *et al.,* 2004), qui pèsent respectivement 269,6 ± 77,10 g, 8,82 ± 2,64 g et 4,04 ± 0,6 4 g ainsi que les fruits de *Detarium. microcarpum* mesurés au Mali (Pf= 10,89 ± 2,67 g).

9.5. Effets de l'exploitation des organes de *Borassus aethiopum* et modes de conservation

Au Bénin, le rônier se trouve aujourd'hui menacé. Agbahungba et Sokpon (2001) l'ont déjà remarqué et ont classé l'espèce parmi celles méritant une attention soutenue et des actions prioritaires pour leur conservation. Cette pression exercée sur le rônier résulte essentiellement des multiples usages et de l'absence d'un programme de recherche et de développement des populations de l'espèce.

Plusieurs techniques d'exploitation des organes de rônier ont été identifiées dans le secteur d'étude. Elles consistent le plus souvent au ramassage des fruits, au prélèvement des jeunes feuilles à des fins alimentaire, commerciale et médicinale. Les individus les plus exploités sont généralement ceux situés dans les champs et les jachères. Parfois, les fruits sont ramassés dans les savanes proches des champs. On pourrait donc déduire que les coupes dans cette partie du secteur d'étude, sont essentiellement dues aux besoins en bois de service. Mais, ces deux dernières années, un nombre important de rôniers a été abattu dans la localité de Ouoghi à Savè au profit des champs de coton. Ceci revient donc à compléter que l'agriculture constitue un danger non moins important à la conservation de l'espèce ; ce qui ne devrait pas être le cas si l'agroforesterie était envisagée.

Les mutilations des rôniers entravent leur survie. Le prélèvement des feuilles, surtout des jeunes pousses pour la fabrication des éventails et à des fins de pharmacopée traditionnelle, l'abattage des pieds mâles surtout pour l'obtention des bois d'œuvre affectent le potentiel de régénération de l'arbre.

Les fleurs et la sève, quant à elles, ne subissent pas de pression importante préjudiciable à la viabilité de l'arbre. Quant au bois du rônier, il était très exploité par les populations rurales. Ceci s'expliquerait par sa résistance et la présence de fibres. En dehors de ces qualités, les insectes n'arrivent pas à le ronger (Cabannes et Chantry, 1987).

Dans le secteur d'étude, les fruits sont de plus en plus mis à germer pour l'obtention des hypocotyles qui sont déterrés et vendus. Aussi, la cueillette des jeunes feuilles pour la fabrication des objets artisanaux et le prélèvement des racines à des fins médicinales hypothèquent-ils l'arbre. L'utilisation du stipe dans la construction suppose l'abattage de l'arbre. Or, aucune politique de plantation du rônier n'est mise en œuvre pour compenser ces prélèvements ; d'où une pression anthropique constante exercée sur le rônier

Par ailleurs, l'exploitation des organes de *Borassus aethiopum* se fait aussi bien dans les milieux naturels (forêts et savanes arborées et arbustives) que dans les milieux anthropisés (champs et jachères). En effet, la disparition de la forêt au profit des champs de cultures se fait remarquer. Ceci peut s'expliquer par le poids de la démographie qui a augmenté les besoins des populations. De 855236 habitants en 1979, la population est passée à 1277377 en 1992 puis à 1893820 en 2002 et à 2829152 en 2013. Cette dynamique démographique récente, avec des besoins sans cesse croissants a porté de sérieuses atteintes aux écosystèmes naturels. La recherche de terres et/ou de terres fertiles par les populations riveraines pour satisfaire leurs besoins vitaux a contribué à la transformation des écosystèmes naturels en des terres cultivées. Ce qui sans doute peut engendrer des perturbations dans le fonctionnement écologique de ces derniers, mettant le rônier dans une dynamique fragile ne lui permettant pas de jouer son rôle écologique ; car au-delà de leur importance pour le bien-être des populations, les arbres sont reconnus pour leur rôle fondamental dans le maintien de l'équilibre des écosystèmes (Larwanou *et al.*, 2006 ; Boffa, 2000). Il en ressort donc que les actions anthropiques contribuent à dégrader les surfaces forestières (Adou Yao, 2005 ; Adou Yao et N'Guessan, 2006) entraînant du coup une diminution de la couverture ligneuse. Des observations similaires ont été faites par Obiri *et al.* (2002), Djossa *et al.* (2008) qui ont évoqué des inquiétudes sur la baisse ces dernières années des populations d'arbres fournisseurs de Produits Forestiers Non Ligneux (PFNL) due à l'intensification d'utilisation des terres et de l'agriculture (photo 21).

De plus, la grande insuffisance reste l'absence de programme/projets permettant la gestion durable des rôneraies. Cela permettra d'associer plus les responsables à la base (collectivités locales) et les exploitants pour l'obligation de conserver et de restaurer les rôneraies dans l'objectif de maximiser leur productivité et d'assurer une bonne gestion des peuplements de rôniers à travers leur valorisation et leur exploitation rationnelles. Ceci produira des co-bénéfices telles que la séquestration du carbone, la stabilisation des berges, la protection des autres espèces utilitaires en raison de la répartition du poids des exploitations des plantes entre espèces végétales, la fertilisation des sols, la garantie des moyens de revenu et substances. Cette méthode participative a déjà été suggérée par Kansolé (2011) pour la gestion des rôneraies du bassin versant de la Kompienga au Burkina-Faso.

Ces programmes/projets mettront l'accent entre autres sur la promotion et la valorisation, donc la domestication des PFNL à travers la protection des espèces à forte utilité socio-économique (dont le rônier) et le développement d'initiatives pour mieux les promouvoir. Ces résultats confirment ceux de Somé (2008) qui estime que cette forme de gestion peut inspirer les populations à entreprendre des actions dans les rôneraies. D'autres auteurs comme Yaméogo *et al.* (2004) indiquent que dans les parcs agroforestiers de *Borassus flabellifer*, une densité de 100 pieds à l'hectare, accroît la production de *Zea mays* (maïs) grâce à l'amélioration de la qualité du sol (augmentation de l'humidité, baisse de la température et ralentissement des pertes d'éléments fertilisants) ; donc il serait mieux de conserver plus *Borassus aethiopum* dans les systèmes agroforestiers ayant les conditions climatiques et écologiques similaires pour épargner une centaine de pieds au même moment où il contribue à un bon rendement du maïs. Etant donné que le maïs est très héliophile, il peut être remplacé par une culture appropriée.

Par ailleurs, le défrichement des alentours des forêts pour l'agriculture (riz, igname, maïs, etc.), les feux de végétation, la diminution des précipitations, l'exploitation forestière englobant la demande accrue, la commercialisation des produits *Borassus aethiopum* et l'abattage d'arbres adultes de *Borassus aethiopum* pour le bois et les boissons ont un impact négatif sur la régénération des espèces. *Borassus aethiopum* se trouve sur la liste des 62 prioritaires espèces de plantes sauvages alimentaires en Afrique au sud du Sahara recommandé par les ressources génétiques forestières (Sacandé et Pritchard, 2004).

Au niveau de l'environnement de production, la dégradation continue des rôneraies à cause des facteurs anthropiques et écologiques pose la problématique de la maîtrise et de la durabilité de la production des hypocotyles à travers un renforcement des savoirs locaux de conservation des ressources biologiques et un recentrage des techniques institutionnelles de conservation des rôniers. Toutefois la persistance du phénomène de dégradation de la biodiversité au niveau local, malgré les importants efforts déployés, nécessite une évaluation des actions menées et une révision objective et pertinente des approches conduites sur le terrain. Les outils de politique économique utilisés pour gérer les peuplements de rôniers du fait qu'ils produisent des résultats assez timides voire mitigés, nécessite un meilleur suivi afin d'opérer des ajustements.

L'application des mesures institutionnelles connaît des déboires à deux niveaux. Premièrement, l'incohérence des politiques d'aménagement des ressources forestières entre en conflit avec les besoins de terres agricoles. Or la position éloignée des agents des eaux et forêt et l'inaccessibilité de certaines zones cultivables à ces derniers permettent aux riverains des forêts d'ouvrir des champs sans crainte dans ces endroits. De plus, les tentatives de reboisements initiées par la DGFRN n'ont pas pris en compte le centre du Bénin qui fait objet de grandes productions d'hypocotyles, et qui n'adoptent pas de grande mesure de conservation endogène.

Deuxièmement l'application de cette loi reste timide et connaît des écueils. En effet il n'existe aucun décret règlementant l'exploitation des PFNL. De ce fait, la loi est soumise à des interprétations parfois grossières.

9.6. Proposition de stratégies de conservation

De ces conclusions et vu la croissance lente de l'espèce, des stratégies suivantes peuvent être formulées pour une meilleure gestion de l'espèce. Il s'agit de :

- protéger, enrichir, étendre les populations de rôniers existants, sensibiliser les populations sur les avantages liés à la plantation du rônier (avantages économiques, socio-culturels), ce qui empêcherait la disparition de l'arbre et de ses multiples avantages. Cette sensibilisation efficace doit être soutenue par une décision politique qui inciterait les populations à planter le rônier de manière communautaire par exemple, tous les 1er juin et sensibiliser les paysans à pratiquer la régénération naturelle assistée du rônier;

- vulgariser les connaissances sur les vertus médicales et faire des recherches scientifiques sur les principes actifs et conditionnements des organes du rônier entrant dans le traitement des maladies ;

- encourager des opérateurs économiques à la fabrication et à la commercialisation du jus de fruit, de confiture du rônier compte tenu de sa richesse en éléments énergétiques (sucre) ;

- accompagner l'organisation de la filière hypocotyle et sous filières des produits de rôniers (bois, produits artisanaux, plantules, vin, etc.) d'une volonté ou décision politique et créer une banque de semences pour la conservation de l'espèce ;

- initier des projets d'aménagement de rôneraies à travers des Programmes/Projets d'Appui aux Initiatives de Gestion Locale des Rôneraies pour permettre l'exploitation rationnelle et la valorisation de produits du rônier tels que le bois, les feuilles, les plantules comme cela se fait dans d'autres pays comme le Niger , le Tchad, le Sénégal, le Burkina Faso, pour ne citer que ceux-là.

Ces programmes viseront à mettre au point des variétés répondant à la préoccupation des communautés locales qui est entre autres la satisfaction des besoins en produits ligneux et non

168

ligneux. Pour rendre ces variétés plus accessibles de façon durable et le plus près possible de ces communautés qui sont les principaux bénéficiaires, le seul moyen est de domestiquer *Borassus aethiopum* en constituant des vergers ou des parcs ou des jardins de case ou en enrichissant les forêts privées, les forêts des collectivités locales et les forêts de l'Etat. Aussi, il peut constituer un élément d'une politique de développement socio-économique durable du Bénin qui est fondée sur la lutte contre la pauvreté ;

- assurer le maintien d'un nombre suffisant de rôniers et organiser des feux de végétation précoces pour prémunir les rôneraies des feux tardifs clandestins très dévastateurs;

- vulgariser le rônier sur tout le territoire national, ou du moins dans les zones successibles d'accepter le rônier comme nouvelle espèce, comme plante qui tolère les températures plus élevées et les conditions atmosphériques peu clémentes.

9.7. Limites de l'étude et perspectives sur *Borassus aethiopum*

En dépit des nombreux aspects explorés dans la présente thèse, des insuffisances demeurent et devraient être prises en compte dans des études ultérieures sur *Borassus aethiopum*. Les points concernés sont ci-dessous présentés.

La caractérisation écologique a permis d'identifier les habitats naturels de l'espèce, de déterminer sa distribution dans la zone de transition et d'analyser sa variabilité morphologique. Pour permettre de mieux cerner l'aire de distribution géographique potentielle de l'espèce à l'horizon 2025, voire 2050, il serait bon de procéder à la modélisation de la niche écologique de *Borassus aethiopum* sur tout le territoire béninois. Cette modélisation doit prendre en compte toutes les couches environnementales, notamment celles relatives aux galeries forestières, aux types de sol et à la topographie pour obtenir une bonne qualité du modèle en apportant plus de précision dans ses probabilités de prédictions de présence ou d'absence de l'espèce.

L'étude ethnobotanique réalisée dans les communes de Savè et Glazoué a révélé des similitudes des usages de *Borassus aethiopum* entre groupes sociolinguistiques de même région géographique et mis en évidence les usages les plus répandus et communs à plusieurs groupes.

Cependant, elle n'a pas donné une idée claire sur les revenus obtenus par chaque groupe sociolinguistique. Une telle investigation sera aussi importante pour catégoriser les groupes sociolinguistiques en fonction des apports économiques de *Borassus aethiopum*. Par ailleurs, combinés avec des données sur l'abondance de l'espèce, ils aideraient à la prise de décision utile à sa conservation et à sa gestion durable.

En dehors des aspects abordés dans la présente étude sur la viabilité de *Borassus aethiopum*, il serait aussi bien que d'autres études fournissent des informations utiles en la matière. Il s'agit notamment des études de la variabilité biochimique et génétique de *Borassus aethiopum*.

Conclusion générale

A travers des aspects écologiques, socio-culturels et économiques, la présente thèse s'est intéressée à l'utilisation et à la gestion des populations de *Borassus aethiopum*. Les résultats obtenus montrent que parmi les catégories socio-professionnelles impliquées dans l'exploitation des terres à rôniers, les utilisateurs des organes de *Borassus aethiopum* sont d'un âge moyen de 38 ans. Sur le plan alimentaire, les organes consommés de la plante sont le fruit et l'hypocotyle. Le fruit est consommé cru, bouilli ou cuit alors que l'hypocotyle est mangée cuite. La consommation des organes du rônier varie suivant les régions.

Sur le plan de la pharmacopée, les organes de l'espèce contribuent à traiter la faiblesse sexuelle, les règles douloureuses le paludisme et autres. Diverses parties de la plante (pétiole, limbe, nervures, etc.) sont utilisées en vannerie et dans la construction des maisons. Les organes du rônier sont souvent cueillis dans les savanes arborées et arbustives, dans les champs et très rarement dans les concessions. En général, l'arbre n'est pas planté en raison de la lenteur de sa croissance. Les terres ou parcs à rônier sont souvent de nature communautaire. Les propriétaires de rôneraies le deviennent généralement par héritage.

La commercialisation des sous-produits génèrent des profits considérables aux acteurs en particulier les femmes. Les revenus tirés de cette spéculation permettent d'affirmer que la production d'hypocotyles dans la commune de Savè et de Glazoué pourrait bien constituer une alternative si elle est bien organisée et bien gérée par les animateurs. Ces recettes peuvent servir de revenus d'appoint pour les producteurs. Les organes de *Borassus aethiopum* utilisés dans ce cadre concernent surtout les fruits qui sont d'un nombre important suivant les formations végétales et dont la totalité n'est pas ramassée pour la production d'hypocotyles (une denrée très commercialisée sur toute l'étendue du territoire national). Ce qui permet aux fruits non ramassés de régénérer naturellement.

L'étude sur la caractérisation écologique des peuplements du *Borassus aethiopum* dans la zone de transition, constitue une contribution à la connaissance de l'espèce et aux paramètres écologiques indispensables à sa conservation dans cette partie du Bénin. La caractérisation phytosociologique a permis d'identifier trois grands groupes de peuplements que sont les champs, les savanes et des galeries forestières. De façon générale, deux types d'habitat sont favorables au développement de l'espèce. Il s'agit des zones de savanes et des galeries forestières. En outre, l'espèce est pratiquement présente dans toutes les communes de la zone de transition mais en densité très variée ; c'est à Savè et à Glazoué qu'elle est assez abondante et fait plus objet de commercialisation.

La caractérisation pédologique des sols de la zone d'étude montre que *Borassus aethiopum* se rencontre surtout sur les sols ferrugineux, ce qui est intéressant pour le processus de domestication. Les résultats montrent que les feuilles sont palmées ainsi que les pétioles assez longs. Ils montrent aussi que les individus à gros tronc, à fruits les plus gros à quatre graines, les plus lourds et les plus longs sont rencontrés à Ouoghi sur sols ferrugineux et situés dans le district du Zou. Les individus les plus hauts sont observés à Lougba. Les descripteurs performants sur le plan végétatif sont la longueur de la foliole, la largeur de la foliole, la surface de la foliole, le nombre de foliole et l'épaisseur de la pulpe.

Les dimensions des feuilles, des fruits, des individus de populations de *Borassus aethiopum* sont maintenant échantillonnés dans la zone de transition du Bénin ainsi que leur variation intra- et - inter-populations. La connaissance de la variation intra-populations est utile pour la sélection et l'amélioration génétique, parce qu'elle permet d'élargir l'échantillonnage des génomes.

Les résultats ont aussi mis en évidence des caractéristiques recherchées pour la sélection d'individus performants. On peut citer en exemple la variation intra-populations, la taille des fruits, des feuilles, de l'endocarpe, des graines et l'épaisseur de la pulpe. Ces informations issues des milliers de mesures, constituent donc un préalable pour entreprendre des programmes de sélection variétale et clonale et d'amélioration génétique. Ces programmes viseront à mettre au point des variétés répondant à la préoccupation des communautés locales qui est entre autres la satisfaction des besoins en produits ligneux et non ligneux. Pour rendre ces variétés plus accessibles de façon durable et le plus près possible de ces communautés qui sont les principaux bénéficiaires, le seul moyen est de domestiquer *Borassus aethiopum* en constituant des vergers, des parcs, des jardins de case ou en enrichissant les forêts privées, les forêts des collectivités locales et les forêts de l'Etat.

Les résultats obtenus présentent un grand intérêt aussi bien au plan de la conservation et de l'utilisation durable de *Borassus aethiopum* qu'à celui des conditions de vie quotidienne des communautés béninoises.

Au terme de cette étude, il apparaît aussi que, même si la production fruitière n'est pas totalement épuisée mais on note le vieillissement des pieds de *Borassus aethiopum*. Cela est non seulement dû à l'absence de motivation des acteurs pour la conservation de l'espèce, mais aussi à des facteurs anthropiques tels que les feux de végétation, l'agriculture, l'exploitation forestière et autres.

Bibliographie

Abotchi T. (2002) : Colonisation agricole et dynamique de l'espace rural au Togo : cas de la plaine septentrionale du Mono. Revue du C.A.M.E.S, *Sciences Sociales et Humaines*, 4 (1), pp. 97-108.

Adam A. K. et Boko M. (1993) : Le Bénin. Nouvelle édition. Edition du Flamboyant, Paris (France). 93 p.

Adjakidjè V. (1984) : Contribution à l'étude botanique des savanes guinéennes en République Populaire du Bénin. Thèse de 3ème cycle, Univ. Bordeaux III, 245 p.

Adjanohoun E. J. (1968) : Le Dahomey. *Acta Phytogéogr Suec*. 54, pp. 86-91.

Adjanohoun E. J., Ahyi, A. M. R., Aké L. A., Dicko L. D., Daouda H., Delmas M., De Souza S., Garba M., Guinko S., Kayonga A., N'Golo D., Raynal J.- L. et Saadou M. (1980) : Médécine traditionnelle et pharmacopée. Contribution aux études ethnobotaniques et floristiques au Niger. ACCT. Paris. 250 p.

Adjanohoun E. J., Assi A. L., Floret J. J., Guinko S., Koumaré M., Ahyi A. M. R. et Raynal J. (1981) : Médecine traditionnelle et pharmacopée. Contribution aux études ethnobotaniques et florisitiques au Mali. ACCT. 3ième édition. 291 p.

Adjanohoun E. J. (1982) : L'homme et la plante médicinale en Afrique. *Aménager le milieu naturel*, 66 (67), pp. 51-57.

Adjanohoun E., Adjakidje V., Ahyi M.A., Ake Assi L., Akoègninou A., D'almeida J., Akpovo F., Chadare M., Cusset G., Dramane K., Eyemi J. N., Gbaguidi N., Goudote E., Guinko S., Houngnon P., Issa Lokeita A., Kinifo H. V., Kone-Bamba D., Msampa Mseya A., Saadou M., Sodogandji T. H., De Souza S., Tchabi A., Zinsou Dossa C., Et Zohoun T. H. (1989) : Contribution aux études ethnobotaniques et floristiques en République du Bénin. Médicine traditionnelle et pharmacopée. ACCT, 895 p.

Adjou E. (2006) : Caractérisation physico-chimique et microbiologique du jus de la pulpe du fruit de rônier (*Borassus aethiopum* Mart.), Mémoire de Maîtrise. Faculté des Sciences et Techniques, Université d'Abomey-Calavi, 76 p.

Adomou C. A. (2005): Vegetation Patterns and Environmental gradients in Benin. Implications for biogeography and conservation. PhD Thesis; Wageningen University, Wageningen, 133 p.

Adou yao C. Y. (2005): Pratiques paysannes et dynamiques de la biodiversité dans la forêt classée de Monogaga (Côte d'Ivoire). Thèse de doctorat, Département Hommes Natures Sociétés, Muséum national d'histoire naturelle, Paris, 233 p.

Adou Yao C. Y. et N'Guessan E. K. (2006): Diversité floristique spontanée des plantations de café et de cacao dans la forêt classée de Monogaga, Côte d'Ivoire. Schweizerische Zeitschrift fur Forstwesen, vol. 157, no2, pp.31-36.

Agbahoungba G., Sokpon N. et Gaoué O. G. (2001): Situation des ressources génétiques forestières du Bénin. Atelier sous-régional FAO/IPGRI/IGRAF sur la conservation, la gestion, l'utilisation durable et la mise en valeur des ressources génétiques forestières dans la zone sahélienne (Ouagadougou) 22-24 Sept 1998. Note thématique sur les ressources génétiques forestières. Document FGR/12 Département des forêts FAO, Rome. Italie, pp. 5-39.

Agbo N'zi G. et Simard R. E. (1992): Characteristics of juice from palmyra Palm (Borassus) fruit. Plant foods Human Nutrition 42: pp 55-70.

Agbo V. et Sokpon N. (1997): Forêts sacrées et patrimoine vital au Bénin. Rapport technique provisoire, 200 p.

Aïssi M. V. (2012): Valorisation et amélioration des conditions de transformations des graines de *Pentadesma butyracea* Sabine en beurre. Thèse de doctorat unique, FAST/UAC, 191 p.

Aké Assi L. et Guinko S. (1996): Confusion de deux taxons spécifiques ou subspécifiques au sein du genre Borassus en Afrique de l'Ouest. *The biodiversity of African plants*, pp. 773-779.

Akoègninou A. (1984): Contribution à l'étude botanique des îlots des forêts denses semi-décidues en République Populaire du Bénin. Thèse de 3ème cycle Université de Bordeaux III, 223 p.

Akoègninou A. (2004): Contribution à l'étude botanique des îlots des forêts denses semi-décidues en République Populaire du Bénin. Thèse de 3ème cycle Université de Bordeaux III, 223 p.

Akoègninou A., Adjakidje V., Essou J-P., Sinsin B., Yedomonhan H., W. J. Van Der Brug et L. J. G. Van Der Maesen (2006): Flore analytique du Bénin. Université d'Abomey-Calavi, Cotonou, Bénin, 1034 p.

Amadi R. M. (1993): Harmony and conflict between NTFP: use and conservation in Korup National Park. In: *ODI Rural Development Forest Network* 15, pp: 21 -28.

Ambé G. A. (2001) : Les fruits sauvages comestibles des savanes guinéennes de Côte d'Ivoire : état de la connaissance par une population locale, les Malinké. Biotechnologie, *Agronomie Société Environnement*, 5 (1), pp. 43-58.

Amorozo M. C. (2004): Pluralistic medical settings and medicinal plant use in rural communities, Mato Grosso, Brazil. *Journal of Ethnobiology* 24, pp 139–161.

Andersson K. E. et Wagner G. (1995) : Physiology of penile erection. *Physiological reviews*, 75(1), 191 p.

Anonyme (1979) : Ecosystème forestiers tropicaux. PUF, Vendôme, 739 p.

Anonyme (1989) : Carte géologique de reconnaissance de la République Populaire du Bénin à 1/200000 : Feuilles de Pira-Savè-Abomey-Zangnannado-Lokossa-Porto-Novo. Notice explicative, mém. N° 3, 77 p.

Anonyme Internet, Juillet 2004. L'utilisation durable des palmiers : *Borassus aethiopum, Elaeis guineensis et Raphia hooke,* 76 p.

Anonyme Internet, juillet 2004. Le palmier rônier et son peuplement. http://www.cnrs.fr/diffusion/ancien site/audiovisuel/filmsinis/filmclassique/palmier.html p.

Anonyme Internet, juillet 2004. Sauver le rônier du Mali. Http://spore.cta.int/spore75/p375html.

Arbonnier M. (2002) : Arbres, arbustes et Lianes des zones sèches d'Afrique de l'Ouest. CIRAD ; MNHN ; UICN ; 2ème édition, Artecom (89, Pont-sur-moyenne), France, 573 p.

Asibey E.O.A. et Child E.O.A. (1990) : Aménagement de la faune pour le développement rural en Afrique Subsaharienne. *Unasylva* 161, vol 41, pp. 3-10.

Assogbadjo A.E. (2000) : Etude de la biodiversité des ressources forestières alimentaires et évaluation de leur contribution à l'alimentation des populations locales de la forêt classée de la Lama. Thèse d'ingénieur agronome, faculté des sciences agronomiques (FSA)/ université nationale du Bénin (UNB), 131 p.

Assogbadjo A.E., Sinsin B., Van Damme P., (2005) : Caractères morphologiques et production des capsules de baobab (*Adansonia digitata* L.) au Bénin, Fruits 60, pp. 327–340.

Assogbadjo A. E. (2006) : Importance socio-économique et étude de la variabilité écologique, morphologique, génétique et biochimique du baobab (*Adansonia digitata* L.) au Bénin. Thèse de doctorat. Faculty of Bioscience Engineering, Ghent University, Belgium. 213 p.

Assogbadjo A. H. (2009) : Importance socio–économique de la vente de l'hypocotyle du ronier (*Borassus aethiopum*, Mart.) à cotonou. Mémoire de maîtrise, Faculté des Lettres, Arts et Sciences Humaines (FLASH)/ Université d'Abomey-Calavi (UAC), 73 p.

Assogbadjo A. E., Glèlè Kakaï R., Sinsin B. et Pelz D. (2010) : Structure of Anogeissus leiocarpa Guill., Perr. Natural stands in relation to anthropogenic pressure within Wari-Maro Forest Reserve in Benin. *African Journal of Ecology*. 48(3), pp 644-653.

Atta S. (1998) : Le rônier (*Borassus aethiopum*) : Floraison, apport de biomasse et d'éléments fertilisants UICN/PAIGLR/MU/E, Niger 24 p + annexes.

Atato B., Wala K., Batawila K., Agbélessessi Y., Akpagana W. K. (2010) : Diversity of Edible Wild Fruit Tree Species of Togo. Fruit, Vegetable and Cereal Science and Biotechnologie 2010 Global Science Books.

Aubé J. (1996) : Etude pour favoriser le développement des produits forestiers non ligneux dans le cadre du Central African Regional Programme for the Environment (CARPE), Forestry support programme, USAID, Washintgton, USA, 115 p.

Aubreville A. (1937) : Les forêts du Danhomey et du Togo. Bull. Com ET. Hist.Sc. AOF.20, pp. 1-2.

Aubreville A. (1950) : Flore forestière soudano-guinéenne. AOF, Cameroun, AEF., Soc . Ed. Géo. Mar.colon, Paris. 525 p.

Avocèvou-Aïsso A. C. (2011) : Etude de la viabilité des populations de *Pentadesma butyracea* Sabine et de leur socio-économie au Bénin Thèse de doctorat unique,

Faculté des Sciences Agronomiques (FSA)/ Université d'Abomey-Calavi (UAC), 202 p.

Azokpota P., Gbaguidi M. D. D., Montcho D., Sagbo S.Y.F., (2012) : Formulation de farine et couscous à base de racines d'hypocotyles de rônier (*Borassus aethiopum* Mart) d'écologie béninoise, *Actes du troisième colloque de l'UAC*, Vol III, pp. 145-166.

Balick M. J. (1985): Useful plants of Amazonia: a resource of global importance. In G.T. France et T.E. Levejoy, eds Key environnement: Amazonia. Oxford, Pergamon Press.

Baumer M. (1995) : Arbres, arbustes et arbrisseaux nourriciers en Afrique occidentale. Enda-Editions. Dakar, Sénégal. Série Etudes et Recherches, n°168, pp. 169-170.

Bayer W. et Waters-Bayer A. (1999) : La gestion des fourrages. CTA Wagenigen. The Netherlands, 246 p.

Bayton R. P., Ouedraogo A. et Guinko S. (2006): The genus Borassus (Arecaceae) in West Africa, with a description of a new species from Burkina Faso; *Botanical. J. Linnean Soc.,* **150**, 4, pp. 419-427.

Begossi A., Hanazaki N., Tamashiro J. Y. (2002): Medicinal plants in the Atlantic Forest (Brasil): knowledge, use and conservation. Human Ecology 30, pp. 281–299.

Békro Y.A., Békro J. A. M., BOUA B. B., TRABI F. H. et. ÉHILÉ E. E. (2007): Étude ethnobotanique et screening phytochimique de *Caesalpinia benthamiana,* Sci. Nat. Vol. 4 N°2, pp 217 – 225.

Bellouard P, (1950) : Le rônier en AOF, *Bois et Forêts des Tropiques,* n° 14, pp. 117-126.

Bergeret A., et Jessec. R. (1990) : L'arbre nourricier en pays Sahélien. Ministère de la Coopération et Développement (eds), la maison des sciences de l'homme Paris, Belgique. 237, pp. 7-77.

Bikoué C. M. A. et Essomba H. (2007) : Gestion des Ressources Naturelles fournissant les Produits Forestiers Non Ligneux Alimentaires en Afrique Centrale. Rapport d'étude. Document de travail No 5 ; 104 pages, FAO.

Black R. (1967) : Sur l'ordonnance des chaînes de métamorphiques en Afrique occidentale. *Chron. Min. Rech. Min .,* Fr., n° 364, pp. 225-238.

Boffa J. M. (2000) : Les parcs agroforestiers en Afrique subsaharienne. Cahier FAO Conservation 34. FAO, Rome, 251 p.

Boko M. (1988) : Climats et communautés rurales au Bénin : Rythmes climatiques et rythmes de développement. Thèse de Doctorat d'Etat ès Lettres et Sciences Humaines. CRC, URA 909 du CNRS ? Université de Bourgogne, Dijon, 2 volumes, 601 p.

Bourou S., Bowe C., Diouf M. et Van Damme P. (2012) : Ecological and human impacts on stand density and distribution of tamarind (*Tamarindus indica* l.) in Senegal. 2012. Blackwell Publishing Ltd, *Afr. J. Ecol.*, 50, pp. 253–265.

Botha J., Witkowski E.T.F. et Shackleton C.M. (2004): Harvesting impacts on commonly used medicinal tree species (*Catha edulis* and *Rapanea melanophloeos*) under different land management regimes in the Mpumalanga Lowveld, South Africa. *Koedoe,* **47**(2), pp. 1–18.

Braun-Blanquet J. (1932): Plant sociology. The study of plant communities. Ed. McGray Hill, New-York, London, 439 p.

Bruneton J. (1999) : *Parmacognosie – Phytochimie- Plantes médicinales*, 3e Édition. Éditions Tec & Doc et médicales internationales. F 94234 Cachan, Paris (France) ; 1120 p.

Butare I. (2001) : Pratiques culturelles, la sauvegarde et la conservation de la biodiversité en Afrique de l'Ouest et du Centre. Actes du séminaire-atelier de Ouagadougou (Burkina-Faso) du 18 au 21 Juin 2001. IRDC-CRDI. 281 p.

Cabannes Y., et Chantry G. (1987) : Le rônier et le palmier à sucre dans l'habitat. Edition GRET (France), 90 p.

Camou-Guerrero A, Reyes-García V, Martínez-Ramos M, Casas A. (2008): Knowledge and Use Value of Plant Species in a Rarámuri Community: A Gender Perspective for Conservation. *Hum Ecol*, 36, pp. 259–272.

Carles J. (1973) : Géographie botanique. ''Que sais-je'' n° 313, 138 p.

Carrière M. S. (2002) : L'abattage sélectif : une pratique agricole ancestrale au service de la régénération forestière. Bois et Forêts des Tropiques, **272**(2): 45-62.

Cassou J. (1996) : Le parc à rôniers (*Borassus aethiopum* Mart.) de Wolonkoto dans le sud-ouest du Burkina Faso: structure, dynamique et usages de la rôneraie, 103pp.

CENATEL (1995) : Carte de végétation du Bénin : un instrument pour une meilleure gestion des ressources naturelles, 15 p.

Chege, N. (1994): African's non-timber forest economy. World Watch Institute, Washington, USA, 254 p.

Chevalier A. (1938): Flore vivante de l'Afrique occidentale française.I, Paris. 360 p.

Codjia J., et Assogbadjo A., et Mensah Ekoue M. (2003) : Diversité et valorisation au niveau local des ressources végétales forestières alimentaires au Bénin. *Cahiers Agricultures 2003* ; 12, pp. 321-31.

Codjia J. T. C. ; Fonton K. B. ; Assogbadjo A. E. Et Ekue M. R. (2001) : Le baobab (*Adansonia digitata*) une espèce à usage multiple au Bénin. 45 p.

Cronquist A. (1988) : The Evolution and classification of flowering plants. Allen Press. Lawrence, Kansas. 555 p.

Cotton C. M. (1996) : Ethnobotany. Principles and Applications. John Wiley &Sons. 424 p.

Cunningham A. B. (1990) : The regional distribution, marketing and economic value of the palm wine trade in the Ingwavuma district, Natal, South Africa. *South African Journal of Botany*, 56, pp. 191-198.

Cunningham A.B. (1996) : People, park and plant use. Recommendations for multiple-use zones and development alternatives around Bwindi Impenetrable National Park, Uganda. People and Plants Working Paper 4. UNESCO, Paris.

Cunningham A. B. (1997) : Revue de documentation ethnobotanique relative à l'Afrique orientale et australe. *Bulletin du réseau africain d'ethnobotanique*, pp. 23-87.

Cunningham A.B. (2001): Applied Ethnobotany: People, Wild Plant Use and Conservation. Earthscan Publications Ltd, London and Sterling.

Dagbénonbakin G., Sokpon N., Igue M., et Ouinsavi C. (2003) : Aptitudes des sols et leur répartition au Bénin : Etat des lieux et perspectives d'aménagement à l'horizon 2025. Rapport de consultation.

Dadjo (2011) : Caractérisation ethnobotanique, morphologique et spatiale de *Vitex doniana* Sweet (Verbenaceae) au Sud-Bénin ; Thèse d'Ingénieur Agronome ; Faculté des Sciences Agronomiques de l'Université d'Abomey-Calavi, Bénin, 86 p.

Dalle S.P., López H., Díaz D., Legendre P. et Potvin C. (2002) : Spatial distribution and habitats of useful plants: an initial assessment for conservation on an indigenous territory, Panama. *Biodiversity & Conservation,* 11, pp. 637-66.

Dan Guimbo I. (2007) : Etude des facteurs socio-économiques influant la biodiversité des systèmes des parcs agroforestiers dans le Sud-Ouest nigérien : Cas des terroirs villageois de Boumba, Kotaki, Sorikoira, Gongueye et Djabbou. Mémoire de DEA, Université Abdou Moumouni de Niamey, 111 p.

Dan Guimbo I., Ali M. et Karimou A. J. (2010) : Peuplement des parcs à *Neocarya macrophylla* (Sabine) Prance et à *Vitellaria paradoxa* (Gaertn. C.F.) dans le sud-ouest nigérien : diversité, structure et régénération ; *Int. J. Biol. Chem. Sci.* 4(5), pp. 1706-1720.

Dansi A., Adoukonou-Sagbadja H., Vodouhè, R., et Akpagana K. (2006) : Indigenous knowledge and traditional conservation of fonio millet (Digitaria exilis, Digitaria iburua) in Togo. *Biodiversity & Conservation, 15*(8), pp. 2379-2395.

Depommier D., Janodet E. et Olivier R. (1992) : *Faidherbia albida* parks and their influence on soils and crops at Watimona, Burkina Faso. In : Van den Beldt RJ, ed. *Faidherbia albida* in the West African semi-arid tropics. Proceedings of a workshop, Apr. 1991, Niamey, Niger ICRISAT/ICRAF, pp. 22–26.

Dépelteau F. (2000) : La démarche d'une recherche en sciences humaines – de la question de départ à la communication des résultats. Ed. de Boeck Université, 432 p.

Diallo D. (1999) : Inventaire et étude socio-économique de la rôneraie naturelle de Koil, préfecture de Koundara. Mémoire de DEA en sciences de l'environnement, Centre d'étude et de recherche en environnement (CERE), Université de Conakry.

Diallo O. B. (2001) : Biologie de reproduction et évaluation de la diversité génétique chez une légumineuse Tamarindus indica L. (Ceasalpinioïdeae). Thèse de doctorat. Université de Montpellier II. Sciences et Techniques du Languedoc. 119 p.

Diallo M. (2010) : Régénération Naturelle Assistée et reboisement du rônier Sénégal - Kissok koul (sérère), Doc. Technique du Centre de Suivi Ecologique, Rue Leon gontran Damas, 5 p.

Djossa B. A., Fahr J., Wiegand T., Ayihouenou B. E., Kalko E. E., Sinsin B. A. (2008) : Land use impact on Vitellaria paradoxa C.F. Gaerten stand structure and distribution patterns: a comparison of Biosphere Reserve of Pendjari in Atacora district in Benin. Agroforest. Syst. 72, pp. 205–220.

Dossou K. R. (2003) : Valorisation socio-économique des produits forestiers non ligneux (PFNL) dans le Nord-Ouest Bénin : Importance du *Blighia sapida* dans les économies locales. Thèse d'Ingénieur Agronome, Abomey-Calavi, FSA / UAC, 130 p.

Dubroeucq D. (1977a) : Carte pédologique de reconnaissance de la République Populaire du Bénin à 1/200000 : feuille Parakou. ORSTOM, notice explicative, n°66, (3), 45 p.

Dubroeucq D. (1977b) : Carte pédologique de reconnaissance de la République Populaire du Bénin à 1/200000 : feuille Parakou. ORSTOM, notice explicative, n°66, (5), 37 p.

Dufrêne M., et Legendre P. (1997) : Species assemblages and indicator species: the need for a flexible asymmetrical approach. *Ecological monographs, 67*(3), pp. 345-366.

Eyog-Matig O., Adjanohoun E. ; de Souza. ; Sinsin B. (2001) : Programme de ressources génétiques forestières en Afrique du Sahara (Programme SAFORGEN), « Espèces ligneuses médicinales » compte rendu de la 1ère réunion du réseau 15-17 Décembre 1999, section IITA Cotonou/Bénin, 128 p.

Eyog Matig O., Gaoué O. G. et Dossou B. (2002) : Réseaux "Espèces Ligneuses Alimentaires". Compte Rendu de la Première Réunion du Réseau Tenue du 11-13 Décembre 2000 au CNSF Ouagadou, Burkina Faso 241. *Institut International des Ressources Phytogénétiques*. ISBN 92-9043-552- 6 235.

Falconer J. (1996) : Sécurité alimentaire des ménages et foresterie. Analyse des aspects socio-économiques. FAO, ROME, 153 p.

Falconer J. (1992) : People's uses and trade in Non Timber Forest Products in southern Ghana: a pilot study. Repport prepared for the Overseas Development Administration

Fandohan A. B., Assogbadjo A. E., Glèlè kakaï R. L., Sinsin B. et Van Damme P. (2010): Impact of habitat type on the conservation status of tamarind (*Tamarindus indica* L.) populations in the W National Park of Benin. Fruits, 65, pp. 11–19.

FAO (1996) : Foresterie et sécurité alimentaire. Rome, 136 p.

FAO (1998) : *La Gestion de l'Information sur les Sols et les Eaux pour la Sécurité Alimentaire au Bénin. Rapport technique.* Rome, Italy: FAO, 45 p.

FAO (2000) : Les produits Forestiers Non-Ligneux au Niger; connaissances actuelles et tendances; Collecte et analyse de données pour l'aménagement durable des forêts - joindre les efforts nationaux et internationaux. Rapport d'activités, 77 p.

FAO (2001) : Evaluation des ressources en produits forestiers non ligneuses, 111 p.

FAO (2002) : Non-Wood Forest Products. Food and Agriculture Organization of the United Nations, Available at: http://www.fao.org/forestry/FOP/FOPW/NWFP/new/nwfp.htm.

FAO (2004) : Information sur l'aménagement des pêches dans la république du Mali. (http://www.FAO-Country-Profiles).

Fauck R. (1956) : Evolution des sols sous-culture mécanisée dans les régions tropicales. Actes du 6ème Congrès international des sciences du sol, Paris,, vol. E : pp. 593-596.

Faure P., (1977a) : Carte pédologique de reconnaissance de la République Populaire du Bénin à 1/200000 : feuille de Djougou. ORSTOM, notice explicative, n°66, (4), 49p.

Faure P. (1977b) : Carte pédologique de reconnaissance de la République Populaire du Bénin à 1/200000 : feuille de Natitingou et de Porga. ORSTOM, notice explicative, n°66, (6 et8), 68 p.

Faure P., (1987) : Les héritages ferrallitiques dans les sols jaunes du Nord-Togo. Aspects micromorphologiques des éléments figurés. *Actes du VII$^{\hat{e}}$ Congrès Internationnal de Micromorphologie des sols, 1985*, Paris, Ass. fr. pour l'étude du sol, pp. 111-118.

Fonton K.B. (2001) : Diversité des ressources forestières alimentaires avec une étude approfondie sur le baobab et contribution à l'alimentation des populations : cas de la sous –préfecture de Boukoumbé mémoire d'ingénieur des travaux, collège polytechnique universitaire (CUP)/ université nationale du Bénin (UNB), 82 p.

Gaoué O.G. et Ticktin T. (2007) : Patterns of harvesting foliage and bark from the multipurpose tree *Khaya senegalensis* in Benin: Variation across ecological regions and its impacts on population structure. *Biological Conservation,* **137**: pp 424–436.

Gaoué O.G., Ticktin T. (2009) : Fulani Knowledge of the Ecological Impacts of *Khaya senegalensis* (Meliaceae) Foliage Harvest in Benin and its Implications for Sustainable Harvest. *Econ Bot*, 63: pp. 256–270.

Gbaguidi S. V., Gbaguidi Aisse G., Gibigaye M., Adjovi E. C., Amadji A. et Sinsin B. (2010) : Association béton-bois de *Borassus aethiopum* pour la réalisation des éléments fléchis faiblement chargés et des raidisseurs des murs porteurs:

caractéristiques physico-mécaniques du bois de rônier, Actes de colloque scientifique de Ouagadougou, 10 p.

Gbesso F. (2009) : Importance socio économique de *Borassus aethiopum* dans la commune de Savè. Mémoire de maîtrise DGAT/FLASH/UAC, 92 p.

Gbesso F., Akouehou G., Tente B. et Akoègninou A. (2013) : Aspects technico-économiques de la transformation de *Borassus aethiopum* Mart (Arecaceae) au Centre-Benin». *Afrique-Science*, Vol.9, N°1(2013),1 janvier 2013, http://www.afriquescience.info/document.php?id=2864. ISSN 1813-548X

Gelfand M., Mavi, S., Drummond, R. B. et Ndemera, B., (1985) : The traditional medical practitioner in Zimbabwe. Mambo Press. 411 p.

Getahun A., (1974): The role of wild plants in the native diet in Ethiopia. Agroecosystems, 1, pp. 45-56.

Gibigaye M., Toko I., Adegbidi A. et Sinsin B. (2009) : Besoins et pressions anthropiques sur le *Borassus aethiopum* au Bénin, climat et développement n°8, 11 p.

Giffard P.L, (1967) : Le palmier rônier : *Borassus aethiopum* Mart.» in Revue *Bois et forêt des Tropiques*, n°116, novembre-décembre 1967.12 p.

Godoy R., Overman H., Demmer J., Apaza L., Byron E., Huanca T., Leonard W., Pérez E., Reyes-García V., Vadez V., Wilkie D., Cubas A., McSweeney K. and Brokaw N. (2002) : Local Financial Benefits of Rain Forests: Comparative Evidence from Amerindian Societies in Bolivia and Honduras. Ecological Economics 40, pp. 397–409.

Gouwakinnou G.N., Lykke A.M., Assogbadjo A.E. et Sinsin B. (2011) : Local knowledge, pattern and diversity of use of *Sclerocarya birrea*. *Journal of Ethnobiology and Ethnomedicine*, **7**, 8, pp. 1746-1769.

Gouwakinnou G.N. (2011): Ecologie des populations, utilisations et conservation de Sclerocarya birrea (A. Rich.) Hoshst. (Anarcardiaceae) au Bénin, Thèse de doctorat unique, FSA/UAC, 150 p.

Graudal L. (1998) : Elaboration d'une stratégie nationale et d'un plan d'action pour la conservation des ressources génétiques forestières. Communication à l'atelier régional de formation sur la conservation et l'utilisation durable des ressources génétiques forestières. Ouagadougou, Burkina Faso,12 p.

Gschladt W. (1970) : Le rônier au Dallol Maouri, Niger; Bois et Forêts des Tropiques n°145

Guinko S., Pasgo L. J. (1992) : Harvesting and marketing of edible products from localwoody species in Zitenga, Burkina-Faso. UNASYLVA No 168 Arid Zone forestry Vol. 43, 1992/1. FAO.

Guinko S. (2002) : Menaces sur le palmier rônier dans le Sud-Est du Burkina-Faso. Coupe arbustive du bois et commercialisation des Koang-boula. L'hebdomadaire : Environnement N°182, Septembre 2002, Ouagadougou, Burkina-Faso. Document Internet.

Guinko S. et Ouédraogo A. (2004) : Usages et enjeux de conservation du rônier (*Borassus L.*) à l'Est et à l'Ouest du Burkina Faso ; *SEREIN*- Occasional paper n°19 ; pp. 1-6.

Guillaumet J. L. et Adjanohoun E. J. (1971) : la végétation de la Côte d'Ivoire. In « Le milieu naturel de la Côte d'Ivoire » Mém. ORSTOM, 50 (1) : pp. 161-232

Hanazaki N., Tamashiro J. Y., Leitao-Filho H. F., Begossi A. (2000) : Diversity of plant uses in two Caicara communities from the Atlantic Forest Coast Brasil. *Biodiversity and Conservation* 9 : pp. 597–615.

Hans-Jürgen M. (1990) : Arbres et arbustes du Sahel : Leurs caractéristiques et leurs utilisations. gtz. Weikeirsheim, Margraf. 147 p.

Hecht S. et Schwartzman S. (1988): The good, the and the ugly: extraction colonist agriculture and livestock in comparative economic perspective. These. Los Angeles, Calif. Graduate school of Architecture and Urban Planning, UCLA.

Hedberg I. et Staugard, F. (1989) : Traditional medicinal plants. Traditional medicine in Botswana. Ipeleng Publishers. 324 p.

Herzog F. (1992) : Etude biochimique et nutritionnelle des plantes alimentaires sauvages dans le sud du V-Baoulé, Côte d'Ivoire. Thèse de doctorat, Zurich, 223 p.

Hessou A.F. (2011) : Importance socioculturelle et statut de conservation de *Borassus aethiopum* Mart. (Arecaceae) dans la Réserve de Biosphère Transfrontalière du W du Niger et les terroirs riverains au Bénin. Mémoire de DESS RESBIO/FSA/UAC, 57 p.

Hladik C.M. et Dounias E. (1996) : Les agroforêts Mvae et Yassa du Cameroun littoral; fonctions socioculturelles, structure et composition floristique.

Houankoun E. (2003) : Importance socio-économique du rônier (*Borassus aethiopum*) : différents usages et commercialisation de quelques sous-produits au Bénin. Mémoire DEA/UAC, 99 p.

Houéhounha R. (2005) : Etude ethnobotanique biologique du *Daniellia Olivieri* dans le centre du Bénin. Mémoire de DEA/FLASH/UAC, 92 p.

Houghton P. J. et Raman A. (1998): "Laboratory Handbook for the Fractionation of Natural Extracts," *Chapman and Hall, New York*, pp. 130-207. doi :10.1007/978-1-4615-5809-5

Houndénou C. (1999) : Variabilité climatique et maïsiculture en milieu tropical humide : l'exemple du Bénin, diagnostic et modélisation. Thèse de Doctorat de Géographie. UMR 5080, CNRS « Climatologie de l'espace Tropical », Université de Bourgogne, Centre de Recherche de Climatologie, Dijon, 341 p.

Houinato M., Delvau C. et Pauwels L. (2000) : Les *Eragrostis* (Poaceae) du Bénin. Belg. *Journ. Bot.* 133, 1-2 : pp. 21-35.

Houinato M. (2001) : Phytosociologie, écologie, production et capacité de charge des formations végétales pâturées dans la région des Monts Kouffé (Bénin). Thèse de doctorat, Université Libre de Bruxelles, 219 p.

Hoyt, E. (1992) : La conservation des plantes sauvages apparentées aux plantes cultivées. IBPGR. UICN. WWf. BRG, 49 p.

Hubert H. (1908): Mission scientifique au Dahomey.Paris, Larose, 1 vol, 546 p.

IBPGR. (1980) : Working group to review the tropical fruit descriptors and strategy for collection, evaluation, utilization and conservation. Bangkok. Thailand. 14-15 july. 8 p.

Idrissa H. (1997) : Analyse de la filière de production et de la commercialisation de muritchi et de fruits mûrs du rônier. Gaya : Document PAIGLR, 28 p.

IPGRI (1999) : Vers une approche régionale des ressources génétiques forestières en Afrique subsaharienne. Actes du premier atelier régional de formation sur la conservation et l'utilisation durable des ressources génétiques forestières en Afrique de l'Ouest, Afrique Centrale et Madagascar, 16-27 Mars 1998. Burkina Faso. 299 p.

INSAE (2002) : Recensement général de la population et de l'habitat. Synthèse des résultats, 32 p.

INSAE (2013) : Recensement général de la population et de l'habitat, Résultats provisoires du RGPH4, 7 p

Jensen A. et Meilby H. (2008) : Does commercialization of a non-timber forest product reduce ecological impact? A case study of the Critically Endangered *Aquilaria crassna* in LaoPDR. *Oryx,* **42**(2), pp. 211–222.

Jendoubi R., Neffati M. Henchi B. et Yobi A. (2001) : Système de reproduction et variabilité morpho-phénologique chez Allium roseum L. *Plant Genetic Resources Newsletter*. pp. 29-34.

Johnson R. A. et Wichern, D. W. (1998) : Applied multivariate statistical analysis. Chapter 8. Principal Components. Prentice-Hall, Inc.458-497.

Kansolé M. R., (2010) : Valorisation de quelques produits dérivés de *Borassus aethiopum* Mart. Dans le bassin versant de la kompienga (Burkina faso). Mémoire DESS, Uni. Ouagadougou, 75 p.

Kempkes M. (1995) : Etude du commerce en produits forestiers non ligneux dans la région Bipindi-Akon du Sud Cameroun. Département de foresterie, Université de Vageningen, Pays- Bas, 44 p.

Kerharo J. et Adam, J. G. (1974) : La pharmacopée sénégalaise traditionnelle. Plantes médicinales et toxiques. Edition Vigot Frères. Paris. 1011 p.

Kiki M. (2008) : Structure et régénération naturelle des populations de *Tamarindus indica* L. et de Vitex doniana Sw. dans la Réserve de Biosphère Transfrontalière du W/Bénin : Cas de la Commune de Banikoara. Mémoire d'Ingénieur des travaux. EPAC/UAC : 89 p.

Kodjo S. (2005) : La gestion des parcs à rônier et leurs importances socio-économiques. DEA/FSA, 182 p.

Kouyaté A. M. (1995) : Contribution à l'étude de méthode d'estimation rapide du volume dans les formations savanicoles. Cas du terroir villageois de Siani au Mali. Mémoire de DEA de Sciences Forestières. Université d'Antananarivo. Madagascar. 48 p.

Kouyaté A. (2005) : Aspects ethnobotaniques et étude de la variabilité morphologique, biochimique et phénologique de *Detarium microcarpum* Guill. & Perr. au Mali ; Thèse de PhD. Universiteit Gent. Belgique, 190 p.

Larwanou M., Saadou M., Hamadou S. (2006) : Les arbres dans les systèmes agraires en zone sahélienne du Niger : mode de gestion, atouts et contraintes. *Tropicultura*, 24(1), pp. 14-18.

Lawani A. (2007) : Contribution du bois énergie aux moyens d'existence durables des ménages riverains de la réserve de biosphère de la pendjari. Thèse d'Ingénieur Agronome. FSA/UAC, 358 p.

Leakey R.R.B., Tchoundjeu Z., Schreckenberg K., Shackleton S.E. et Shackleton C.M., (2005) : Agroforestry Tree Products (AFTPs): Targeting poverty reduction and enhanced livelihoods. *International Journal for Agricultural Sustainability* 3, pp 1-23.

Lebrun J.-P. et Stark A.L. (1991-1997): Enumération des plantes à fleurs d'Afrique tropicale. Conservatoire et Jardin botaniques de la Ville de Genève.

Lemée G. (1959) : Effets des caractères du sol sur la localisation de la végétation en zones équatoriales et tropicales humides. Sols et végétations des régions tropicales. Coll. d'Abidjan, UNESCO, pp. 25-39.

Lovett P. N. et Haq N. (2000): Diversity of the sheanut tree (Vitellaria paradoxa C.F. Gaertn.) in Ghana. Genetic Resources and Crop Evolution. Kluver Academic Publishers. 47. 293-304.

Lubeigt G. (1979) : Le palmier à sucre (Borassus flabellifer) en Birmanie centrale. Département de Géographie, Université de Paris, Sorbone.

MAEP (2002) : Annuaire statistique 1999-2001, 146 p.

MAEP (2004) : Annuaire statistique 2003-2004, 32 p.

Maignien R. (1965) : Notice explicative. Carte pédologique du Sénégal au 111 000 000. Dakar, Orstom, 63 p

Magurran A. E. (2004): Measuring biological diversity. pp. 285-286.

Malaisse F. (1997) : Se nourrir en Forêt Claire Africaine. Approche Ecologique et Nutritionnelle Gembloux, Belgique. Presse agronomique de Gembloux ; Wageningen, CTA, Pays Bas, 384 p.

Malgras D. (1992) : Arbres et Arbustes Guérisseurs des Savanes Maliennes, Karthala/ACCT, Paris, 478 p.

Mangenot G. (1951) : Une formule simple permettant de caractériser les climats de l'Afrique intertropicale dans leurs rapports avec la végétation. *Rev. Gen. de Bot.* Tome 58, 353 p.

Mars M. et Marrakchi M. (2000) : Etude de la variabilité intra-arbre chez le grenadier (Punica granatum L.). Application à l'échantillonnage des fruits. Fruits. pp. 347-355.

Matavele J., Habib M. (2000) : Ethnobotany in Cabo Delgado, Moc,ambique: use the medicinal plants. Environment, Development and Sustainability **2** : pp 227–234.

Mathias M. (2004) : L'utilisation durable des palmiers *Borassus aethiopum, Elaeis guineensis* et *Raphia hookerie* http//:www.google.fr/searchq=cache:bNIXRX1jFFJ:http://www.gtz/:de/TOEBL%

Maydell H. (1992) : Arbres et arbustes du sahel : Leurs caractéristiques et leurs utilisations. GTZ Verlag Josef margraf. Scientific Books : 531 p.

Mémento de l'Agronome, (2002) : Ed. du CIRAD, Ministère français des affaires étrangères. Paris, 478 p.

MISD avec le C/BDIBA, (2001) : Atlas monographique des communes du Bénin, 166p plus annexe Cotonou/Bénin, 232 p.

Mensah G. A., Gnimadi, A. et Assogba E. (1998) : Elaboration du programme " Développement durable". Analyse statistique du sous-secteur des ressources alimentaires non conventionnelle au Bénin, CBDD, Cotonou, 52 p.

Mondjannangni A. (1969) : Contribution à l'étude des paysages végétaux du Bas-Dahomey. *Ann. Univ. Abidjan*, sér. G,1 : 191 p.

MONNIER Y. (1965) : Effet des feux de brousse sur une savane préforestière de Côte d'Ivoire. Thèse de Doctorat de Troisième cycle, Besançon.

Mosseddaq, F. (1988) : Comparaison de quelques méthodes de mesure de la surface foliaire sur le blé (*Triticum aestivum L.*). Actes Inst.Agron. Vét., pp. 29-34.

Ndoye O., Ruiz Perez M. et Eyebe A. (1998) : Les marchés des produits forestiers non ligneux dans la zone de forêt humide du Cameroun. *Rural Development Forestry Network,* **22c**: pp. 1-6.

Nyadoi P. (2005): Population structure and socio-economic importance of *Tamarindus indica* in Tharaka District, Eastern Kenya. M.Sc. Thesis. Makarere University, Uganda, 110 p.

Obiri J., Lawes M., Mukolwe M. (2002) : The dynamics and sustainable use of high value tree species of the coastal Pondoland forests of the Eastern Cape Province, *South Africa. For. Ecol. Manage.* 166, pp. 131–148.

OECD (2004) : Mise en œuvre du développement durable : Principaux résultats 2001-2004. Rapport inédit. Novembre 2004, 58 p.

Ogouwalé E. (2006) : Changements climatiques dans le Bénin méridional et central : indicateurs, scénarios et prospective de la sécurité alimentaire, Thèse de doctorat unique, FLASH/UAC, 277 p.

Okafor J.C. (1991) : Amélioration des essences forestières donnant des produits comestibles. Unasylva 165; vol 2, 42 p.

Okigbo B.N. (1977) : Neglected plants of horticultural importance in traditional farming systems of tropical Africa. Acta Horticultural, 53, pp. 131-150.

Orwa C., Mutua A., Kindt R., Jamnadass R., Anthony S. (2009) : Agroforestree Database: a tree reference and selection guide version 4.0 (http://www.worldagroforestry.org/sites/treedbs/treedatabases.asp) consulté le 25/08/2012.

Orwa C., Mutua A., Kindt R., Jamnadass R., Simons A. (2009): Agroforestree Database: a tree reference and selection guide version 4.0 (http://www.worldagroforestry.org/af/treedb/) consulté le 30/03/2011.

Ouédraogo A. S. (1995) : Parkia biglobosa (Fabaceae) en Afrique de l'Ouest. Biosystématique et amélioration. Thèse. Univ. agron. Wagening. Inst. For. Nat. Res. IBN-DLO. Netherlands. 205 p.

Ouédraogo A. S. et Boffa, J. M. (1999) : Vers une approche régionale des ressources génétiques forestières en Afrique subsaharienne, IPGRI, 299 p.

Ouédraogo D. (2002) : Analyse socio-économique des pratiques de gestion de la trypanosomose animale et les facteurs associés au développement de la chimiorésistance dans la province du Kénédougou. Burkina Faso. Thèse de doctorat. Université de Ouagadougou. Burkina Faso. 210 p.

Ouinsavi C., Sokpon N. et Bada S. O. (2005): "Utilization and Traditional Strategies of in Situ Conservation of Iroko (*Milicia excelsa* Welw. C.C. Berg.) in Benin," *Forest Ecology and Management*, Vol. 207, No. 3, 2005, pp. 341-350. doi:10.1016/j.foreco.2004.10.069

Ouinsavi C. (2007) : Gestion durable des populations reliques d'iroko au Bénin: Caractérisation structurale, variabilité morphologique et génétique, et conservation, Thèse de Doctorat, Faculté des Sciences Agronomiques (FSA)/ Université d'Abomey-Calavi (UAC), 152 p.

Ouinsavi C., Gbémavo C., Sokpon N. (2011) : Ecological structure and fruit production of African fan palm (*Borassus aethiopum*) populations *American journal of plant sciences*, 2, pp. 733-743. doi:10.1016/j.foreco.2004.10.069

Oumorou M. (2003) : Etudes écologique, floristique, phytogéographique et phytosociologique des Inselbergs du Bénin. Thèse de doctorat, Fac. Sc., Lab. Bot. Sys. & Phyt., Uni. Lib. Bruxelles, 210 p.

Paris R. et Letouzey R., (1960) : Répartition des alcaloïdes dans le Yohimbe. *J. Agri. Trop. Bot .Appl.* **7** : pp. 256-268.

Peres C.A., Baider C., Zuidema P.A., Wadt L.O.H., Kainer K.A., Gomes-Silva D.A.P., Salomao R.P., Simoes L.L., Franciosi E.R.N., Valverde F.C., Gribel R., Shepard Jr.G.H., Kanashiro M., Coventry P., Yu D.W., Watkinson A.R. et Freckleton R.P. (2003) : Demographic threats to the sustainability of Brazil nut exploitation. *Science*, 302: pp. 2112-2114.

Peters C. M. (1990) : Population ecology anad management of forest fruit trees in Peruvian Amazonia. In: Alternatives to deforestation. Steps towards sustainable use of the Amazon rain forest. Anderson A. B. (ed.). Columbia University Press, pp. 86-98.

Peters C.M. (1999) : Ecological research for sustainable non-wood forest product exploitation: an overview. In: Sunderland T.C.H., Clark L.E. & Vantomme P. (eds) Non-wood forest products of Central Africa: current research issues and prospects for conservation and development. Food and Agriculture Organization, Rome, pp. 19–35.

Philippeau G. (1986) : Comment interpréter les résultats d'une analyse en composantes principales?. ITCF. Service des études statistiques. STATITCF. 57 p.

Pierre J. M. (1994) : Préserver les écosystèmes forestiers et leur biodiversité pour les générations futures. Le Flamboyant, n° spécial : Enjeux forestiers mondiaux ; pp. 19-23.

Pilgrim S., Smith D., Pretty J. (2007) : A cross regional assessment of the factors affecting ecoliteracy. Implications for policy and practice. Ecological Applications 17 (6), pp. 1742-1751.

Pirt (1983) : Les ressources terrestres au Mali. Rapport technique. Volume II. Gouvernement de la République du Mali. USAID/TAMS. B3-B41.

Plouvier D. (1997): The situation of tropical moist forest and forest management in central Africa and markets for African timber in the Congo Basin. UICN, pp: 100- 109.

PNUD et MEHU (2002) : Stratégie Nationale et plan d'action pour la conservation de la diversité biologique au Benin. Ben /97/G 31, 144 p.

Popoola L. and Oluwalana S. A. (2000): Marketing of Non-Timber Forest Product. In: Adeola, A. O., J. A. Okojie and L. O. Ojo: Proceeding of colloquium on biodiversity of rain forest ecosystem in Nigeria held at the University of Agriculture, Abeokuta, Nigeria, pp. 137- 152.

Pousset J.L. (1992) : *Plantes médicinales africaines. Possibilités de développement (Tom II)*. Agence de Coopération Culturelle et Technique. Ellipses, Paris (France) ; 159 p.

Prell C., Reed M.S. et Hubacek K. (2009): Social network analysis and stakeholder analysis in natural resource management. *Society and Natural Resources*, **22**(6): pp. 501-518.

Price L. et Ousmane B.G. (1999) : Les communautés locales et la gestion des rôneraies de Dallol Maouri et du fleuve Niger : l'exemple d'une dynamique de développement durable au Niger. http://www.cdr.Dk/sscafrica/p802.t-n-html, 15 p.

Rakotoniaina S. (1998) : Analyse en composantes principales d'une image multispectrale de télédétection. Mada-Géo. Journal des sciences de la Terre. 4 p.

Raunkiaer C. (1934): The life form of plants and stastical plant geography. Oxford. Clarendron Press. 632 p.

Reed M.S, Graves A., Dandy N., Posthumus H., Hubacek K., Morris J., Prell C., Quinn C. et Stringer L.C. (2009) : Who's in and why? A typology of stakeholder analysis methods for natural resource management. *Journal of Environmental* Management, **90**: pp. 1933–1949.

Reynes M., Bouabidi, H., Piombo, G. Risterucci, A. M. (1994) : Caractérisation des principales variétés de dattes cultivées dans la région du Djérid en Tunisie. *Fruits.* pp. 289-298.

Roach D. A. et Wulff R. D. (1987) : Maternal effects in plant. Annual Review of Ecology and Systematics. pp 209-235.

Rodríguez-Buriticá S., Orjuela M. A. et Galeano G. (2005): Demography and life history of *Geonoma orbignyana*: An understory palm used as foliage in Colombia. *Forest Ecology and Management,* **211,** pp. 329–340.

Saastomonien O. (1992) : Non wood goods and benefics of boreal forest. Concepts and issues. Actes EFI n° 23. Institut Européen de Forêt, Joensuu, 241 p.

Sacandé M. et Pritchard H.W. (2004): Seed research network on African trees for conservation and sustainable use. FAO Rome, Italy.

Sanou D. B. (2001) : Gestion des espèces végétales sacrées dans le milieu Madare au Burkina-Faso : cas du rônier, du karité, et du néré. Pratiques culturelles, la sauvegarde et la conservation de la biodiversité en Afrique de l'Ouest et du centre. Butare I (ed). Acte du séminaire-Atelier de Ouagadougou (Burkina Faso) du 18 au 21 Juin 2001. CRDI, 62 p.

SERHAU (1988) : Etude socio-urbain : Abomey-Calavi, Azovè, Aplahoué, Pobè, Savè, Savalou, Malanville, Kandi ; Paris, 286 p.

Shannon C. E. (1948) : A mathematical theory of communications. *Bell Syst. Techn. J.,* 27: pp. 623-656.

Shiembo P. M. (1986) : Development and utilization of minor forest product in Cameroun with particular reference to raphia *(Raphia sp.).* Thesis, University of Ibadan, Nigeria, 296 p.

Silva (de) (1988) : La lettre de Silva : Arbres, forêts et Sociétés. Réseau arbres tropicaux. Diallo D. (1999). Inventaire et étude socio-économique de la rôneraie naturelle de Koil, préfecture de Koundara. Mémoire de DEA en sciences de l'environnement, Centre d'étude et de recherche en environnement (CERE), Université de Conakry.

Sinsin B. (1993) : Phytosociologie, écologie, valeur pastorale, production et capacité de charge des pâturages naturels du périmètre de Nikki-Kalalé au Nord du Bénin. Thèse de doctorat es sciences. Université Libre de Bruxelles. Belgique. 392 p.

Sinsin B. et Owolabi L., (2000) : Monographie nationale de la biodiversité. MEHU/PNUD. 41p.

Sinsin B., Eyog Matig O., Assogbadjo A. E., Gaoué O. G. et Sinadouwirou T. (2004) : Dendrometric characteristics as indicators of pressure of *Afzelia africana* Sm. Dynamic changes in trees found in different climatic zones of Benin. Biodiversity and conservation, 13, pp. 1555-1570.

Slansky M. (1962) : Contribution à l'étude géologique du bassin sédimentaire côtier du Dahomey et du Togo. Mémoire B.R.G.M., 11,270 p.

Sodjinou E. (2000) : Analyse économique des filières des Ressources Alimentaires Non Conventionnelles au Bénin : cas de la filière des escargots géants africains dans les départements de l'Atlantique et du Littoral. Thèse d'Ingénieur Agronome, FSA/UNB, Abomey-Calavi. 181 p.

Sokpon N. et Lejoly J. (1996) : Les plantes à fruits comestibles d'une forêt caducifoliée : Pobè, au Sud du Bénin. UNESCO (1996). L'alimentation en forêt tropicale : Identifications bioculturelle et perspectives de développement, vol 1, pp. 315-324.

Sogué B. (2010) : Exploitation économique et stratégies de conservation de *Borassus aethiopum* Mart. dans le bassin versant de la Kompienga. mémoire de DESS, (CEPAPE/Université de Ouagadougou), 68 p.

Soloviev P., Niang T. D., Gaye A. et Totte A. (2004) : Variabilité des caractères physico- chimiques des fruits de trois espèces ligneuses de cueillette, récoltés au Sénégal. *Adansonia digitata, Balanites aegyptiaca* et *Tamarindus indica. Fruits.* pp. 109-119.

Some C. (2008) : Contribution à l'étude de la conservation du rônier (*Borassus aethiopum* Mart., Arecaceae) dans la zone orientale du Burkina Faso, 79 p.

Souza (de) S. (1979) : Contribution à l'étude biologique et écologique de quelques Chrysobalanacées des genres Chrysobalanus, Parinari et Maranthes au Bénin. Thèse de Doctorat d'Etat, Université de Borbeaux III. 272 p.

Souza (de) S. (2008) : Flore du Bénin : Nom des plantes dans les langues nationales béninoises, Tome 3, Deuxième édition Cotonou, 671 p.

Tabuti J.R.S. (2007) : The uses, local perceptions and ecological status of 16 woody species of Gadumire Sub-county, Uganda. *Biodiversity & Conservation,* 16: pp. 1901–1915.

Talaa S. (2009) : Etude pharmacologique des plantes aphrodisiaques, Thèse de doctorat unique, Université Mohammed V, Maroc. 205 p.

Strandby Andersen U., Prado Cordova J P., Nielsen U.B., Smith Olsen C., Marten Sorensen C.N. et Kollman J. (2008) : Conservation through utilization: a case study of the Vulnerable *Abies guatemalensis* in Guatemala. *Oryx*, **42**(2), pp. 206–213.

Tente B. (2005) : Recherche sur les facteurs de la diversité floristique des versants du massif de l'Atacora : secteur Perma-Toucountouna (Bénin). Thèse de doctorat unique en géographie/FLASH/UAC, 252 p.

Thiès E. (1995) : Principaux ligneux (agro-) forestiers de la Guinée, Zone de transition. TZVerlagsgesellschaft mbH, Rossdorf, Deutschland.

Trochain J. L. (1970) : Les territoires phytogéographiques de l'Afrique noire francophone d'après la trilogie : climat, flore et végétation. *C.R. Séances Soc. Biogéogra.*, n°13-14, pp. 55-94.

Tshiamala-Tshibangu N. et Ndjigba JD. (1998) : Utilisations des produits forestiers autres que le bois (PFAB) au Cameroun. Cas du projet forestier du Mont Koupé, pp. 70-79.

UICN (1980) : Stratégie mondiale de la conservation. La conservation des ressources vivantes au service du développement durable. UICN, Suisse, 104 p.

UNESCO, (1993) : Se nourrir en forêt équatoriale, Paris: UNESCO/MAB/CNRS; 96 p.

UNSO (1993) : Aménagement participatif des forêts classées de Goungoun, de la Sota et de Goroubi. Rapport technique provisoire.

Van den Eynden V., Van Damme P. et De Wolf J. (1994) : Inventaire et modelage de la gestion du couvert végétal pérenne dans une zone forestière du sud du Sénégal. Rapport final. Partie C Etude ethnobotanique. Université de Gent, Belgique. pp. 33-99.

Vandebroek I., Van Damme P., Van Puyvelde L., Arrazola S. et De Kimpe N. (2004): A comparison of traditional healers' medicinal plant knowledge in the Bolivian Andes and Amazon. *Social Science & Medicine*, **59**, pp. 837-849.

Viennot M. (1978) : Carte pédologique de reconnaissance de la République Populaire du Bénin à 1/200000 : feuille Bembéréké. ORSTOM, notice explicative, n°66, (7), 45 p

Vihotgbe R. (2002) : La biodiversité et les potentialités économiques et sociales des ressources alimentaires végétales forestières. Thèse d'ingénieur agronome, faculté des sciences agronomique (FSA)/ université nationale du Bénin(UNB), 101 p.

Volkoff B. (1976) : Carte pédologique de reconnaissance de la République Populaire du Bénin à 1/200000 : feuille d'Abomey. ORSTOM, notice explicative, n°66, (7), 40 p.

Volkoff B. et Willaine P. (1976) : Carte pédologique de reconnaissance de la République Populaire du Bénin à 1/200000 : feuille Porto-Novo. ORSTOM, notice explicative, n°66, (7), 39 p.

Vuattoux R. (1968) : Le peuplement du palmier Rônier *(Borassus aethiopum)* d'une savane de Côte d'Ivoire. Annales de l'Universitk &Abidjan. SCrie E. Universitt. &Abidjan, Ivory Coast.

Wassi S. (2004) : Les systèmes agroforestiers à rôniers et leur contribution socio économique dans la commune de Karimama (Bénin). Mémoire de DESS/UAM/UAC, 105 p.

Waziri M., Akinniyi J. A. , Salako A. A. (2010) : Toxicity of Acetone Extract of Muruchi, the Shoot of *Borassus aethiopum* Mart; University of Maiduguri, Nigeria, European Journal of Scientific Research ISSN 1450-216X Vol.41 No.1 (2010), pp.6-12.

Wickens G.E. (1991) : Problèmes d'aménagement forestier: valorisation des produits forestiers non ligneux. *Unasylva* 165, Vol 42, pp. 3-8.

White F. (1986) : La végétation de l'Afrique : Mémoire accompagnant la carte de végétation de l'Afrique, UNESCO/AET, FAT/UNSO, ORSTOM-UNESCO, 384 p.

White F. (1983) : The vegetation of Africa, a descriptive memoir to accompany the UNESCO/AETFAT/UNSO. UNESCO. *Natural Resources Research*, **20**: pp. 1-356.

Yaméogo J., Bayala J., Somé L., Ouédraogo S.J., Guinko S. (2004) : Production de *Zea mays* var FBC6 dans un parc à *Borassus akeassii* L. à Siniéna au Burkina Faso. *Etudes et Recherches Sahéliennes* n° 11 : pp. 15-24.

Yaméogo J., Ouédraogo M., Bayala J., Ouédraogo B. M. et Guinko S. (2007) : Uses and commercialization of *Borassus akeassii* Bayton,Ouédraogo,Guinko non-wood timber products in South-Western Burkina Faso, West Africa, Biotechnologie, Agronomie, Société et Environnement, 12 p.

Yaméogo J. (2008) : Contribution des parcs à *Borassus akeassii* Bayton, Ouédraogo et Guinko au fonctionnement des systèmes de production dans le sud-ouest du Burkina Faso, 181 p.

Yaméogo G. (2007) : Les modes de gestion de *Borassus aethiopum* Mart. dans la province de Koulpelogo ; Diplôme de Licence Professionnelle en Vulgarisation Agricole à l'Université Polytechnique de Bobo-Dioulasso ; Burkina-Faso, 61 p.

Yédomonhan H. (2009) : Plantes mellifères et potentialités de production de miel en zones guinéenne et soudano-guinéenne au Bénin. Thèse de Doctorat. Université d'Abomey-Calavi, 273 p.

Zhang D. (2002) : Marqueurs moléculaires. Outils de choix pour le génotypage des plantes. In (eds.): Les apports de la biologie moléculaire en arboriculture fruitière. 12e colloque sur les recherches fruitières. 30-31 Mai 2002. Bordeaux. 3 p.

Zitan L. (1995) : Analyse des caractères morphologiques pour l'évaluation de la variabilité génétique du chêne-liège (Quercus suber L.). Mém. 3 cycle Agron. Inst. Agron. Vét. Hassan II. Maroc, pp. 30-39.

Listes des tableaux, figures et photographie

LISTE DES FIGURES

LISTE DES PHOTOS

198

LISTE DES PLANCHES

LISTE DES TABLEAUX

Questionnaire adressé aux producteurs

Fiche N°/---/   Date d'enquête /---/---/---/ Enquêteur ----------------------------/Interprète------
--/

1-Identification du village d'enquête

	Réponses
Département	
Commune	
Arrondissement	
Village	

2-Identification de l'enquêté

Nom & Prénom		Réponses
Age		
Sexe	1 masculin, 2 féminin	
Origine ethnique et sous-groupe		
Réponse d'origine	1 autochtone, 2 allochtone	
Statut matrimonial	1 célibataire, 2 marié, 3veuf/veuve, 4 séparé/divorcé	

3-Combien de fois l'arbre produit-il dans l'année ?...

4-Quels sont les mois de production ?...

5-A qui vendez-vous les hypocotyles de l'espèce ?...

Grossiste☐   Semi-grossiste   ☐   Détaillant   ☐   Autres   ☐

6-Vendez-vous d'autres parties de l'arbre ? Feuille☐   racine☐   écorce☐   autres☐

7-A combien vendez- vous les hypocotyles (Utiliser les unités locales, panier, tas de 40, etc.)

Période de disponibilité..

Période rareté..

8-Combien de fruits environ récoltez- vous au total par saison sur chaque pied ?

☐   ☐   ☐   ☐   ☐
10-20   20-30   30-40   40-50   > 50

9-De combien de pieds disposez- vous au total ?..

Avez- vous planté de jeunes pieds récemment ?   Oui ☐   Non ☐

Pourquoi ?...

....

10- Comment avez- vous eu l'arbre ?

Don□   Legs □   Héritage□   Autres□

11-Existe-t-il des interdits liés à l'âge ou au sexe par rapport à l'espèce ?

Oui□   Non □

12- Existe-t-il des rituels ou cérémonies par rapport à la productivité de l'espèce ?..

13- comment produisez-vous les hypocotyles ?...

14- Combien d'hypocotyles donne un fruit de rônier ? ....

15- Que faites-vous de votre production ? Vente □Auto consommation □   Don □

16-Si vente, à qui les vendez-vous ?..

17- Combien de grappes porte un rônier ?...

o **Questionnaire adressé aux vendeurs**

Fiche N°/---/   Date d'enquête /---/---/---/ Enquêteur ----------------------------/Interprète------
--/

1-Identification du village d'enquête

	Réponse
Département	
Commune	
Arrondissement	
Village	

2-Identification de l'enquêté

Nom & Prénom		**Réponses**
Age		
Sexe	1 masculin, 2 féminin	
Origine ethnique et sous-groupe		
Réponse d'origine	1 autochtone, 2 allochtone	
Statut matrimonial	1 célibataire, 2 marié, 3 veuf/veuve, 4 séparé/divorcé	

3-Où achetez- vous les hypocotyles de *Borassus aethiopum* (circuits d'approvisionnement) ?

Marché (préciser quel marché) □   Maison □   Champ □Autres (préciser) □

4- A combien achetez- vous les hypocotyles de l'espèce (Prendre les prix en tenant compte des unités locales) ?..

5- Quelles sont les variations du prix d'hypocotyle de l'espèce au cours de l'année ?

Période de disponibilité (préciser les unités locales)...

Période de rareté (préciser les unités locales)...

Autres périodes (préciser les unités locales)..

Donner le prix de vente des fruits de *Borassus aethiopum* suivant différentes périodes de l'année et préciser les unités

6- Quelles sont les tracasseries particulières lors de l'achat de ces fruits ?

Coût élevé de transport ☐ (donner le prix)..

Tracasserie policière ☐ Produit avarié ☐ Autre (préciser) ☐

7- Quelles sont les techniques de conservation des hypocotyles crues et préparées quand il y a mévente?

....

8-Quelle différence faites-vous entre hypocotyles fraîchement préparées et conservées préparées ?

....

9-L'hypocotyle est-il le seul organe que vous commercialisez ?

Oui ☐   Non ☐

Si non, quels autres organes de *Borassus aethiopum* que vous commercialisez ?......................

10- Est-ce que son commerce est plus rentable que celui des hypocotyles ?

Plus rentable que...

Moins rentable que...

Identique...

11- Quel type d'acteur êtes-vous dans la commercialisation des hypocotyles ?

Producteur ☐   Grossiste ☐   Semi-grossiste ☐   Détaillant ☐

Questionnaire adressé aux vanniers

N°

Nom et Prénoms :...

Arrondissement :................................Village/Quartier....................

Quelles sont les sources d'approvisionnement des produits vendus, leurs quantités et prix ?

1- Quels articles produisez-vous ?

....

2- Quelles sont les parties de l'arbre que vous utilisez ?

....

3- Quelles sont vos sources d'approvisionnement ?

....

4- Suivant quelle quantité vous approvisionnez-vous ?

....

5- Coût, mesure ou quantité

....

6- Périodicité d'approvisionnement

....

7- Rythme et coût de vente/article

....

8- Provenance/destination des clients

....

	Jour...
9- Revenu moyen	Mois...
	Année...

10- Exercez-vous d'autres activités ?

....

11- Si oui, quelle part de votre temps consacrez-vous à ces activités ?

Oui ☐   Non ☐

o **Questionnaire adressé aux utilisateurs**

Fiche N°/---/ Date d'enquête /---/---/---/ Enquêteur ----------------------------/Interprète------
---/

1-Identification du village d'enquête

	Réponse
Département	
Commune	
Arrondissement	
Village	

2-Identification de l'enquêté

Nom & Prénom		Réponses
Age		
Sexe	1 masculin, 2 féminin	
Origine ethnique et sous groupe		
Réponse d'origine	1 autochtone, 2 allochtone	
Statut matrimonial	1 célibataire, 2 marié, 3 veuf/veuve, 4 séparé/divorcé	

3- Connaissez- vous *Borassus aethiopum* ?...

4-Quel est son appellation en votre langue ?...

4- Où trouve-t-on l'espèce dans votre zone ?/ Abondance perçue de l'espèce par zone

Champ ☐ Fréquence de présence : Rare ☐ Peu abondant ☐ Très abondant ☐

Maison/proche maison ☐ Fréquence de présence : Rare Peu abondant ☐ Très abondant ☐

Forêt ☐ Fréquence de présence : Rare ☐ Peu abondant ☐ Très abondant ☐

Autres (préciser) ☐ Fréquence de présence : Rare ☐ Peu abondant ☐ Très abondant ☐

5- Formes d'utilisation de l'espèce

Formes d'utilisation	Scores d'utilisation			
Médicinal	0 ☐	1 ☐	2 ☐	3 ☐
Bois de feu	0 ☐	1 ☐	2 ☐	3 ☐
Bois de service	0 ☐	1 ☐	2 ☐	3 ☐
Bois d'œuvre	0 ☐	1 ☐	2 ☐	3 ☐
Alimentaire	0 ☐	1 ☐	2 ☐	3 ☐
Boisson	0 ☐	1 ☐	2 ☐	3 ☐
Pâturage	0 ☐	1 ☐	2 ☐	3 ☐
Autre	0 ☐	1 ☐	2 ☐	3 ☐

5.1- Utilisation médicinale de l'espèce

	Nom local de la maladie	Nom français de la maladie	Partie utilisée pour l'espèce dans le traitement de la maladie
1			
2			

Quel est le mode d'acquisition des différentes parties de l'espèce utilisée en médecine traditionnelle ?

Achat ☐   Cueillette ☐   Autres ☐

Parties consommées	Goût	Disponibilité (préciser le nombre de mois)	Fréquence de consommation	Mode d'acquisition	Prix d'achat (préciser les unités locales)
pulpe ☐	0=fade ☐ 1=moyen ☐ 2=bon ☐ 3=très bon ☐	En toute saison ☐ G S pluvieuse ☐ G S sèche ☐ P S pluvieuse ☐ P S sèche ☐	Nul ☐ Faible ☐ Moyen ☐ Elevé ☐	Achat ☐ Cueillette ☐ Autre ☐	
Fruit ☐	0=fade ☐ 1=moyen ☐ 2=bon ☐ 3=très bon ☐	En toute saison ☐ G S pluvieuse ☐ G S sèche ☐ P S pluvieuse ☐ P S sèche ☐	Nul ☐ Faible ☐ Moyen ☐ Elevé ☐	Achat ☐ Cueillette ☐ Autre ☐	
hypocotyles ☐	0=fade ☐ 1=moyen ☐ 2=bon ☐	En toute saison ☐ G S pluvieuse ☐ G S sèche ☐ P S pluvieuse ☐	Nul ☐ Faible ☐ Moyen ☐ Elevé ☐	Achat ☐ Cueillette ☐ Autre ☐	

	3=très bon ☐	P S sèche ☐			
Autres (préciser) ☐	0=fade ☐ 1=moyen ☐ 2=bon ☐ 3=très bon ☐	En toute saison ☐ G S pluvieuse ☐ G S sèche ☐ P S pluvieuse ☐ P S sèche ☐	Nul ☐ Faible ☐ Moyen ☐ Elevé ☐	Achat ☐ Cueillette ☐ Autre ☐	

5.2-utilisation alimentation l'espèce

5.3-utilisation du bois de l'espèce

Quelle est la qualité de son bois ?

-Bois de feu   Mauvaise ☐   Moyenne ☐   Bonne ☐   Très –bonne ☐

-Bois pour charpente/perche   Mauvaise ☐   Moyenne ☐   Bonne ☐   Très bonne ☐

-Bois madrier   Mauvaise ☐   Moyenne ☐   Bonne ☐   Très bonne ☐

5.4- Autres

Quels sont les autres organes que vous utilisez ? Pour quoi et comment les utilisez-vous ?

....

....

....

6-Quels sont les interdits   traditionnels liés à l'arbre de *Borassus aethiopum?* (citer les interdits)..

7-L'espèce est-elle utilisée dans les rites traditionnels ?...

GUIDE D'ENTRETIEN ADRESSEE AUX PERSONNES RESSOURCES

N°   Date

Nom et Prénoms :..

Arrondissement :..................................Village/Quartier...................................

1- Depuis quand produisez-vous des hypocotyles ?

2- Que pouvez-vous dire sur l'historique de la production des hypocotyles dans votre localité ?

3- Que pensez-vous de ceux qui affirment ceci « *l'exploitation des hypocotyles est pratiquée par ceux qui ne peuvent pas avoir 200 FCFA pour fêter leur marché* ». Est qu'on peut dire que seuls ceux qui n'ont pas d'autres choix s'adonnent à la production des hypocotyles.

GUIDE D'ENTRETIEN ADRESSEE AUX AGENTS DE LA MAIRIE

Nom et Prénoms :..

Arrondissement :..................................Village/Quartier...................................

1- Que savez-vous sur la commercialisation des hypocotyles ?

....

2- Selon vous les hypocotyles augmentent-elles ou diminuent-elles ?

....

3- Quelles sont les dispositions institutionnelles de gestion locale des rôneraies prises par votre commune ?

....

4- Y-a-t-il des projets pour sensibiliser les populations sur la conservation de l'espèce, vu son importance pour vos administrés ?

Tableau : Récapitulatif des différentes utilisations de *Borassus aethiopum*

Partie de la plante utilisée	Domaines d'utilisation	Produits et modes d'utilisations
Racine	Pharmacopée	Antiasthmatique, diurétique, aphrodisiaque, contre la maigreur et le «gros ventre» des enfants, les maux de gorge, la bronchite, les troubles respiratoires, l'extinction de la voix.
	Artisanat	Les racines fournissent des fibres végétales solides utilisées pour faire des barrières, des nasses, des nattes, des cordages, des brosses, des filets, des balais et des meubles.
Plantules	Alimentation	Plantules mangées crues, grillées ou bouillies
Stipe	Bâtiment, hangars	Charpentes, planchers, poutres, fourches, chevrons, piliers, étais, lattes, linteaux, piquets, cadres de portes et fenêtres.
	Clôtures	poteaux, lattes.
	Autres constructions	Pistes et passerelles. Les demi-troncs creux servent de canaux d'irrigation.
	Confection de meubles	Bancs, tables.
	Autres usages	Les parties enflées vidées sont utilisées pour confectionner des ruches d'abeilles, des échelles, des pirogues, des gouttières, des abreuvoirs.
	Energie	Bois de feu.
Pétioles	Energie	Bois de feu.
	Artisanat	Chaises, bancs, tabourets, guéridons, lits, berceaux, valises, cages, volières, fibres, cordes, brosses, éponge, cadres pour tamis, spatules, balais,etc.
	Clôtures et délimitation	Haies mortes, enclos, parcs à bétail.
	Pharmacopée	Vermifuge.
Limbes	Bâtiment	Recouvrement des cases et des greniers.
	Clôtures et délimitation	Haies mortes, enclos, parcs à bétail.
	Artisanat	Confection des paniers, étagères, vans, nattes, chapeaux, sacs, couffins (emballage des fruits), éventails, cages, volières, meubles, amulettes, flûtes, balais, autocuiseurs, parapluies, pots pour la production de plants, éventails,etc. Les fibres à la base des feuilles trouvent un usage dans le rembourrage et la confection de coussins amortisseurs pour selles ou bats de chameaux.
	Alimentation	Potasse à partir de la cendre.
	Energie	Combustible.
	Engrais vert	Fertilisation des sols.
	Autres	Confection de ligatures des bottes de mil, de paille, de

		bois, etc.
		Fabrication de papier.
Fleurs	Médecine traditionnelle	Extraits des inflorescences mâles : diurétique, antipyrétique, fortifiant. La poudre des fleurs mâles mélangée à du beurre de karité guérit les escarres et les œdèmes.
	Energie	Inflorescences mâles : Combustible (charbon de bois après séchage).
	Alimentation	La cendre des fleurs mâles donne une bonne potasse.
	Alimentation pour bétail	Les inflorescences sont utilisées comme fourrage.
	Engrais vert	Les inflorescences contribuent à fertiliser les sols.
Fruits	Alimentation	Amande gélifiée du fruit non mûr comestible. Pulpe du fruit mûr comestible. Jus aromatique du mésocarpe utilisé en confiserie.
	Alimentation du bétail	Mangés par le bétail (bovins et porcins) et les animaux sauvages (éléphants).
	Energie	Le mésocarpe séché constitue un bon combustible.
	Autres	Teinture (jaune), confection de jouets, de sonnailles.
Graines	Alimentation	Contient une sorte de gelée comestible.
	Artisanat	Les coquilles des graines sont utilisées dans l'artisanat (fabrication de boutons, de boites à bijoux). La cendre des noix est utilisée dans la teinture.
	Energie	«charbon de bois» à partir de la graine non décortiquée.
Bourgeon terminal	Alimentation	Bourgeon des jeunes pousses de 3 à 4 ans produit un chou excellent, très tendre que l'on mange cru ou cuit. Brûlée, la cendre du bourgeon constitue une excellente potasse.
Sève	Alimentation	Vin de palme (bangui en langue locale Dioula), vinaigre, sucre.
	Pharmacopée	Le vin est considéré comme stimulant et aphrodisiaque.
Résine	**Pharmacopée**	**Sorte de gomme brun foncé qui sert de médicament.**

Sources : BELLOUARD (1950), GIFFARD (1967), GSCHLADT (1972), VON MAYDELL (1983), CABANNES *et al.* (1987), ANONE et PELTIER (1993), ADAMOU (1996), ARBONNIER (2000), SAKANDE *et al.* (2004), HOUANKOUN (2004), YAMEOGO (2008), SOME (2008), GBESSO (2009), ASSOGBADJO (2009), HESSOU (2011)

Publication 1

Distribution géographique des populations de rôniers (*Borassus aethiopum* Mart., Arecaceae) et caractérisation phytoécologique de leurs habitats dans la zone soudano-guinéenne du Benin

J. Appl. Biosci., N°74 (2014) : pp. 6099-6111. Online http://dx.doi.org/10.4314/jab.v74i1.14, ISSN 1997–5902

GBESSO F., YEDOMONHAN H., TENTE B. et AKOEGNINOU A.

Journal of Applied Biosciences 74:6099– 6111

ISSN 1997–5902

Distribution géographique des populations de rôniers (*Borassus aethiopum* Mart, Arecaceae) et caractérisation phytoécologique de leurs habitats dans la zone soudano-guinéenne du Benin

GBESSO Florence[1,2], YEDOMONHAN Hounnankpon[2], TENTE Brice[1], AKOEGNINOU Akpovi[2]
[1]Laboratoire de Biogéographie et Expertise Environnementale (LABEE) ; Université d'Abomey-Calavi (UAC), BP 677
Abomey-Calavi ; Bénin. Tel : 0022905347018/93937973, E-mail : viarrence1@yahoo.fr
[2] Laboratoire de Botanique et Écologie Végétale (LaBEV) ; Université d'Abomey-Calavi (UAC),
01 BP 4521 Cotonou ; Tél. (229) 21360074 / Poste 127, E-mail : akoegnin@yahoo.fr / akoegnin@bj.refer.org

Original submitted in on 21st November 2013 Published online at www.m.elewa.org on 28th February 2014.
http://dx.doi.org/10.4314/jab.v74i1.14

RESUME

Objectif : L'étude a pour objectif d'étudier la distribution géographique et de réaliser la caractérisation phytoécologique des populations de rôniers (*Borassus aethiopum*) ainsi que leur caractérisation écologique dans la zone de transition.

Méthode et résultats : Le géo-référencement de toutes les localités abritant le rônier a été fait à l'aide des informations reçues dans les Centres Communaux de Production Agricoles (CECPA). Les inventaires floristiques et forestiers ont été réalisés à travers 70 placeaux rectangulaire de 50 X 30 m dans trois communes des trois phytodistricts du secteur d'étude. *B. aethiopum* est plus distribué dans le district du Zou que dans les deux autres. Au total, 64 espèces ligneuses réparties en 25 familles sont inventoriées. Les groupes de relevé identifiés et caractérisés sont celui des champs et jachères ; celui des savanes boisées et celui des forêts galeries dégradées. Les paramètres floristiques et structuraux varient d'un groupement à l'autre. Ainsi, la richesse spécifique varie de 20 à 40 espèces, l'indice de diversité de Shannon de 1,89 à 5,49 bits, l'équitabilité de Pielou de 0,87 à 0,97 avec prédominance de la famille des Leguminosae. La densité des pieds adultes de *B. aethiopum* hectare oscille entre 77,78 et 132,89 tiges/ha et celle des pieds régénérés naturellement entre 1650 et 5236 tiges/ha. Quant à la surface terrière, elle est varié entre 26,47 à 29,55 m²/ha et le diamètre moyen de l'arbre est compris entre 33,72 et 37,64 cm puis la hauteur entre 8 et 18 m.

Conclusion et application : L'étude a permis de montrer que l'habitat naturel de *Borassus aethiopum* est la savane et la galerie forestière ainsi que la diversité des groupes de relevé abritant le rônier. La régénération naturelle de cette espèce aurait été une contribution à l'augmentation de la diversité biologique (vu son importance dans l'écosystème) mais elle est soumise à une forte pression anthropique. Ceci nécessite des actions urgentes de conservations. La plantation de l'espèce devient une nécessité pour sa domestication afin de permettre une exploitation durable vu qu'elle va utilisée à une grande échelle comme armature végétale

dans les éléments en bétons et qu'elle représente une espèce à très lente croissance et à fort potentiel
économique pour les populations de la zone soudano-guinéenne du Bénin.
Mots clés : Distribution spatiale, écologie, *Borassus aethiopum*, zone soudano-guinéenne du Bénin.

ABSTRACT
Objective The study aims to investigate geographical distribution of Palmyra (*Borassus aethiopum*) populations,
to accomplish its phytoecological as well as the environmental characterization in the zone of transition
Methods and Results: The geo-referencing of all localities with the Palmyra was done using information
received at the Community Centers Agricultural Production (CECPA. Floristic and forest inventories were
carried out through 70 rectangular plots of 50 X 30 m in three municipalities of the three phytodistricts the study
area. *B. aethiopum* was well distributed in the district of Zou than in the other two. A total of 64 woody species
belonging to 25 families were inventoried. The identified and characterized groups of worth noting down were
the fields and fallows; the wooded savannas and forests galleries. Floristic and structural parameters vary from
one group to another. Thus, species richness ranges from 20 to 40 species, the Shannon diversity index of 1.89
to 5.49 bits, Pielou evenness of 0.87 to 0.97 with a predominance of the family Leguminosae. The density of
adult feet *B. aethiopum* hectare ranges between 77.78 and 132.89 stems / ha and feet naturally regenerated
between 1650 and 5236 stems / ha . As for the basal area is varied from 26.47 to 29.55 m² / ha and the
average diameter of the tree is between 33.72 and 37.64 cm and the height between 8 and 18 m.
Conclusion and application: The study showed that the natural habitat of *Borassus aethiopum* is savanna and
gallery forest and the diversity of groups identified housing the palmyra. Natural regeneration of this species
has been contributing to the increase in biological diversity (given its importance in the ecosystem), but it is
subject to high anthropogenic pressure. This requires urgent action conservations. Planting of species becomes
a necessity for domestication to provide for sustainable exploitation because it will use on a large scale plant as
reinforcement in concrete elements and it is a very slow growing species with high economic potential for the
people of central Benin.
Keywords: Spatial distribution, ecology, African fan palm, ecological transition zone.

INTRODUCTION
Dans plusieurs pays en développement, les produits
forestiers non ligneux (PFNL) ont été pendant
longtemps sous-utilisés, mais ce n'est que depuis
ces dernières années que le potentiel de les
domestiquer pour accroître le bien-être des pauvres
populations est devenu une préoccupation majeure
(Leakey *et al.*, 2005). Les informations disponibles
sur les ressources forestières non ligneuses sont le
plus souvent qualitatives et ne font pas ressortir les
données quantitatives nécessaires pour démontrer
les opportunités économiques ou pour le
développement social et la gestion
environnementale (Assogbadjo, 2003). Parmi ces
espèces de la catégorie des PFNL, figure *Borassus
aethiopum* (photos 1 et 2) qui est une espèce à
usages multiples qui se rencontre dans les zones
semi-arides et sub-humides d'Afrique tropicale, dans
le Sud de l'Asie et dans les îles du pacifique et de

l'Océan Indien (Cabannes *et al.*, 1987). C'est une
espèce des PFNL dont le principal produit très
récolté est l'hypocotyle qui n'est rien d'autre que des
fruits en début de germination, très appréciée des
populations rurales et urbaines. La production
d'hypocotyles se réalise en trois étapes essentielles :
la collecte des fruits, qui commence en Janvier, le
semis des fruits qui se fait à partir de Mars et la
récolte des hypocotyles qui a lieu six à sept mois
après le semis des fruits et rapporte un revenu
consistant à ceux qui s'adonnent à l'activité (Gbesso
et al., 2013). Beaucoup de travaux ont été menées
pour contribuer à la mise en exergue de *Borassus
aethiopum* dans la sous-région, principalement au
Burkina, au Niger et en Côte d'Ivoire. Les
recherches entreprises sur l'espèce au Burkina ont
permis de générer des informations sur la valeur
alimentaire, économique et quelques modes de

6100

213

conservation de l'espèce (Yaméogo, 2007 ; Sogué, 2010 ; Kansolé, 2010). Les données disponibles sur l'écologie de *B. aethiopum* sont relatives à sa distribution et à sa biogéographie sur le continent africain (Cabannes et Chantry, 1987 ; Orwa *et al.*, 2009). Au plan national, peu de travaux ont été exécutés pour la connaissance de l'espèce. Au nombre de ces auteurs, on peut citer ceux de Houankoun (2003), Wassi (2004), Kodjo (2005), Gibigaye *et al.* . (2008), Assogbadjo (2009), Hessou

(2011) et Ouinsavi *al.* (2011). Aucune de ces études n'a jusqu'à présent révélé la ni la distribution géographique de l'espèce ainsi que la caractérisation de son habitat. Notons aussi que seule la Flore Analytique du Bénin en a fait cas (Akoegninou *et al.*, 2006). Cette étude permettra alors de disposer des données scientifiques pouvant permettre la gestion durable de l'espèce au Bénin et plus précisément dans la zone de transition soudano-guinéenne.

Photo 1: Vue d'un jeune rônier en croissance

Photo 2 : Fruits et hypocotyles du rônier (Gbesso, Avril, 2012)

MATÉRIEL ET MÉTHODE

Matériel : Le matériel utilisé dans le cadre de cette étude est constitué d'un ruban pour la délimitation des placeaux ; de bande fluorescente pour matérialiser les limites des placeaux ; de coupe-coupe pour l'ouverture des layons et la confection des piquets de coins ; de sécateurs pour le prélèvement des échantillons ; du ruban π pour la mesure des diamètres des arbres à 1,30 m au-dessus du sol. Du clinomètre SUNNTO pour la mesure des hauteurs ; des papiers journaux pour la confection des herbiers ; du GPS (Global Positionning System) pour le géo-référencement des pieds du *Borassus aethiopum* et des sites échantillonnés ainsi que des fiches de relevé de végétation et une carte de situation géographique du secteur d'étude.

Milieu d'étude : Le milieu d'étude est la zone de transition soudano-guinéenne du Bénin selon le découpage de Adomou, 2005 comportant trois districts (Bassila, Borgou-Sud et Zou). Situé entre les parallèles 7°30' et 9°45' de latitude Nord et les méridiens 1°30 et

2°40' de longitude Est, il est limité au Nord par la zone soudanienne, au Sud par la zone guinéenne, à l'Ouest par la République du Togo et à l'Est par la République du Nigéria (Figure 1). Le secteur d'étude compte dix-huit (18) communes sur les 77 du pays. Le climat est de type tropical humide de transition avec u réseau hydrographique dendritique. On y rencontre des sols ferralitiques et des sols ferrugineux lessivés à concrétion sur roches cristallines. La végétation est constituée de forêt dense humide semi-décidue, de forêt dense sèche, de forêt claire et de savanes parsemés de forêts galerie (Akoegninou *et al.*, 2006). La population est estimée à 2.244.873 habitants qui sont regroupés dans plusieurs groupes socioculturels dont les majoritaires sont les Tchabè, les Mahi, les Idaasha, les fon, les Bariba, les Dendi et les Cotocoly. L'agriculture est la principale activité qui occupe la population du secteur d'étude. (INSAE, 2002)

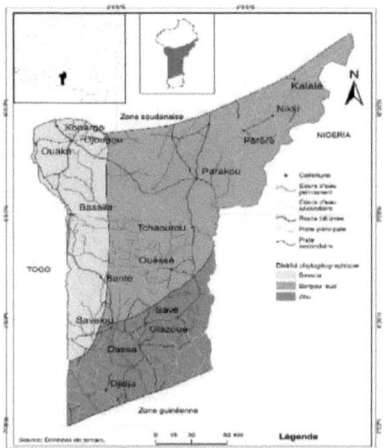

Figure 1: Situation du secteur d'étude. **Source** : adapté de Adomou, 2005

Méthodes

Collecte des données : Les données collectées ont porté sur la distribution spatiale et la densité d'une part et la caractérisation phytoécologique des communautés végétales abritant l'espèce d'autre part. S'agissant de l'étude de la distribution et de la densité du rônier, chacune des dix-huit communes du secteur d'étude a été explorée. Les coordonnées géographiques des localités de présence de l'espèce ont été systématiquement enregistrées à l'échelle communale. La caractérisation des habitats naturels de *Borassus aethiopum* a été réalisée dans trois communes, en raison d'une par district (Adomou, 2005) de la zone de transition du Bénin. Les choix de ces communes a été fait en fonction des informations reçues auprès des agents des CeCPA lors de l'exploration du secteur d'étude à des fins de distribution spatiale de *B. aethiopum*. Pour y parvenir, les relevés phytosociologiques ont été réalisés suivant la méthode sigmatiste de Braun-Blanquet (1932). Au niveau de chaque district, précisément dans les communes ciblées, l'inventaire des arbres et arbustes a été réalisé à

l'intérieur des placeaux rectangulaires de 50 m x 30 m (1500 m²) sur un transect de 8 km qui ont été disposés en tenant compte d'une distance de 2 km entre deux placeaux afin de rencontrer plusieurs types d'habitat de l'espèce. Les placeaux ont été installé à partir du centre du village en fonction des informations reçues auprès des populations, relatives à la présence de l'espèce. A chaque espèce est affecté le coefficient d'abondance-dominance. L'échelle d'abondance dominance utilisée ici est celle de Braun-Blanquet (1932). Dans les placeaux, les données structurales et dendrométriques ont été relevées. Les espèces végétales ont été identifiées en partie sur le terrain à l'aide du document « Arbres, arbustes et lianes des zones sèches d'Afrique de l'Ouest» de Arbonnier (2002). Les espèces non identifiées sur le terrain ont été échantillonnées et déterminées par la suite à l'Herbier National du Bénin par comparaison aux spécimens de référence.

Traitement des données : Le tableau de contingence en présence-absence des espèces a été établi avec le tableur Excel à partir des données de relevés floristiques.

6102

215

Il a été soumis à la classification hiérarchique à l'aide du logiciel PC.ORD 5. 0 en utilisant la distance de Sørensen (Bray-Curtis) qui a permis la partition des relevés en groupes de relevés. L'« Indicator Species Analysis » a été utilisée pour calculer la valeur indicatrice de chaque espèce (Dufrène et Legendre, 1997) et identifier numériquement les espèces caractéristiques de chaque groupe de relevé à partir du test de Monte Carlos (P-value < 0,05). Ainsi les espèces indicatrices ont été utilisées pour nommer les groupes de relevé. La matrice relevés-espèces a ensuite servi à évaluer la diversité floristique par groupes de relevé identifiés et pour l'ensemble des trois communes du secteur d'étude. La diversité floristique des différents groupes de relevés a été évaluée à l'aide de la richesse spécifique, de la diversité en genres et de celle en familles (Daget, 1980). La nomenclature botanique utilisée est celle de la Flore Analytique du Bénin (Akoègninou et al., 2006). D'autres paramètres ont été également calculés pour caractériser les groupes de relevés obtenus. Il s'agit de l'indice de diversité de Shannon-Wienner (H) (1949) et de l'équitabilité de Pielou (E) (Magurran, 2004). La structure du peuplement de *B. aethiopum* a été évaluée à l'aide de la surface terrière, la densité, le diamètre de l'arbre moyen et la hauteur du houppier.
- La densité du peuplement (N) correspond au nombre de tiges à l'hectare. Elle est obtenue par la formule :

$$N = \frac{n}{s}$$

Où n est le nombre total d'individus d'arbres inventoriés dans le groupe de relevé et S l'aire totale échantillonnée dans le groupe de relevé en hectare ;
- le diamètre de l'arbre moyen du groupement qui est déterminé par la formule :

$$Dg = \sqrt{\frac{\sum_i^n di^2}{n}}$$

exprimée en m² /ha avec D = diamètre à hauteur de poitrine d'homme des arbres.
- la hauteur (Hi) des individus de *B. aethiopum* est déterminée par la formule :

$$H_i = Dv\,(\tan Vb + \tan Vh)$$

Avec Dv, la distance de visée correspondant à la distance de chute de l'arbre ;
Vb, visée bas et Vh, visée haut.

- La hauteur moyenne des individus du *Vitellaria paradoxa* par formation végétale est obtenue par moyenne arithmétique.
- L'indice de diversité de Shannon (H) est donné par la formule :

$$H = -\sum Pi \times \log_2 Pi$$

La diversité est faible lorsque H est inférieur à 3 bits, moyenne si H est compris entre 3 et 4 puis élevé quand H est supérieur ou égal à 4 bits (Legendre & Legendre,1984 ; Frontier & Piochod Viale, 1995).
- L'équitabilité de Pielou (E) traduit la manière dont les individus sont distribués à travers les espèces. Elle est maximale si les individus sont répartis de la même manière à travers les espèces. Elle varie de 0 (une espèce a une très forte abondance) à 1 (toutes les espèces ont la même importance). Elle se calcule par la formule suivante :

$$E = H/\log 2(Rs)$$

Où Rs désigne la richesse spécifique (Pielou, 1996).
Les individus d'arbres dans chaque groupe de relevé ont été groupés en des classes de diamètre de 5 cm pour construire l'histogramme de la structure diamétrique de chaque groupe de relevé. La structure des groupe de relevés a été ajustée au modèle de Weibull à cause de sa grande flexibilité (Johnson & Kotz, 1970 ; Bonou et al., 2009). Elle a été réalisée grâce au logiciel Minitab 14.0 et ajustée à la distribution de Weibull. La fonction de densité de probabilité de la distribution de Weibull est donnée par la formule :

$$f(x) = \frac{c}{b}\left(\frac{x-a}{b}\right)^{c-1} \exp\left[-\left(\frac{x-a}{b}\right)^c\right]$$

Où x est le diamètre de l'arbre i, a est le paramètre de position (ici a = 10) ; b est le paramètre d'échelle ou de taille ; c est le paramètre de forme lié à la structure observée. La caractérisation des peuplements est faite sur la base du coefficient de forme c (Bonou et al., 2009). Une analyse log-linéaire a été réalisée grâce au logiciel SAS (SAS Inc., 1999) pour tester l'adéquation du modèle de Weibull avec les structures diamétriques observées (Caswell, 2001).
Après avoir réparti les diamètres en différentes classes, un test de Kruskal-Wallis au seuil de 5 % a été fait pour apprécier si la significativement des résultats d'un groupe de relevé à l'autre.

6103

216

RÉSULTATS

Distribution spatiale de *Borassus aethiopum* au centre du Bénin : Dans le secteur d'étude, les localités de Savè et Glazoué sont des zones à forte prédominance de rônier (Tableau 1). De l'analyse du tableau 1, il ressort que de façon générale *B. aethiopum* est plus abondante dans le phytodistrict de Zou que dans les deux autres de la zone de transition soudano-guinéenne

Tableau 1 : Fréquence relative de *B. aethiopum* par District phytogéographique

District phytogéographique	Bassila	Borgou-Sud	Zou
Densité	54-126	55-152	63-266

Source : *Résultat d'enquête, avril 2012.*

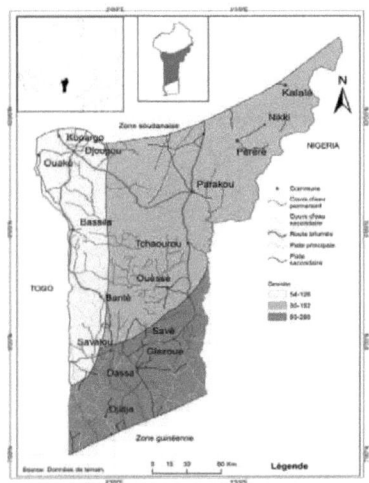

Figure 2: Distribution spatiale de *B. aethiopum* au centre Bénin

Caractérisation des groupes de relevé sous le *Borassus aethiopum*
Partition des relevés au sein des formations végétales : La matrice brute constituée de 70 relevés et de 64 espèces est soumise à une analyse multivariée par le biais de la DCA (Detrended Correspondence Analysis). Les axes factoriels de la DCA expliquent 2,69 % de l'inertie totale. La figure 3 présente l'ordination des relevés sur le plan des axes 1 et 2 de la DCA.

6104

217

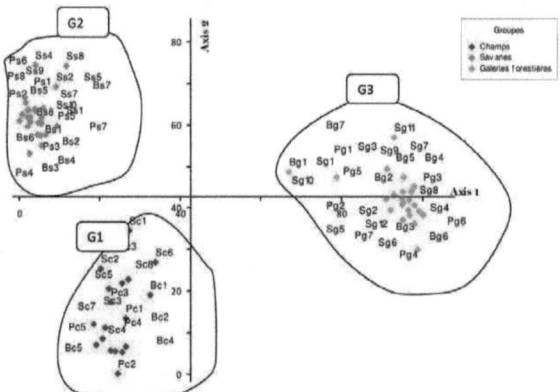

Figure 3 : Répartition des relevés dans les plans factoriels des axes 1 et 2 de la DCA

Trois groupes de relevés sont distingués. Il s'agit de : G1 : constitué des relevés effectués dans les champs et jachères ; G2 : réunissant les relevés effectués dans les savanes et G3 : formé des relevés effectués dans les galeries forestières. L'axe 1 discrimine à son origine les relevés de savanes et à son extrémité droite les relevés de forêts galerie. Il traduit alors un gradient topographique. L'axe 2 oppose les relevés des champs et jachères (à son origine) aux relevés de savanes (à son extrémité droite). Il indique un gradient d'anthropisation de la végétation. Le dendrogramme des relevés (figure 4) confirme la partition des relevés en 3 groupes à 51 % de dissemblance.

Groupements végétaux

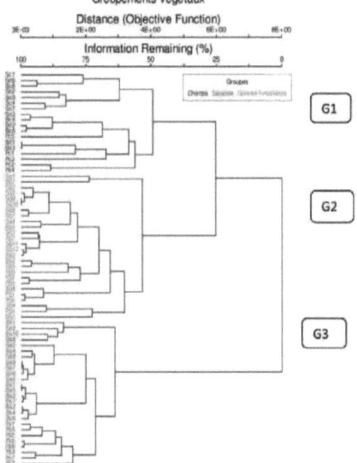

Figure 4 : Dendrogramme de dissimilarité des trois groupes de 70 relevés

Composition floristique et diversité spécifique des groupes de relevé : Au total 62 espèces ont été recensées. Elles sont réparties en 25 familles dont les plus importantes sont les Leguminosae (15 espèces), les Combretaceae (7 espèces), les Rubiaceae (6 espèces) et les Meliaceae (4 espèces). Le tableau 2 résume les informations sur la composition floristique et la diversité spécifique des groupes de relevé enregistrés dans le milieu d'étude. Il ressort de l'analyse du tableau 2 que la richesse spécifique des groupes de relevé varie de 20 à 40 espèces végétales. Du point de vue de la diversité spécifique la communauté végétale G2 présente l'indice de diversité de Shannon le plus élevé ; soit 5,49 bits et une équitabilité de 0,97. Cette valeur d'équitabilité indique une bonne répartition des espèces et une bonne exploitation des ressources du milieu par les espèces.

L'indice de diversité de Shannon des deux autres groupes de relevé est également supérieur à 3,5 bits (G1=3,89 et G3= 4,21). Quant à l'équitabilité de Pielou, elle varie entre 0,84 et 0,90 pour le groupement ; on peut alors conclure que les espèces du groupement G1 sont moins bien réparties que celles des groupements G2 et G3. De cette analyse, on peut donc déduire que les habitats préférés de *B. aethiopum* sont les savanes, précisément les savanes humides et les galeries forestières.

Caractéristiques structurales et dendrométriques de *Borassus aethiopum* : Les caractéristiques structurales et dendrométriques de *Borassus aethiopum* varient significativement d'un groupe de relevé à un autre (Tableau 3).

Tableau 2 : Caractéristiques et diversité de communautés identifiées

Code	Nom du groupe de relevé	Espèces indicatrices	Valeur indicatrice	P Value (Monte Carlos test)	Richesse spécifique	Familles dominantes	Indice de Shannon	Equitabilité de Piélou
G1	Champs et jachères	*Adansonia digitata*	94,4	0,0002	20		3,89	0,90
		Mangifera indica	94,4	0,0002		Leguminosae et Rubiaceae		
		Anacardium Occidentale	88,9	0,0002				
G2	Savanes boisées	*Combretum molle*	100,0	0,0002	40	Combretaceae et Leguminosae	5,49	0,97
		Burkea africana	100,0	0,0002				
G3	Galeries forestières dégradée	*Bambusa vulgaris*	95,2	0,0002	31	Leguminosae et Rubiaceae	4,21	0,84
		Elaeis guineensis	92,3	0,0002				
		Raphia hookeri	92,3	0,0002				

Tableau 3 : Paramètres structuraux et dendrométriques de *B aethiopum* dans les différents groupes de relevé d'étude

Paramètres P Paramètres	Groupes de relevés		
	G1	G2	G3
Dg (cm)	36,83	37,64	33,72
G (m²/ha)	28,93	29,55	26,47
N (tiges/ha)	77,24	132,89	110,78
Hauteur (m)	10	14	12

Soit Dg= diamètre de l'arbre moyen, G (m²/ha) = la surface terrière, N = densité et G = Groupe de relevé

L'analyse des paramètres dendrométriques de *B. aethiopum* dans la zone de transition soudano-guinéenne (champs/jachères ; savanes et galeries forestières) indique une différence significative pour les diamètres, les hauteurs et les densités des arbres entre les trois groupes (p < 0,05). La structuration des moyennes indique que le diamètre moyen de l'arbre dans les champs est différent de celui des savanes et des galeries forestières. Il est plus élevé dans les savanes (37,64 cm) suivi des champs/jachères (36,83 cm) et des galeries forestières (33,72 cm). De même, c'est dans les savanes qu'on retrouve les individus les plus grands (hauteur moyenne = 14 m). Quant à la densité du peuplement, les plus élevées sont ainsi observées dans les savanes (132,89 arbres/ha) tandis que les plus faibles valeurs de ces densités ont été observées dans les champs/jachères (77,24 tiges / ha).

Structure diamétrique du *Borassus aethiopum* au sein des différentes communautés végétales : La

répartition du *Borassus aethiopum* par classe de diamètre au sein des différents groupes de relevé est présentée par la figure 5. Il est à constater que quel que soit le groupe considéré, les effectifs du *Borassus aethiopum* sont plus élevés dans les classes de diamètre de]30 ; 40 cm]. Les effectifs les plus faibles sont constatés dans les classes de] 20 ; 30 cm] et] 45 ; 50 cm].

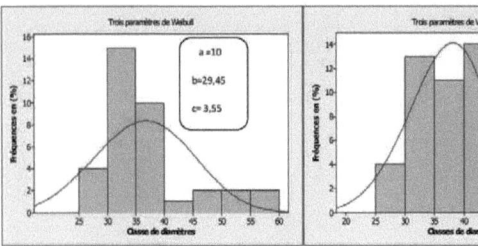

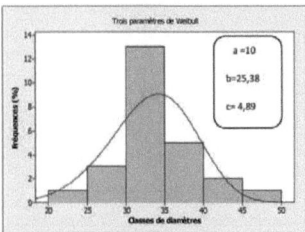

Figure Error! No text of specified style in document.: Structure diamétrique de *B. aethiopum* dans les communautés végétales a : champs et jachères, b : savanes, c : forêt galerie

Il ressort également de l'analyse de la figure 5 que les individus de tous les groupes de relevés se retrouvent dans la classe de diamètre située entre]30 ; 40 cm], ce qui confère à ces groupes une structure asymétrique centrée. L'ajustement de la structure à la fonction mathématique de Weibull donne un paramètre de forme c = 1,48 caractéristique des peuplements avec prédominance

d'individus jeunes ou de faible diamètre. Les individus de très gros diamètre sont quasi inexistants au niveau des trois (03) groupements. Le test de Kruskal-Wallis révèle qu'il existe une différence significative entre les diamètres de *Borassus aethiopum* des différents groupes de relevé (H = 8,45 ; DF =2 ; P = 0,015)

DISCUSSION

La famille des Arecaceae est apparue au Crétacé et prit rapidement une grande extension, comme le montrent les abondants restes fossiles du Tertiaire (Cabannes et Chantry, 1987). Selon les mêmes auteurs, la répartition géographique des espèces et genres de la famille des Arecaceae est le résultat des fluctuations paléogéographiques qui ont réduit considérablement l'aire de ces dernières. Ainsi, on rencontre le *B. aethiopum* dans les zones soudaniennes et soudano-sahéliennes. Il a été introduit par les hommes dans certaines savanes pyrophiles de l'intérieur et dans les savanes du littoral atlantique, au Ghana, Côte d'Ivoire, Bénin, Gabon, Congo. C'est sûrement ce qui justifie la présence de l'espèce au Bénin et surtout dans le centre qui regorge de vastes étendues de savanes bien drainés. Les résultats de la présente recherche montrent que le B. aethiopum se rencontrent dans les savanes et les galeries forestières. Ces résultats confirment en partie ceux de Souza (1980) qui stipulent que l'espèce est surtout rencontrée dans les savanes. L'étude menée sur la caractérisation structurale de *B. aethiopum* indique quatre grands faciès de groupes végétaux autour desquels se fixe *Borassus aethiopum*. Au nombre de ces groupes, seuls ceux des formations végétales des savanes et des parties situées le long des cours d'eau ou parties périodiquement inondées permettent un bon développement de l'espèce. Ces aspects phytosociologiques peuvent être justifiés par le fait que *Borassus aethiopum* n'est pas domestiqué et est aussi exigent en fonction des conditions climatiques. Ces résultats confirment ceux de Mathias (2004) qui a su montré les conditions de développement phytosociologique de *Borassus aethiopum*. Les familles botaniques les plus riches en espèces sont les Leguminosae et les Combretaceae. La prédominance des Leguminosae n'est une caractéristique de la zone soudano-guinéenne mais une constante de la flore du Bénin (Akoégninou, 2006). S'agissant des Combretaceae, la majorité des taxons appartenant à cette famille sont les savanes. En ce qui concerne la surface terrière des groupes végétaux, elle varie entre 0.08 et 0,12 m2/ha. Ceci laisse voir l'importance dans l'exploitation de *Borassus aethiopum* en arboriculture. Le nombre de pieds par hectare oscille entre 78 et 133 pour les pieds adultes et entre 5236 et 1650 pour les pieds régénérés naturellement. À première vue, les valeurs des densités des pieds régénérés semblent satisfaisantes, mais il est indispensable de noter que ces pieds n'ont pas encore de tronc et que suivant les étapes de croissance

de l'espèce, les tiges n'apparaissent qu'après 6 à 8 ans au moins. Ainsi, plus des 3/4 de ces pieds régénérés naturellement disparaissent à cause, non seulement des perturbations naturelles (concurrence entre les pieds adultes et les pieds jeunes...) mais aussi des effets anthropiques (feux de végétation, agriculture, exploitation forestière...). Ces résultats indiquent que le peuplement est très dense dans les savanes humides que dans les formations anthropisées ; ce qui peut faire dire que l'espèce est menacée de disparition. De même, c'est dans les savanes qu'on retrouve les individus les plus grands (hauteur moyenne = 14 m). Ces résultats sont un peu différents de ceux de Hessou (2011) et de Ouinsavi (2011) qui ont obtenu respectivement plus de 15 m de hauteur dans la zone soudanienne du pays. Cela pourrait s'expliquer par la présence élevée de compétition entre les espèces pour la recherche de l'énergie solaire ; ce qui pourrait inhiber la croissance en hauteur de ces individus observés dans la zone soudano-guinéenne. En milieux anthropisés (champs) par contre, la rôneraie est clairsemée et éparse par endroits donc bien ensoleillée. Les faibles valeurs observées pour la hauteur et le diamètre en agrosystème s'expliquent par le fait que les formations naturelles ont été progressivement transformées en champ de cultures et par conséquent fortement anthropisées. Aussi, dans les écosystèmes fortement colonisés, l'arbre est régulièrement élagué et ses organes prélevés à diverses fins. Ce qui peut induire un impact négatif sur ses caractéristiques dendrométriques. Bayer & Water-Bayer (1999) ont noté que l'élagage a un impact sur la croissance des arbres. Selon ces auteurs, l'élagage réduit la quantité de feuilles, inhibant ainsi la photosynthèse qui agit sur la croissance des arbres. De plus, Sinsin et al. (2004) ont montré que dans les différentes zones climatiques du Bénin, plus fortes sont les pressions exercées sur les individus d'*Afzelia africana*, plus faibles sont les hauteurs des arbres. De même, une étude menée par Assogbadjo et al. (2010) dans la forêt classée de Wari-Maro a montré que les caractéristiques dendrométriques ont les plus grandes valeurs pour *Anogeissus leiocarpa* dans les peuplements soumis à une faible pression. De tels résultats ont été obtenus par Kiki (2008) sur *Vitex doniana*, Fandohan et al. (2010) et Nyadoi (2005) sur le tamarinier qui ont montré que les pressions anthropiques ont un effet négatif sur les paramètres dendrométriques tels que la densité de régénération et la densité des adultes mais un effet positif sur le diamètre moyen. Ce qui confirme aussi les densités relativement plus faibles

222

observées dans les écosystèmes perturbés étudiés et le diamètre moyen élevé en terroir riverain. De l'avis des populations, lors des défriches, beaucoup de plantules sont déracinées au profit des cultures ; ce qui contribuerait aussi à réduire considérablement la densité de régénération dans ces écosystèmes. Cet avis est bien partagé par Abotchi (2002), Dan *et al.* (2010) qui ont montré que dans certaines localités, le faible nombre des plantules peut résulter des défrichements agricoles intensifs, l'exploitation pour le fourrage, l'exploitation du bois d'œuvre et bois-énergie et la fabrication du charbon de bois. Pour le diamètre moyen, on constate qu'il n'y a pas une nette démarcation entre les groupes végétaux et varie de 32,51 à 38,41 cm. L'ajustement de la structure à la fonction mathématique de Weibull donne un paramètre de forme c = 1,48 caractéristique des peuplements avec prédominance d'individus jeunes ou de faible diamètre. Il est indispensable de noter que sur *Borassus aethiopum*, les individus ayant un gros diamètre sont les jeunes pieds alors que les individus de faible diamètre représentent les vieux pieds. Il ressort de ce constat que les populations de *Borassus aethiopum* enregistrées dans le secteur d'étude sont de vieux pieds. On peut donc déjà conclure que la zone de transition soudano guinéenne regorge plus de vieux pieds de *Borassus aethiopum* que de jeunes ; il se pose donc le problème de renouvellement

des populations de rônier afin de permettre sa conservation dans les formations végétales dans le secteur d'étude en particulier et au Bénin en général. En effet, les plus gros effectifs ont été rencontrés en galeries forestières et entre les classes de diamètre de]30 ; 40 cm] alors que les plus faibles ont été retrouvés dans les champs et entre les classes de diamètre de]20 ; 30 cm] et] 40 ; 50 cm]. A ceci, doit être ajouté le fait que, plus le rônier prend de l'âge, plus son tronc se rétrécie. Ces résultats indiquent que le peuplement est très dense selon que l'activité anthropique est moins importante ainsi que la compétition entre les végétaux et plus précisément entre les pieds adultes et les régénérés ; ce qui pourrait réduire l'importance des individus observés dans les formations de champs où l'action anthropique est permanente. En milieu de galeries forestières par contre, les conditions naturelles favorisent la régénération de l'espèce. Les résultats de la présente étude confirment en partie ceux de Ouinsavi et al. , (2011) qui pensent que selon Giffard, (1967), cet état de choses est dû à l'influence du climat sur les individus de l'espèce et aussi à la compétition existante aux pieds des rôniers adultes (UNSO, 1993). Selon le même auteur, cela s'explique par la concurrence des racines vis-à-vis de l'eau en saison sèche.

CONCLUSION

Cette étude sur la distribution spatiale et la caractérisation écologique des peuplements du *Borassus aethiopum* dans la zone de transition, constitue une contribution à la connaissance de l'espèce et aux paramètres écologiques indispensables à sa conservation dans cette partie du Bénin. La caractérisation phytosociologique a permis d'identifier trois (03) grands groupes de peuplements distincts par leurs traits spécifiques induits par la topographie et les

strates végétatives que sont les champs, les savanes et des forêt galeries. On peut retenir que deux types d'habitat sont favorables au développement de l'espèce. Il s'agit des zones de savanes et des galeries forestières. En outre, on peut également retenir que l'espèce est pratiquement présente dans toutes les communes de la zone de transition mais en densité très variée ; et que c'est à Savé et à Glazoué qu'elle est assez abondante et fait plus objet de commercialisation.

REMERCIEMENTS
Cette étude a bénéficié d'un appui financier du Ministère de l'Enseignement Supérieur et de la Recherche du Bénin à qui les auteurs expriment leur profonde gratitude.

RÉFÉRENCES BIBLIOGRAPHIQUES
Abotchi T. (2002) : Colonisation agricole et dynamique de l'espace rural au Togo: cas de la plaine septentrionale du Mono. Revue du C.A.M.E.S, Sciences Sociales et Humaines, 4(1), pp97-108.

Adomou C. A. (2005): Vegetation Patterns and Environmental gradients in Benin. Implications for biogeography and conservation. PhD Thesis; Wageningen University, Wageningen: 133p

Akoegninou A., Adjakidjè V., Essou J-P., Sinsin B., Yedomonhan H., W. J. Van Der Brug, L. J. G. Van Der Maesen, (2006): Flore analytique du Bénin. Université d'Abomey-Calavi, Cotonou, Bénin, 1034 p.

Arbonnier M., (2002) : Arbres, arbustes et Lianes des zones sèches d'Afrique de l'Ouest. CIRAD ; MNHN ; UICN ; 2ème édition, Artecom (89, Pont-sur-moyenne), France 573p.

Assogbadjo, A. E. (2006). Importance socio-économique et étude de la variabilité écologique, morphologique, génétique et biochimique du baobab (*Adansonia digitata* L.) au Bénin. Thèse de doctorat. Faculty of Bioscience Engineering, Ghent University, Belgium. 213 p.

Bayer W. & Waters-Bayer A. (1999) : La gestion des fourrages. CTA Wageningen. The Netherlands: 246p.

Braun-Blanquet J., (1932) : Plant sociology. The study of plant communities. Ed. McGray Hill, New-York, London. 439 p.

Cabannes Y. et Chantry G., (1987) : Le rônier et le palmier à sucre dans l'habitat. Edition GRET (France) 90 p.

Dan G., Ali Mahamane et Karimou Jean Marie Ambouta (2010) : Peuplement des parcs à *Neocarya macrophylla* (Sabine) Prance et à *Vitellaria paradoxa* (Gaertn. C.F.) dans le sud-ouest nigérien : diversité, structure et régénération ; Int. J. Biol. Chem. Sci. 4(5), pp1706-1720.

Fandohan A. B., Assogbadjo A. E., Glèlè kakaï R. L., Sinsin B. & Van Damme P. (2010): Impact of habitat type on the conservation status of tamarind (*Tamarindus indica* L.) populations in the W National Park of Benin. Fruits, 65, pp11-19.

Gbaguidi S. V., Gbaguidi Aïssè G., Gibigaye M., Adjovi E. C., Amadji A., Sinsin B. (2010) : Association béton-bois de *Borassus aethiopum* pour la réalisation des éléments fléchis faiblement chargés et des raidisseurs des murs porteurs : caractéristiques physico-mécaniques du bois de rônier, Actes de colloque scientifique de Ouagadougou, 10p.

Kiki M. (2008) : Structure et régénération naturelle des populations de *Tamarindus indica* L. et de Vitex doniana Sw. dans la Réserve de Biosphère Transfrontalière du W/Bénin : Cas de la Commune de Banikoara. Mémoire d'Ingénieur des travaux. EPAC/UAC : 89p.

Hoyt, E. (1992) : La conservation des plantes sauvages apparentées aux plantes cultivées. IBPGR. UICN. WWf. BRG. 49p.

MATHIAS M., (2004) : L'utilisation durable des palmiers Borassus aethiopum, Elaeis guineensis et

Raphia   hookerie http//:www.google.fr/searchq=cache:bNIXRX1jF FJ:http://www.gtz/:de/TOEB L%

Ouinsavi C., Gbemavo C., Sokpon N. (2011): Ecological structure and fruit production of African fan palm (*Borassus aethiopum*) populations American journal of plant sciences, 2, pp733-743. doi:10.1016/j.foreco.2004.10.069

Shannon C. E. (1948): A mathematical theory of communications. Bell Syst. Techn. J., 27: pp623-656.

Sinsin B., Eyog Matig O., Assogbadjo A. E., Gaoué O. G. & Sinadouwirou T. (2004): Dendrometric characteristics as indicators of pressure of *Afzelia africana* Sm. Dynamic changes in trees found in different climatic zones of Benin. Biodiversity and conservation, 13, pp1555-1570.

Publication 2

Aspects technico-économiques de la transformation de *Borassus aethiopum* Mart. (Arecaceae) au Centre-Benin

Afrique Science, Vol.9, N°1 (2013), 1 janvier 2013, http://www.afriquescience.info/document.php, id=2864. ISSN 1813-548X.

GBESSO Florence, AKOUEHOU Gaston, TENTE Brice et AKOEGNINOU Akpovi

Afrique SCIENCE 09(1) (2013) 159 – 173

ISSN 1813-548X, http://www.afriquescience.info

159

Aspects technico-économiques de la transformation de *borassus aethiopum* mart (arecaceae) au Centre-Bénin

Florence GBESSO[1], Gaston AKOUEHOU[2], Brice TENTE[1] et Akpovi AKOEGNINOU[3]

[1] *Laboratoire de Biogéographie et Expertise Environnementale (LABEE), Université d'Abomey-Calavi (UAC), BP 677 Cotonou, Bénin*
[2] *Direction Générale des Forêts et Ressources Naturelles (DGFRN), 01 BP 1563 Cotonou, Bénin*
[3] *Laboratoire de Botanique et Ecologie Végétale (LaBEV), Université d'Abomey-Calavi (UAC), 01 BP 4521 Cotonou, Bénin*

_____

* Correspondance, courriel : viarrence1@yahoo.fr

Résumé

Ce travail vise à étudier les aspects technico-économiques de la transformation de *Borassus aethiopum*, une espèce végétale utilisée comme produit forestier non ligneux et comme bois d'œuvre dans les communes de Savè et de Glazoué dans le département des Collines au centre du Bénin. Pour identifier les organes utilisés et étudier les aspects technico-économiques, un questionnaire d'enquête a été adressé à 70 individus, soit 55 vendeurs d'hypocotyles et 15 vendeurs d'éventails dans les communes de Savè et de Glazoué Il ressort des résultats d'enquêtes que les hypocotyles et les éventails du rônier font l'objet de commerce florissant à Savè et à Glazoué. La production d'hypocotyles est valorisée dans le secteur d'étude et représente 90 % des revenus des femmes qui s'y adonnent réellement. Les marges bénéficiaires réalisées par mois varient entre 34500 FCFA et 54660 FCFA par an pour les producteurs et entre 25000 FCFA et 120000 FCFA par mois pour les vendeurs d'hypocotyles. Le circuit de commercialisation regroupe les villes de Savè, Glazoué et Cotonou.

Mots-clés : *transformation, importance économique, menaces, Borassus aethiopum, Bénin.*

Abstract

Technical and economic aspects of the transformation of borassus aethiopum mart (arecaceae) center-Benin

This work aims to study the technical and economic aspects of the transformation of African fan palm, a plant species used as non-timber forest products such as timber and in public Savè and Glazoué in the hills department in central Benin. Used to identify the bodies and investigate the technical and economic aspects, a survey questionnaire was sent to 70 individuals or 55 hypocotyls sellers and 15sellers fans in public Savè and Glazoué. The findings of investigations hypocotyls and fans of palmyra are subject to flourishing trade and Savè Glazoué. Production hypocotyls are valued in the study area and represents 90% of income for women who are actually engaged. The profit margins per month vary between 34,500 and 54,660 FCFA FCFA per year for producers and between 25,000 and 120,000 FCFA FCFA per month for hypocotyls sellers. The marketing includes the cities of Savè, Glazoué and Cotonou

Keywords : *transformation, economic importance, threats, African fan palm, Benin.*

Florence GBESSO et al.

226

1. Introduction

En Afrique, les populations locales des pays au sud du Sahara sont extrêmement dépendantes des produits issus de la forêt comme le gibier, les plantes alimentaires et médicinales, et les épices pour leur alimentation (Eyog Matig *et al.*, 2002) [1]. Les peuples ont toujours disposé de connaissances ethnobotaniques traditionnellement très riches grâce aux diversités culturelles et écologiques de l'environnement dans lequel ils vivent. Selon Vandebroek *et al.*, (2004) [2], ces connaissances reflètent la richesse des végétations dans lesquelles vivent ces peuples autochtones : plus la végétation est riche, plus il y a d'espèces qui sont utilisées par les populations. De nombreuses personnes dépendent directement de ces ressources forestières pour leur subsistance et leur revenu (Bikoué, 2007) [3]. Aussi, de nombreux auteurs s'intéressent de plus en plus à l'évaluation de la contribution des ressources forestières alimentaires à l'économie des ménages (Ndoye *et al.*, 1999 [4] ; Assogbadjo, 2004 [5]; Houankoun, 2003 [6] ; Gouwakinnou, 2011 [7] ; Avocevou, 2011 [8] ; Bourou, 2012 [9] ; etc). Au nombre de ces ressources figure *Borassus aethiopum*, une espèce à usage multiple au Bénin. Les diverses utilisations alimentaires et médicinales des organes du rônier ont été récapitulées par plusieurs auteurs (Houankoun, 2003 [6] ; Yaméogo, 2007 [10] ; Kansolé, 2009 [11]). Ces travaux ont révélé entre autres, la valorisation des organes du rônier sur le plan alimentaire et médicinal. Compte tenu de l'importance de l'espèce pour les communautés rurales et les insuffisances signalées au cours de sa valorisation et à sa domestication, il importe d'élargir et d'approfondir les connaissances pour sa valorisation économique, son utilisation et sa gestion in situ et ex situ dans les systèmes agroforestiers traditionnels. La présente étude se donne donc pour objet principal, de documenter la place du rônier dans l'arsenal culturel des différents groupes ethniques du centre Bénin et de faire ressortir son importance socio-culturelle en vue de son intégration future dans une économie formelle au Bénin.

2. Matériel et méthodes

2-1. Présentation de la zone d'étude

Les communes de Savè et de Glazoué représentent le secteur d'étude. Ce dernier est compris entre les parallèles 7°30' et 8°30'de latitude Nord d'une part et entre les méridiens 2°05' et 2°46' de longitude Est *(Figure 1)*. Le climat qui règne dans ce milieu est celui de transition entre le climat subéquatorial ou guinéen du Sud du Bénin et le climat soudanien du Nord du Bénin. On y rencontre des sols ferrugineux lessivés à concrétion sur roches cristallines et sur roches sédimentaires. C'est également un secteur de forêts galeries et de savanes. Selon le (RGPH3 2002), la population est estimée à 141.647 habitants et comptent plusieurs groupes socioculturels dont les majoritaires sont les Tchabè, les Mahi, les Idaasha et les fon. C'est une population essentiellement agricole.

Florence GBESSO et al.

Figure 1: *Situation du secteur d'étude au Bénin*

2-2. Enquête et échantillonnage

L'étude a consisté en une enquête socio-économique qui a été faite sur la base d'un questionnaire et d'un guide d'entretien pour cerner toute l'importance socio-économique du rônier dans les communes de Savè et Glazoué. Des observations participatives ont été aussi faites. Le choix des localités d'enquête (communes) a été effectué à la suite d'une étude exploratoire effectué dans l'ensemble des 18 communes de la zone de transition guinéeo-congolaise. Cette exploration visait d'une part, l'étude de la distribution et de l'abondance relative du rônier dans chacun des districts phytogéographiques du centre Bénin et d'autre part, l'identification des localités (communes) dans lesquelles les populations accordent un intérêt pour *B. aethiopum.*. Les communes de Savè et de Glazoué ont été choisies. La sélection des villages, des marchés et des points de vente a été faite à l'aide des informations reçues au niveau du CeCPA /Savè et Glazoué. Par ailleurs, deux types de vendeurs ont été approchés : ceux qui vendent les hypocotyles (en gros ou en détail) et ceux qui vendent les objets de vannerie à base du rônier tels que : éventails, chapeaux, nattes, sacs, etc.

Par rapport aux vendeurs des objets de vannerie, les enquêtes ont été faites dans les marchés les arrêts de bus, autobus et les trains Les enquêtes ont été conduites dans le marché principal de Savè (Odjaïkpanou), le marché de Ouoghi et celui de Boubou. L'enquête a été aussi faite au niveau du carrefour de l'hôtel Idadu . Dans la commune de Glazoué, l'enquête a été faite à Tiho et dans le marché de Glazoué. L'échantillon comprend au total 55 vendeurs d'hypocotyles et 15 vendeurs d'éventails *(Tableau 1).*

Outre les questionnaires, l'observation participante et les entrevues avec dix vendeurs (09 femmes et 01 homme) d'hypocotyles dans le village de Boubou où il existe une association dénommée Ifètayo pour la vente d'hypocotyles, au pont de péage et de pesage de Diho, où il y a maintenant une gestion rationnelle et contrôlée par 5 femmes de Diho, ont été utilisé comme instrument pour l'obtention des informations sur le circuit de commercialisation des hypocotyles et l'apport de ce commerce dans les dépenses de leur foyer.

Florence GBESSO et al.

Tableau 1 : *Nombre de vendeurs enquêtés par village*

Marché/Village/quartier	Vendeurs d'hypocotyles	Vendeurs d'éventails	Total des vendeurs
Marché principal Odjaïkpanou	9	4	13
Marché et village de Ouoghi	10	2	12
Pont de péage et pesage de Diho	5	/	5
Village de Diho	5	2	7
Village de Montéwo	6	/	6
Marché et village de Boubou	10	2	12
Carrefour de l'hôtel Idadu	5	/	5
Village de Hoco	3	3	6
Village de Thio	2	4	6
Total	55	15	70

Source : Résultat d'enquête, avril 2012.

2-3. Traitement des données

Pour le traitement des données, deux outils d'analyses ont été utilisés. Dans un premier temps, une analyse des marges à partir des moyennes et coefficients de variation a été faite à l'aide du logiciel XLSTAT et en second lieu une comparaison des moyennes avec le test (t) de Student pour apprécier l'efficacité du système de commercialisation de l'hypocotyle du rônier a été réalisée avec le logiciel XLSTAT. La quantification d'une quarantaine d'hypocotyles fraîches a été faite afin a bien mener les calculs des marges de bénéfices des différents acteurs impliqués dans cette activité. Le principe est de calculer les différentes marges des acteurs, de même que les charges des fonctions. On distingue les marges brutes, les marges de commercialisation ou marges commerciales, et les marges nettes. Les marges brutes (MB) sont obtenues en déduisant du prix de vente (PV), le prix d'achat (PA) du produit. Elle est obtenue par la formule :

$$MB = PV - PA \qquad (1)$$

Les marges commerciales (MC) sont obtenues en retranchant des marges brutes, les coûts variables des fonctions accomplies par les intermédiaires. Elle est donnée par la formule :

$$MC = MB - \text{Coûts Variables Totaux} \qquad (2)$$

Les marges nettes (MN) sont obtenues en soustrayant des marges de commercialisation, les coûts fixes. La formule est :

$$MN = MC - \text{COUTS FIXES} \qquad (3)$$

Dans cette analyse, les coûts fixes n'ont pas été pris en compte car n'existant pas. On peut alors assimiler la marge commerciale à la marge nette (Assogbadjo, 2009). Les coûts liés aux charges de commercialisation par unité de mesure sont calculés par rapport aux dépenses liées à chaque fonction ou service à la quantité du produit vendue ou couverte par la/le dit (e) fonction ou service. On dira d'un marché qu'il est efficace si les marges brutes c'est-à-dire les différences des prix de vente et des prix d'achat sont significativement

Florence GBESSO et al.

égales aux différentes charges supportées par les divers acteurs du système de commercialisation. Dans le cas contraire le système est inefficace (Sodjinou, 2000 [13]). Pour apprécier ces différentes alternatives, le test (t) de Student a été effectué.

3. Résultats

3-1. Facteurs déterminant l'importance socio-économique et commercialisation des différents sous-produits du rônier pour les populations de Savè et Glazoué

Le rônier au sein des communautés est reconnu et conservé au sein des écosystèmes pour, non seulement son importance sociale (divers usages, patrimoine de prestige et considérations spirituelles), mais aussi pour son rôle économique (revenus et avantages divers tirés de l'exploitation de l'espèce par les communautés).

3-1-1. Historique et caractérisation sommaire des hypocotyles

3-1-1-1. Historique de la production des hypocotyles

Le questionnaire administré à quelques personnes âgées (12), a révélé que cette pratique c'est-à-dire la production des hypocotyles date de la période des ancêtres. En réalité, tout a commencé par la curiosité d'un ancien chasseur d'Ouoghi (selon les natifs de cette localité) qui a eu faim et qui s'est proposé de faire cuire les racines fraîches du rônier qui se trouvait en abondance dans la forêt où il chassait. C'est ainsi qu'il a mangé les hypocotyles. Il s'est alors rendu compte que c'était agréable et en a récolté d'autres pour la maison. Arrivé chez lui, il a constaté qu'il n'a rien eu comme troubles gastriques, ni autres maladies ; il a alors faire cuire les hypocotyles et en a donné à sa famille et aux étrangers venant lui rendre visite. C'est alors que cette alimentation est entrée dans la culture des Tchabè et s'étend sur les localités voisines et surtout dans les grandes villes du pays comme Cotonou, Porto-Novo, Ouidah, etc. où la commercialisation de cette denrée prend un grand essor.

3-1-1-2. Caractérisation sommaire des hypocotyles

L'intérêt de cette analyse réside dans le fait qu'elle a permis d'établir avec une précision relativement acceptable un échantillonnage des quantités d'hypocotyles exprimés en nombre (unité ou quarantaine), en unités de poids conventionnelle. Ainsi au terme des analyses effectuées, les étalonnages suivants peuvent être utilisés pour la quantification des productions et des tonnages entrant dans les transactions. Le *Tableau 2* présente la quantification des hypocotyles.

Tableau 2 : *Quantification des hypocotyles*

Poids frais moyen par hypocotyle (g)	Nombre d'hypocotyles/kg	Poids de 40 hypocotyles (kg)
127,8 à 138	7,2 à 7,7	5,1 à 5,5

Source : Résultats d'enquêtes, avril 2012.

3-1-2. Techniques de production d'hypocotyles

Pour l'exploitation des hypocotyles, les investissements majeurs se font au niveau de la collecte des fruits (90 à 100/arbre) qui demande un déplacement physique au sein des savanes arborées et arbustives, des champs et au

Florence GBESSO et al.

niveau du transport des fruits. La production est une activité saisonnière. Dans la zone d'étude, bien qu'il y ait des fruits mûrs toute l'année, la mise en germination n'a lieu qu'au début de la saison des pluies. C'est une activité qui démarre dès le début de la saison pluvieuse (Mars-Avril) pour s'achever aux mois d'Août et Septembre. Elle crée donc peu de problème d'insertion dans le calendrier agricole. Le ramassage se fait à partir de Janvier jusqu'en Juillet. Les hypocotyles demandent en moyenne 6 mois et demi pour arriver à maturité *(Tableau 3)*.

Tableau 3 : *Calendrier de production des hypocotyles dans le milieu d'étude*

Mois	Jan	Fév.	Mrs	Avr	Mai	Ju	Jul	Août	Sept	Oct.	Nov.	Déc.	Jan	Fév.
Activités de production														

ramassage   semis   récolte

Source : Résultat d'enquêtes, *avril 2012*.

Le semis des fruits des mois d'Août et de Septembre donne lieu à une petite récolte qui permet d'alimenter le commerce d'hypocotyles dans la zone de production. C'est d'ailleurs pour cette raison que la commercialisation des hypocotyles à Savè est pratiquement annuelle. La production d'hypocotyles se réalise en trois étapes essentielles : la collecte des fruits, qui commence en Janvier, le semis des fruits à partir de Mars et la récolte des hypocotyles six à sept mois après le semis des fruits. Le semis des fruits se fait après avoir remué la terre. Certains paysans installent immédiatement les fruits après la collecte et les couvrent de pétioles de rônier *(photo 4.4)* ; mais d'autres, par contre, attendent le début de la saison des pluies. Il est important de retenir que dans le milieu d'étude, la majorité des producteurs (90 %) installent directement les fruits sur les sols remués ; le reste (10 %) le fait sur des sols soulevés (butte de sable) pour faciliter le déterrement des hypocotyles. Il existe trois itinéraires de production d'hypocotyles au centre du Bénin *(Figure 2)*. C'est l'itinéraire B qui correspond à celui le plus utilisé dans la zone d'étude.

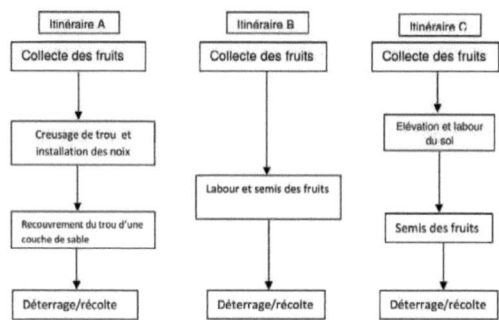

Figure 2 : *Itinéraires techniques de la production d'hypocotyles au centre Bénin.*
Source : Résultat d'enquête, *avril 2012*

Florence GBESSO et al.

Du point de vue des superficies moyennes de production d'hypocotyles, on constate qu'elle est peu variable entre les villages d'enquêtes. Ces superficies sont en générale en dessous de 50 m². La production d'hypocotyles peut donc être considérée comme une forme d'agriculture qui est un peu consommatrice d'espace. Elle peut donc constituer une alternative pour les paysans sans terre dans un contexte où les espaces fertiles font de plus en plus défaut surtout dans la zone d'étude où les semences (fruits) sont disponibles pour la mise en œuvre de cette production.

Les *photos 1 et 2* illustrent des techniques de production d'hypocotyles à Savè et à Glazoué.

Photo 1 : *Mise sur terre remuée des fruits du rônier pour l'obtention des hypocotyles dans un champ à Diho (Savè).*   **Photo 2 :** *Mise sur terre remuée et soulevée des fruits de rônier dans un champ à Thio (Glazoué)*

Prise de vue : Gbesso, *avril 2012*

La *photo 3 et 4* montre un tas de fruits de rôniers mis en terre pour l'obtention des hypocotyles depuis 7 mois.

Photo 5 : *Mise en sac des hypocotyles achetées au marché de Glazoué*   **Photo 6 :** *Tri d'hypocotyles par les détaillantes avant achat au marché de Glazoué*

Prise de vue : Gbesso, *avril 2012*

La *photo 6* montre en avant plan des sacs de jutes contenant des hypocotyles et en arrière-plan des vendeuses d'hypocotyles prêtes à acheminer ces sacs vers le marché de Gbégamey (Cotonou). L'acheminement de ces sacs d'hypocotyles se faisait tous les jeudis lorsque le train circulait. Il se fait maintenant du mercredi à vendredi à cause de la non-disponibilité des véhicules de transport.

Florence GBESSO et al.

Photo 6 : *Quelques sacs de jute contenant des hypocotyles prêts à être acheminés par les vendeurs grossistes vers le Marché de Gbégamey (Cotonou).*

Prise de vue : Gbesso, *avril 2012*

3-1-3. Les circuits de commercialisation des hypocotyles

La commercialisation des hypocotyles très pratiquée par les populations entre les villages et les grands centres de Savè Glazoué et en particulier Cotonou a permis d'établir un circuit de commercialisation des hypocotyles provenant de la commune de Savè *(Figure 3)*

La *Figure 3* présente les villages de production et les lieux de destination des hypocotyles. Elle montre également le circuit de commercialisation des hypocotyles, donc l'importance des flux d'hypocotyles qui sont déversés sur les marchés de Cotonou et de Parakou. Il ressort de l'analyse des données que 3/4 de la production d'hypocotyles de Savè sont déversés sur les marchés de Cotonou alors que Parakou ne reçoit que le 1/4 de cette production. Cela pourrait s'expliquer par le fait que la demande est plus forte à Cotonou, vu l'importance démographique de la ville de Cotonou par rapport à celle de Parakou.

3-1-4. Techniques de conservation des hypocotyles

Les techniques de conservation des hypocotyles varient selon les acteurs de la filière. Il existe deux méthodes de conservation chez les producteurs. La première consiste à étaler les hypocotyles déterrés à l'air libre ; et ceci pendant une semaine ; après ce délai, les hypocotyles ne sont plus consommables. La deuxième consiste à les enterrer à nouveau les hypocotyles déterrés au champ à un endroit un peu humide; et ceci cinq jours au maximum. Mais les vendeuses détaillantes conservent les hypocotyles dans de l'eau renouvelable tous les deux jours, pendant une semaine mais, la durée de conservation des hypocotyles n'excède pas une semaine. Pour toutes les détaillantes enquêtées, seul l'emballage en sachet est le mode le plus esthétique et plus rapide de livraison des hypocotyles cuites ; mais ces dernières se gâtent plus vites dans les sachets qu'à l'air libre (une demie journée au plus).

 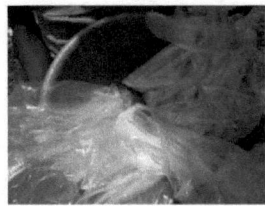

Photo 7 : *Technique de conservation et d'emballage d'hypocotyles chez les détaillantes*

Florence GBESSO et al.

233

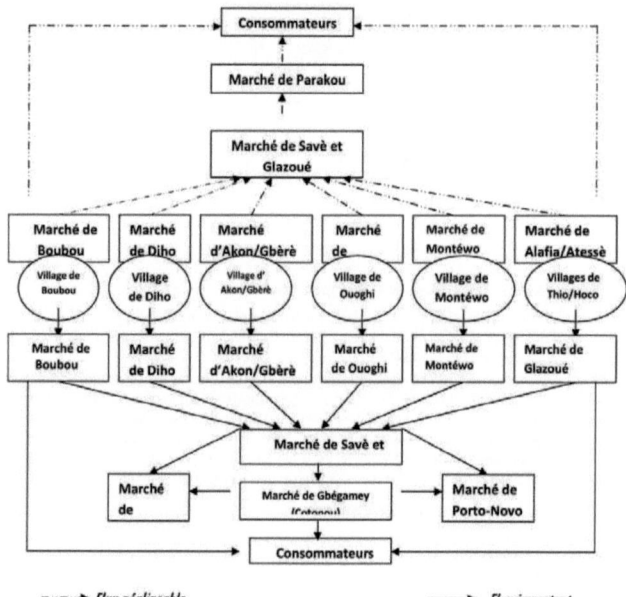

──────▶ *Flux négligeable*   ──────▶ *Flux important*

Figure 3 : *Circuit de commercialisation des hypocotyles provenant de Savè et Glazoué*

Source : Résultat d'enquête, avril 2012
Prise de vue : Gbesso, avril 2012

La **photo 7** montre d'une part des hypocotyles crues conservées dans de l'eau et d'autre part des hypocotyles préparées, emballées dans des sachets pour commercialisation.

3-2. Commercialisation des différents sous-produits du rônier pour les populations de Savè et Glazoué

3-2-1- Importance économique pour les ménages des producteurs (paysans)

Les résultats de cette étude montrent que les revenus moyens obtenus de la vente d'hypocotyles par ces producteurs varient entre 34 500 FCFA et 57 660 FCFA par an. Le *Tableau 4* présente les différents revenus moyens de chaque village par paysan.

Tableau 4 : *Récapitulatif des revenus moyens par an (en F CFA) des paysans par village*

Villages	Revenu moyen/an	Ecart-type	Erreur standard
Akon/Gbèrè	48 500	27,82798	5,08067
Boubou	34 500	21,79489	3,97918
Montéwa	54 500	23,50165	4,29079
Diho	54 666	24,10227	4,40045
Ouoghi	52 100	23,86507	4,35715
Hoco	52 666	24,48551	4,47042
Thio	48 100	21,79489	4,29078
Total	49 488	24,98553	1,86306

Source : Résultats d'enquête, *avril 2012*

NB : L'investissement (énergie fournie, achat de houe et autres) n'est pas pris en compte.

ANOVA

Revenu moyen par an

	Somme des carrés	Ddl	Moyenne des carrés	F	Signification
Inter-groupes	8834,444	5	1766,889	2,985	0,013
Intra-groupes	103000,533	174	591,957		
Total	111834,978	179			

Il y a une différence significative entre les revenus des producteurs de rôniers au seuil de 0,05.

De l'analyse de ces résultats, il ressort que dans l'ensemble des différents villages enquêtés, les revenus moyens annuels sont presque égaux à 50 000 F CFA. Pour tous les paysans enquêtés, la production d'hypocotyles est une activité secondaire. Cela signifie qu'ils ont une activité principale qui est, soit les travaux champêtres (74,46 %), les petits commerces (14,99 %) et autres (10,55 %).

3-2-2. Importance économique pour les ménages des vendeurs

Les ménages de vendeuses détaillantes obtiennent un bénéfice mensuel qui varie entre 10 500 F CFA et 21 750 F CFA que ce soit en période d'abondance ou de soudure.

En ce qui concerne les ménages de vendeurs grossistes, ils obtiennent aussi des bénéfices assez importants. Le nombre de sacs vendus par an varie entre 02 et 10 et chaque sac contient entre 15 et 25 quarantaines selon la manière dont ont été disposés les hypocotyles dans le sac. Les bénéfices mensuels obtenus par ces vendeuses fluctuent entre 25 000 F CFA et 150 000 F CFA. Ces revenus sont relativement intéressants lorsqu'on sait que la vente d'hypocotyles couvre une période de 6 mois en moyenne d'activités intenses dans l'année. Ceci correspondrait à des revenus annuels variant entre 67450 F CFA et 720000 F CFA par individu, étant entendu que la vente d'hypocotyles est automatiquement substituée par celle d'autres fruits (mangues, bananes, papayes, oranges, maïs frais, et autres fruits courants) en période de soudure. Ces revenus sont assez importants pour permettre le développement de la commune. *(Tableau 5).*

Florence GBESSO et al.

235

Tableau 5 : *Récapitulatif des revenus moyens par semaine des vendeurs par village*

Villages	Prix d'achat moyen (F CFA/kg)	Prix de vente moyen (F CFA/kg)	Marge moyenne brute réalisée (F CFA/kg)	Quantité moyenne vendue en une semaine (kg)	Marge moyenne brute réalisée en une semaine	Frais divers moyen/semaine (F CFA)	Marge moyenne nette réalisée en une semaine (F CFA)
Ouoghi	62,89	132,07	69,18	530	36665,4	17500	19165,4
Montéwo	62,89	132,07	69,18	503,5	34832,13	16627	18207,13
Boubou	62,89	132,07	69,18	353,33	24443,33	11655	12788,46
Diho	62,89	132,07	69,18	530	36665,4	16100	20565,4
Hoco	62,89	132,07	69,18	110	7608,9	5200	
Thio	62,89	132,07	69,18	137	9477,66	5150	
Total				2163,83	149692,82	72232	70726,03

Source : Résultat d'enquête, *avril 2012.*

		ANOVA			
	Somme des carrés	Ddl	Moyenne des carrés	F	Signification
Inter-groupes	149,860	3	49,953	,243	0,865
Intra-groupes	4521,792	22	205,536		
Total	4671,652	25			

Il n'existe pas de différence significative au seuil de 5 % entre les marges nettes des vendeurs d'hypocotyles de ces différents villages.

De l'analyse du *Tableau 5*, il ressort que les vendeurs grossistes de Savè et de Glazoué ont une marge moyenne nette variable entre 12788,36 F CFA et 20565,4 F CFA/semaine. Il est à noter que la quantité vendue en une semaine dans chaque village représenté dans le tableau n'est que la moyenne enregistrée dans chacun de ces villages puisque la marge de sacs vendus varie de 2 à 10 sacs par semaine et par personne selon le village. La présente étude a montré que les marges bénéficiaires obtenues par un vendeur d'hypocotyle par semaine dans les villages de Ouoghi, Montéwo, Boubou et Diho sont largement supérieur au SMIG hebdomadaire qui est de 6500 F CFA. Cela implique que la commercialisation des hypocotyles est une activité qui nourrit ceux qui s'y adonnent.La *photo 8* montre quelques vendeuses d'hypocotyles bouillis au poste de péage et pesage de Diho.

Florence GBESSO et al.

Photo 8 : *Quelques vendeuses détaillantes d'hypocotyles bouillies au poste de péage de Diho (Savè).*

Prise de vue : Gbesso, *avril 2012*

La *photo 8* montre des vendeuses d'hypocotyles à Diho. Ces vendeuses sont des jeunes filles engagées par des dames pour vendre des hypocotyles bouillis au poste de péage et pesage de Diho. Elles sont là presque toute l'année.

3-2-3. Paramètres de commercialisation

Les paramètres de commercialisation examinés en plus des marges brutes tirées de la commercialisation des hypocotyles par les ménages de vendeuses sont le prix d'achat, le prix de vente et les frais divers des hypocotyles. Pour ce qui est des prix d'achat, il a été noté qu'ils sont pratiquement les mêmes dans les villages enquêtés. Etant donné qu'on est dans des zones de production, les prix d'achat varient entre 7,14 et 12,5 F CFA par unité d'hypocotyle selon le temps d'abondance ou de pénurie. A la vente, sur le terrain de production, les hypocotyles coûtent en moyenne 14 F CFA soit 7 à 50 F CFA en période d'abondance et 2 à 25 F CFA en période de pénurie. La grosseur des hypocotyles n'a pas d'influence sur le coût car tout est généralement vendu au même prix. En ce qui concerne les prix de vente, ils varient selon les vendeurs. Lorsqu'il s'agit d'une vendeuse détaillante dans la zone d'études, l'hypocotyle coûte de 25 à 35 FCFA l'unité. Mais quand il s'agit des vendeurs grossistes ou semi-grossistes, ils coûtent en moyenne 700 F CFA la quarantaine.

Les frais divers sont en général les frais de transport Savè-Cotonou ou Savè-Parakou (1500 à 2000 F /sac), du champ au bord de la voie (500 à 1000 F/sac), les frais de déterrement (800 à 1000 F/sac) et les frais de chargement et déchargement (300 F/sac) pour les grossistes et semi-grossistes. Chez les détaillantes, il s'agit du transport et des frais de bois de chauffe pour la cuisson et les frais d'emballage. Le transport des hypocotyles se fait par des taxis ou par des camions, le train ne fonctionnant plus. Les transporteurs se font ainsi de profits grâce à ce commerce. Un complément d'enquêtes a permis de constater que les grossistes de Savè et de Glazoué livrent leurs marchandises à une semi-grossiste à Cotonou au prix de 700 F CFA la quarantaine. Cette dernière les revend aux vendeuses détaillantes de Cotonou au prix de 1000 F CFA la quarantaine. Celles-ci les revendent au prix 2000 F CFA la quarantaine y compris les frais divers. Les hypocotyles sont donc vendus 3 à 4 fois plus chers dans les zones de grande consommation (villes).

3-2-4. Production d'articles à base de rônier et importance économique

Dans le secteur d'étude, les quelques articles à base de rônier recensés sont : éventail, chapeau et balai. La population de ces communes ne s'adonne pas trop à cette activité. Elle préfère la production d'hypocotyles.

Florence GBESSO et al.

Mais quelques-uns qui sont soit des vanniers dans les villages, soit des commerçants dans les marchés ont été enquêtés. Selon la plupart des enquêtés (90 %), la production de ces articles se fait généralement par les ressortissants des ethnies Fon, Mahi et Somba. C'est une activité saisonnière qui occupe le temps de repos des paysans puisqu'ils n'ont pas d'activités champêtres en saison sèche. Ces articles sont bien vendus en saison sèche où il fait chaud. Le prix de vente d'un éventail varie entre 1500 et 2000F CFA la quarantaine au niveau des vanniers entre et 2500 à 3000 F CFA au niveau des vendeuses. Un bon vannier peut produire entre 15 et 20 éventails par jour ce qui revient à 568,75 FCFA/jour pour un vannier. La feuille est l'organe du rônier qu'ils utilisent pour la fabrication des éventails. Ces vanniers s'approvisionnent dans des mosaïques de cultures et de jachères à dominance de rôniers. En ce qui concerne les chapeaux, leur production prend plus de temps que celle des éventails. Il faut en moyenne une journée pour en fabriquer un. Ce qui fait qu'il revient un peu plus cher (150 à 200 F CFA) chez les producteurs et (300 à 500 F CA) chez les revendeuses.

4. Discussion

Le rôle économique du rônier a été reconnu par toutes les communautés utilisatrices du rônier dans les communes de Savè et de Glazoué. Cette importance économique du rônier avait été décrite et largement élucidée par plusieurs auteurs tels que : Cabannes et Chantry (1987), Price et Ousmane(1999), Dounias *et al.* (2000), Guinko (2002), Codjia *et al.* (2003), Houankoun (2003), Diombera (2004), Wassi (2004), Sokpon *et al.*, (2004) et Kodjo (2005). Dans la zone d'étude, la production d'hypocotyles constitue une activité d'une grande importance. Les enquêtes ont permis de constater que 2120 kg d'hypocotyles en moyenne sont acheminées de Boubou, 2650 kg de Diho, 4028 kg de Montéwo, 4240 kg de Ouoghi, 920 kg de Hoco et 1020 kg de Thio par semaine pour Cotonou. Ces résultats confirment ceux de Sokpon et *al.*, (2004), qui ont identifié la zone des collines (Savè et Glazoué) comme étant celle où s'opèrent les plus importantes transactions d'hypocotyles dans le pays. Ces acteurs avaient évalué les quantités d'hypocotyles partant du marché de Glazoué et ont affirmé qu'en moyenne 4950 kg sont acheminés de Savè, 2475kg d'hypocotyles de Diho (village de Savè) et 3920 kg de Glazoué vers le marché de Godomey en une semaine. La zone des collines dont les communes de Savè et Glazoué (secteur d'étude) en particulier, constitue donc un pôle de référence en matière de production et de commercialisation d'hypocotyles de rônier.

L'analyse des marges nettes tirées par campagne, montre que les revenus paraissent relativement importants. Selon les résultats de cette étude, les revenus moyens obtenus de la vente d'hypocotyles par ces producteurs varient entre 34 500 FCFA et 57 660 FCFA par an. Ces marges paraissent faibles car pour la totalité des enquêtes, la production d'hypocotyles est une activité secondaire ; leur activité principale demeure l'agriculture. Il faut noter que certains producteurs arrivent à se faire plus de 250000 FCFA par an. Ces cas sont au nombre de deux et ont été rencontré à Hoco (village de Glazoué) et à Gbèrè (village de Savè). En comparaison les résultats de marges brutes de la présente étude à ceux de Sokpon *et al.*, (2004) et de Kodjo (2005) réalisé à Glazoué, on note des écarts de recettes ; soit 72637 FCFA/mois et 87500 FCFA/mois respectivement pour Glazoué et Savè pour la présente étude et 78294 FCFA/mois (Sokpon *et al.*, 2004) et 52970,8 FCFA/mois (Kodjo, 2005) à Glazoué. Les écarts de recettes observées pourraient se justifier par le fait que le commerce des hypocotyles prédomine plus dans la commune de Savè que dans celle de Glazoué. Il ressort alors donc de cette analyse que dans l'ensemble de la zone d'étude, la vente d'hypocotyles constitue une véritable activité à laquelle une meilleure attention devrait être accordée dans le pays, vue le niveau de richesses générées par cette activité.

Des résultats semblables ont été obtenus au Niger. En effet, Doka et Oumarou (1993) étudiant les prix de cette denrée, avaient conclu que ce sont les acteurs en aval de la production qui en tirent le maximum de

Florence GBESSO et al.

profit. Selon eux, le « miritchi » (hypocotyle) et les fruits mûrs achetés sont vendus au triple, voire quintuple de leur prix sur le marché de Dosso (chef - lieu de département) et de Niamey.
Les résultats de la présente étude sont presque les mêmes que ceux Sokpon *et al.* (2004) qui avaient abouti aux résultats selon lesquels les hypocotyles étaient vendues à 387,44 F CFA/kg soit 54,12 F CFA/hypocotyle.

5. Conclusion

La présente étude a permis de connaître les différentes formes d'exploitation du rônier, l'intérêt et l'importance économique de l'arbre pour les populations de Savè et de Glazoué. Les résultats obtenus montrent la commercialisation des sous-produits qui génèrent des profits considérables aux acteurs en particulier les femmes. Les revenus tirés de cette spéculation permettent d'affirmer que la production d'hypocotyles dans la commune de Savè et de Glazoué pourrait bien constituer une alternative si elle est bien organisée et bien gérée par les animateurs. Ces recettes peuvent servir de revenus d'appoint pour les producteurs par rapport à la situation actuelle de contre-performance généralisée de la filière coton dans le pays. Les organes de *Borassus aethiopum* utilisés dans ce cadre concernent surtout les fruits qui sont d'un nombre important variant par formations végétales et dont la totalité n'est pas ramassée pour la production d'hypocotyles (une denrée très commercialisée sur toute l'étendue du territoire national). Ce qui permet aux fruits non ramassés de régénérer naturellement.

Références

[1] - A.E. ASSOGBADJO, *Etude de la biodiversité des ressources forestières alimentaires et évaluation de leur contribution à l'alimentation des populations locales de la forêt classée de la Lama*. Thèse d'ingénieur agronome, faculté des sciences agronomiques (FSA)/ université nationale du Bénin (UNB), (2000) 131p.

[2] - A.H. ASSOGBADJO, *Importance socio – économique de la vente de l'hypocotyle du rônier (Borassus aethiopum,* Mart.*) à Cotonou.* Mémoire de maîtrise, Faculté des Lettres, Arts et Sciences Humaines (FLASH) / Université d'Abomey-Calavi (UAC), (2009) 73p.

[3] - A. C. AVOCEVOU-AYISSO, Etude de la viabilité des populations de *Pentadesma butyracea* Sabine et de leur socio-économie au Bénin Thèse d'ingénieur agronome, faculté des sciences agronomiques (FSA)/ université d'Abomey-Calavi (UAC), (2011) 202p.

[4] - M. A. BIKOUE CAROLLE and H. Essomba, *Gestion des Ressources Naturelles fournissant les Produits Forestiers Non Ligneux Alimentaires en Afrique Centrale.* Rapport d'étude. Document de travail No 5 ; (2007) 104 pages.

[5] - S.BOUROU, C.BOWE, M. DIOUF and P. VAN DAMME, *Ecological and human impacts on stand density and distribution of tamarind (tamarindus indica L.) in Senegal.* 2012. Blackwell Publishing Ltd, Afr. J. Ecol., 50, . (2012)253–265

[6] - J. CODJIA, A. ASSOGBADJO A., M. MENSAH EKOUE, *Diversité et valorisation au niveau local des ressources végétales forestières alimentaires au Bénin.* Cahiers Agricultures 2003 ; 12 : 321-31 (2003)

[7] - Y. CABANNES and G. CHANTRY, *Le rônier et le palmier à sucre dans l'habitat.* Edition GRET (France) (1987) 90 p.

Florence GBESSO et al.

[8] - O. EYOG MATIG, O. G. GAOUE and B. DOSSOU, *Réseaux "Espèces Ligneuses Alimentaires"*. Compte Rendu de la Première Réunion du Réseau Tenue du 11-13 Décembre 2000 au CNSF Ouagadou, Burkina Faso 241. Institut International des Ressources Phytogénétiques. ISBN 92-9043-552- 6 235. (2002)

[9] - G. N. GOUWAKINNOU, *Ecologie des populations, utilisation et conservation de Sclerocarya birrea au Bénin*, Thèse d'ingénieur agronome, faculté des sciences agronomiques (FSA)/ université d'Abomey-Calavi (UAC), (2011) 150 p.

[10] - S.GUINKO, *Menaces sur le palmier rônier dans le Sud-Est du Burkina-Faso. Coupe arbustive du bois et commercialisation des Koang-boula*. *L'hebdomadaire :* Environnement N°182, Septembre 2002, Ouagadougou, Burkina-Faso. Document Internet.(2002)

[11] - E.H OUANKOUN, *Importance socio-économique du rônier (Borassus aethiopum): différents usages et commercialisation de quelques sous-produits au Bénin*. Mémoire DEA/UAC, (2003) 99p.

[12] - M. R. KANSOLE, *Valorisation de quelques produits dérives de Borassus aethiopum Mart. dans le bassin versant de la kompienga (Burkina faso)*. Mém. DESS, Uni. Ouagadougou (2009)

[13] - S.KODJO, *La gestion des parcs à rônier et leurs importances socio-économiques*. DEA/FSA, (2005) 182p.

[14] - S.WASSI, *Les systèmes agroforestiers à rôniers et leur contribution socio économique dans la commune de Karimama (Bénin)*. Mémoire de DESS/UAM/UAC, (2004) 105p.

[15] - G.YAMEOGO. *Les modes de Gestion de Borassus aethiopum Mart. dans la province de Koulpelogo ;* Diplôme de Licence Professionnelle en Vulgarisation Agricole à l'Université Polytechnique de Bobo-Dioulasso ; Burkina-Faso, (2007) 61p.

Florence GBESSO et al.

240

Publication 3

Importance socioéconomique de la vente de l'hypocotyle du rônier (*Borassus aethiopum* Mart., Arecaceae) à Cotonou.

Rev. Spe. Jour. Sci. FLASH/UAC (Bénin), Vol 2, N°3 (2012): 28-40

GBESSO FLORENCE, GBESSO G. H. FRANÇOIS, TENTE BRICE AKOEGNINOU

AKPOVI et ASSOGBADJO APOLLINE

IMPORTANCE SOCIOECONOMIQUE DE LA *VENTE DE L'HYPOCOTYLE DU RONIER* (*Borassus aethiopum Mart, Arecaceae*) A *COTONOU*

GBESSO FLORENCE[1], *GBESSO G. H. FRANÇOIS*[1], **TENTE BRICE**[1] **AKOEGNINOU AKPOVI**[3] **ASSOGBADJO APOLLINE**[1]
[1]*Laboratoire de Biogéographie et Expertise Environnementale (LABEE).*
Université d'Abomey-Calavi (UAC), BP : 677 Abomey-Calavi, Bénin. Tel : 0022905347018/93937973.
E-mail : viarrence1@yahoo.fr
[2]*Laboratoire d'* ' *Etudes et de Recherches Forestières, Faculté d'Agronomie, Université de Parakou, BP 123 Parakou, BeninE-mail : ouinsch@yahoo.fr*
3Département de Biologie Végétale ; *Laboratoire de Botanique et d'Ecologie Végétale ; Herbier National 01 BP 4521 Cotonou ; Tél. (229) 21360074 / Poste 127*

Résumé

   Cette étude a pour objectif de déterminer les usages et les revenus de la vente des hypocotyles dde Borassus aethiopum, une espèce végétale très utilisée comme produit forestier non ligneux et comme bois d'œuvre dans la ville de Cotonou. Ainsi, une démarche méthodologique comportant la recherche documentaire et les enquêtes socioéconomiques a été adoptée. Les enquêtes ont été effectuées à l'aide d'un questionnaire auprès de 72 ménages répartis dans six arrondissements (1, 3, 5, 8, 11 et 13) et 77 vendeuses d'hypocotyles : deux grossistes et 75 vendeuses détaillantes.
   Sur le plan social, les résultats montrent que les différents organes du rônier consommés sont : le fruit (25 % des ménages enquêtés) et l'hypocotyle (95 % des ménages). En médecine traditionnelle, trois maladies ont été identifiés par l'hypocotyle de rônier. Quatre modes d'utilisation sont connus : la décoction (6,3 %), macération (48,4 %), poudre (30,5 %) et autres (15,2 %).Sur le plan économique, la commercialisation de l'hypocotyle est une activité qui rapporte assez de bénéfice à ces acteurs. Les marges bénéficiaires réalisées par semaine varient entre 9450 FCFA et 25958 FCFA pour les vendeuses détaillantes (ambulantes)et 49000 FCFA ET 588000 FCFA pour les vendeuses grossistes.

Mots clés : rônier, hypocotyle, usages, vente, Cotonou, Bénin.

Abstract

   The survey carrying on the importance socio economic of the sale of the hypocotyle of rônier has been achieved in the township ofCotonou. SheIt is based on the methodological galt that includes the documentary research and the investigations economic socio. This last is studied on the basis of investigations done with the help of a questionnaire by 72 households distributed in six precincts (1, 3, 5, 8, 11 and 13) and 77 sellers of hypocotyle to know: two wholesalers in the surroundings of study and 75 retailing sellers.
   On the social plan, the results of our research show that the different organs of the fan palm clear soups are: the fruit (25 % of the households investigated) and the hypocotyle (95 % of the households). In traditional medicine, three illnesses or symptom by the hypocotyle of fan palm. The used the most often part is the one that one eats (the trunk). Four fashions of use are known: the decoction (6,3 %), steeping (48, 4 %), poudre (30, 5 %) and anothers (15, 2 %). In the economic domain, the merchandising of the hypocotyle is an activity that returns enough to these actors. The beneficiary margins achieved per week are between 9450 FCFA and 25958 FCFA for retailing sellers and between 49000 FCFA and 588000 FCFA for the wholesalers.

Keywords: Benin, Cotonou, hypocotyle, sale, African fan palm.

1. Introduction

   Les forêts et les zones boisées ont de nombreuses fonctions dans la vie de l'homme : préservation de la diversité biologique, production des produits forestiers comme le bois, les denrées alimentaires, les médicaments et autres. (Houankoun Daanon, 2003). L'une des principales causes est la croissance démographique. D'une façon générale, elle a conduit l'ensemble des utilisations traditionnelles pour la satisfaction des besoins domestiques (alimentaire, pharmacologique, de service etc.) à des niveaux élevés avec pour conséquences une réduction rapide des ressources forestières. (Lawani, 2007).

   En Afrique et tout particulièrement dans les pays de la sous-région de l'Afrique Occidentale, les forêts tropicales jouent pour les populations un rôle socioéconomique et socio-écologique considérable (Philippe et Chamard; cité par Haya, 2003). Dans son programme sur la foresterie, la sécurité alimentaire et la nutrition, FAO (1996) estime que la

28

242

proportion des aliments provenant directement de la forêt est plus importante que ce qu'on a voulu croire pendant longtemps.

Le rônier, qu'on retrouve presque un peu partout au Bénin, et plus précisément dans les régions de Savè, Glazoué, Bassila, Natitingou, Alédjo et Malanville etc.,est une plante à multiples fonctions. Les produits qu'il fournit sont d'une importance capitale si bien qu'on peut considérer que tout l'arbre est utile. La jeune racine ou l'hypocotyle constitue un des produits qui permet à la plupart des ménages des villages riverains des rôneraies de tirer un revenu substantiel. Sa commercialisation est non moins importante, surtout en saisons favorables (Août-Octobre). Il est un produit d'un goût appréciable et son aspect, lorsqu'il est cuit, tend vers les tubercules de manioc (FAO, 2001).

La commercialisation de ces sous-produits génère des profits considérables à ces acteurs surtout aux femmes. Cependant, l'exploitationde l'hypocotyle de rônier hypothèque la régénération du *Borassus aethiopum* et par conséquent son remplacement. La conséquence directe est la réduction du nombre d'individus. Vu l'importance qu'offre la jeune racine ou l'hypocotyle de rônier et les menaces de disparition qui pèsent sur l'espèce, il urge d'analyser les circuits de commercialisation de cette espèce en vue de mieux apprécier les conséquences de cette commercialisation sur la durabilité de l'exploitation du rônier.

La présente communication est structurée en trois grandes parties : la présentation de la zone d'étude, la démarche méthodologique et la présentation des résultats et discussion.

1. Présentation de la zone d'étude

❖ Traits physiques

La commune de Cotonou est le milieu de la présente étude. Elle est située dans la partie sud du Bénin entre 6°20' et 6°23' de latitude Nord et 2°22' et 2°28' de longitude Est (figure 1). Elle est coupée en deux par le chenal appelé "lagune de Cotonou", établissant une communication directe entre le lac et la mer. La liaison entre les deux parties de la ville est assurée par trois ponts. La nappe phréatique se trouve à faible profondeur du sol dont la forte perméabilité accélère l'infiltration des eaux pluviales et usées.

La ville de Cotonou est limitée au Nord par le lac Nokoué, au Sud par l'Océan atlantique, à l'Est par Sèmè-Podji et à l'Ouest par Abomey-Calavi. Elle est située sur une plaine littorale basse et sablonneuse, présentant un site peu favorable à l'urbanisation. Le climat est chaud et de type subéquatorial avec une alternance de deux saisons pluvieuses et deux saisons sèches.

Les fortes précipitations sont enregistrées entre mars et juillet avec un maximum de 300 mm à 500 mm en juin (ASECNA, 2002). Pendant la grande saison des pluies, la ville connaît de graves inondations. C'est sur un tel espace que plus d'un demi-million de personnes se concentrent.

La ville de Cotonou est bâtie sur une série de cordons de sables marins. Elle présente un relief assez plat, très peu prononcé avec des côtes variant entre 0,3 mètres et 6 mètres au-dessus du niveau de la mer (Slanski M., 1959). De l'ouest à l'est, la ville est parsemée de légères dépressions ; le sol est essentiellement sablonneux, à faible épaisseur avec une importante porosité.

29

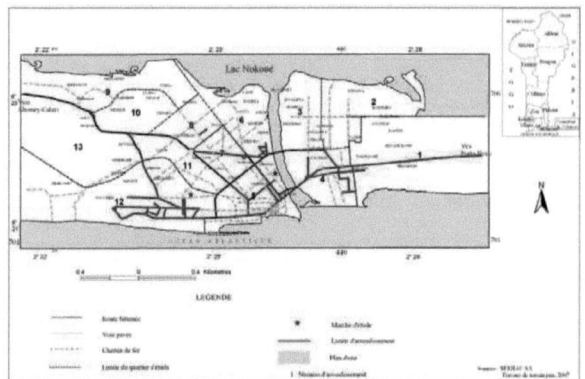

Figure 1 : Situation des marchés Dantokpa et de Gbégamey dans la ville de Cotonou

❖ **Données démographiques**

La ville de Cotonou couvre une superficie de 78,999km² pour une population de 665100 habitants en 2002, (INSAE, 2003), soit une densité de 8419 hbts/ km².

Cette population est estimée à 327000 habitants en 1979 pour une densité de 4139 hbts/ km². En l'espace de 23 ans, cette population a donc doublé.

Mais Cotonou semble amorcer, à partir de 1992, une décélération de sa croissance démographique : sa population ne s'est accrue que de 2,17 % entre 1992 et 2002 contre 4 % entre 1979 et 1992. La ville de Cotonou concentre plus de 45 % de population active des dix principales villes du Bénin.

Au plan administratif, Cotonou est composée de treize (13) arrondissements et de cent quarante (140) quartiers de ville. Elle est le siège d'intenses activités économiques dont le marché Gbégamey, l'unique marché de Cotonou où l'hypocotyle de *Borassus aethiopum* est commercialisé en gros.

2. Matériel et méthodes

❖ *Matériel*

Les matériels de base utilisés sont : la carte topographique de la ville de Cotonou pour appréhender les secteurs d'étude que sont les marchés Dantokpa et Gbégamey ; le GPS (Global Positionning System) pour la prise des coordonnées géographiques ; un appareil photographique pour faire des vues ; une balance pour peser les hypocotyles ; des questionnaires et une grille d'observation directe sur le terrain ; et un micro-ordinateur muni des logiciels Word, Excel et Arc-View.

30

244

❖ *Méthodes*

La présente étude a été réalisée en trois phases complémentaires à savoir, une phase documentaire, une phase de collecte des données et une phase de traitement et d'analyse des données collectées. L'étude documentaire a permis de faire la synthèse des données disponibles et de celle qu'il convient d'actualiser

La phase de collecte des données s'est déroulée pendant trois mois (les mois de Septembre, Octobre et Novembre 2009). Les interviews directes et l'administration d'un questionnaire ont été réalisées pour cerner toute l'importance économique et sociale de la vente des hypocotyles de rônier. L'enquête a été faite dans deux (2) marchés de Cotonou compte tenu de l'importance socio-économiques et de la vente du produit dans ces marchés. Il s'agit des marchés Gbégamey et Dantokpa. A cet effet, la réalisation d'une collecte de données s'est avérée nécessaire.

A l'issue des entretiens, on a identifiéles marchés, sélectionné les principales sources d'approvisionnement en hypocotyles et questionné quelques acteurs du circuit de commercialisation. Ainsi, cette étude a porté sur la réalisation d'une enquête socio-économique faîte sur la base d'un questionnaireadministrées aux différentes catégories d'acteurs. En effet, l'enquête a été faite auprès des différentes catégories socio professionnelles impliquées dans la vente et l'utilisation de l'hypocotyle de rônier à savoir :

- les vendeuses grossistes et semi grossistes rencontrées dans les marchés ainsi que les vendeuses ambulantes ou détaillantes (Au total, 78 vendeuses d'hypocotyles soit 76 vendeuses ambulantes, 1 grossiste au marché de Gbégamey qui a le monopole dans le marché et 1 grossiste à Dantokpa ont été questionnés : tableau I)

Tableau I : Nombres de vendeurs enquêtés par marché

Marchés	Vendeuses Ambulantes	Grossistes/ Semi-grossistes	Total
Gbégamey	53	1	54
Dantokpa	23	1	24
Total	76	2	78

Source : Enquête de terrain, 2008
- les consommateurs (Sur 13 arrondissements de Cotonou, les enquêtes ont porté sur 6 à raison de 12 ménages par arrondissement, soit 72 ménages enquêtés : tableau II).

Tableau II : Nombre de ménages enquêtés par arrondissement

Arrondissements	Quartiers	Effectifs enquêtés
1	-Avotrou	6
	- Sènandé	6
3	- Hlacomey	6
	- Sègbèya	6
5	- Dantokpa	12
8	- Ste Rita	7
	- Agontikon	5
11	-Gbégamey	8
	-Vodjè	4
13	-Agla	6
	-Gbédégbé	6

Source : Enquête de terrain, 2008

31

245

❖ *Traitement des données*

Les logiciels comme Word, Excel et Arc-View ont été utilisés. Les méthodes d'analyse concernent essentiellement les données quantitatives et varient d'une analyse à une autre. Ici, deux outils d'analyses ont été utilisés. Dans un premier temps, une analyse des marges à partir des moyennes et coefficients de variation a été faite ; et en second lieu une comparaison des moyennes avec le test (t) de Student pour apprécier l'efficacité du système de commercialisation de l'hypocotyle du rônier a été réalisée.

Le principe est de calculer les différentes marges des acteurs, de même que les charges des fonctions. On distingue les marges brutes, les marges de commercialisation ou marges commerciales, et les marges nettes. Les marges brutes (MB) sont obtenues en déduisant du prix de vente (PV), le prix d'achat (PA) du produit. Elle est obtenue par la formule :

$$MB = PV\text{-} PA$$

Les marges commerciales (MC) sont obtenues en retranchant des marges brutes, les coûts variables des fonctions accomplies par les intermédiaires. Elle est donnée par la formule :

$$MB = MB - Coûts\ Variables\ totaux$$

Les marges nettes (MN) sont obtenues en soustrayant des marges de commercialisation, les coûts fixes. La formule est : $MN = MC - Coûts\ fixes$

Dans cette analyse, les coûts fixes (coût des instruments de mesure, des bassines) ne sont pas pris en compte. L'analyse se limitera aux marges commerciales. Les valeurs des coûts fixes étant faibles, on peut assimiler la marge commerciale à la marge nette.

Les coûts liés aux charges de commercialisation par unité de mesure sont calculés par le rapport des dépenses liées à chaque fonction ou service à la quantité du produit vendue ou couverte par la/le dit (e) fonction ou service. Test t de Student : comparaison des moyennes

On dira d'un marché qu'il est efficace si les marges brutes c'est-à-dire les différences des prix de vente et des prix d'achat sont significativement égales aux différentes charges supportées par les divers acteurs du système de commercialisation. Dans le cas contraire le système est inefficace (Sodjinou, 2000). Les estimations ont été faites à partir du logiciel SPSS.

3. Résultats

3.1. Importance sociale de la commercialisation des hypocotyles

Deux formes d'usage sont recensées dans le secteur d'étude. Il s'agit des usages alimentaires et des usages médicinaux.

❖ *Usages alimentaires*

Deux organes du rônier sont plus consommés; il s'agit du fruit avec 25% des ménages enquêtés et de l'hypocotyle (95%) des enquêtés. L'hypocotyle est aussi bien consommée par la femme que par l'homme.

❖ *Usages médicinaux*

Il ressort de l'étude qu'à Cotonou, (25%) des ménages enquêtés utilisent l'hypocotyle dans la médecine traditionnelle. Ainsi, le tableau IIIprésente quelques maladies traitées avec l'hypocotyle.

Tableau III : Récapitulatif des maladies traitées par l'hypocotyle de Borassus aethiopum

Organes	Maladies traitées	Mode d'utilisation
Hypocotyles	Faiblesses sexuelles	Macération
	Maux de ventre	Poudre
	Paludisme	Infusion des hypocotyles se prend comme de l'eau

Source : Enquête de terrain, 2012

De l'analyse du tableau III, on remarque que les hypocotyles participent au traitement de plusieurs maladies.

Différentes modes d'utilisation des parties de l'hypocotyle sont rencontrées dans le traitement des maladies. Au total, quatre modes d'utilisation ont été recensés à savoir :

- l'hypocotyle est pris avec d'autres organes du rônier tels que les racines, l'écorce du tronc etc. en boisson selon la maladie par les femmes en état de grossesse (6,3 %) des ménages enquêtés.

- L'hypocotyle et les racines du *Borassus aethiopum* sont séchées et réduites en poudre. Cette poudre est dissoute dans l'eau ou dans la bouillie pour guérir le paludisme (30,5 %) des ménages enquêtés.

- L'hypocotyle est associéeà la cola blanche et d'autres ingrédients trempés dans du miel ou dans du sodabi (boisson alcoolisée de fabrication locale) en boisson (48% des ménages) contre la faiblesse sexuelle de l'homme (photo 1).

1   2

Photo 1: Médicament traitant la faiblesse sexuelle chez l'homme

Cliché : Gbesso et Assogbadjo, 2008

(1) : Médicament déballé(2) : Médicament en bouteille

L'hypocotyle du *Borassus aethiopum* peut être subdivisée en trois parties. De l'extérieur vers l'intérieur, on distingue :

Photos 2 : Les différentes parties de l'hypocotyle de rônier

Cliché : Gbesso et Assogbadjo, 2008

- Deux enveloppes externe et interne utilisées par les vendeuses de poissons pour fumer les poissons (15 %) (a et b) ;

    - Une partie qui est mangée avec du **coco** et très apprécié des consommateurs (80 %) (d) ;

    - et une partie qui est aussi utilisée pour les maux de ventre par certaines femmes (5 %) (c).

3.2 Commercialisation des hypocotyles à Cotonou

3.2.1. Acteurs et circuits de commercialisation des hypocotyles

❖ **Acteurs principaux**

Les acteurs principaux du système de commercialisation sont les grossistes et les détaillantes. Les photos 3, 4 et 5 présentent ces acteurs

Photo 3: Vendeuses d'hypocotyles **au marché** Gbégamey Photo 4 : Vendeuses **d'hypocotyles au marché de Dantokpa** Photo 5: Vendeuse ambulante d'hypocotyle

Cliché : Gbesso et Assogbadjo, 2008

❖ *Circuits de commercialisation des hypocotyles*

Dans le milieu d'étude, on distingue du point de vue de l'importance des intermédiaires un circuit de vente indirecte (figure 6) subdivisé en :

- un circuit court, dans lequel les consommateurs s'approvisionnent aussi bien auprès des semi-grossistes et détaillantes que des grossistes des marchés Gbégamey et Dantokpa. La grossiste de Dantokpa n'approvisionne que les détaillantes et consommateurs alors que celle de Gbégamey fournit les produits aux consommateurs, semi-grossistes et détaillantes.

34

- un circuit moyen où les collectrices locales vont acheter les hypocotyles de rônier auprès des producteurs pour les livrer aux grossistes qui à leur tour les vendent aux semi-grossistes, détaillantes et consommateurs.

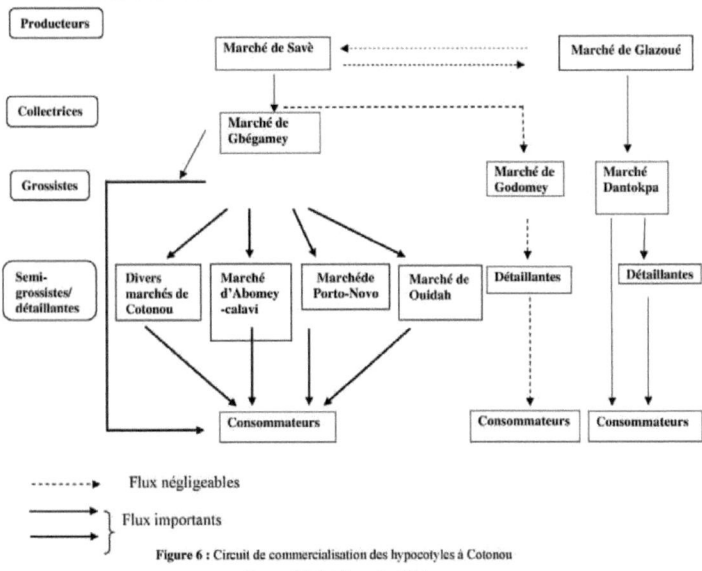

Figure 6 : Circuit de commercialisation des hypocotyles à Cotonou

Source : Résultat d'enquête, 2008

3.2.2. Importance économique du commerce

La maîtrise des cours du marché n'est pas chose aisée. Les techniques utilisées par les acteurs pour se garantir un certain profit varient d'un acteur à un autre. Ainsi, les grossistes profitent de la vente en détail pour augmenter leurs bénéfices. Elles le livrent directement aux détaillantes ou en se faisant aider par des commissionnaires qui sont elles-mêmes des détaillantes. Pour les gros achats, les grossistes bénéficient de la vente à crédit auprès des collectrices et le remboursement se fait dès le retour du marché de vente. Chez les détaillantes, diverses stratégies sont utilisées pour augmenter leur profit. Pour elles, la fidélité qui consiste à se faire des amis au sein des grossistes est une garantie de pouvoir obtenir l'hypocotyle à chaque achat. Mais, bon nombre de grossistes n'acceptent plus la vente à crédit du fait des difficultés de remboursement auxquelles sont confrontées les détaillantes alors que pour certaines grossistes, l'hypocotyle a été acheté

35

chez la collectrice à crédit. Ce faisant, elles évitent les pressions sociales de part et d'autres, exercées en cas de non remboursement.

Les tableaux IV et V présentent les revenus moyens par semaine des vendeuses (ambulantes et grossistes) selon la quantité d'hypocotyle vendus par semaine.

Tableau IV : Récapitulatif des revenus moyens par semaine des vendeuses   ambulantes

Types d'acteurs	Nombre d'hypocotyle vendus par jour/ quarantaine	Prix d'achat moyen (FCFA/ qtaine)	Prix de vente moyen (FCFA/ qtaine	Marge moyenne brute réalisée (FCFA/ qtaine)	Quantité moyenne vendue en une semaine (qtaine)	Marge moyenne brute réalisée en une semaine (FCFA)	Frais divers moyen/ semaine (FCFA)	Marge moyenne nette réalisée en une semaine (FCFA)
Vendeuses Ambulantes	2 – 5	1000	2000	1000	14 - 35	14000-35000	4550-9041,66	9450-25958,50

Source : *enquête de terrain, 2008*

De l'analyse du tableau IV, il ressort que les vendeuses ambulantes ont une marge moyenne nette variable entre 9450 FCFA et 25958,50 FCFA/semaine. La quantité vendue en une semaine représentée dans le tableau VI n'est que la moyenne enregistrée par chaque vendeuse puisque le nombre d'hypocotyles vendu par jour varie d'une vendeuse à une autre.

Tableau V: Récapitulatif des revenus moyens par semaine des vendeuses   grossistes

Type d'acteurs	Prix d'achat moyen (FCFA/ semaine /sac)	Prix de vente moyen (FCFA/ semaine/ sac)	Marge moyenne brute réalisée (FCFA/ semaine sac)	Quantité moyenne de sacs achetée en une semaine	Quantité moyenne de sacs vendue en une semaine	Marge moyenne brute réalisée en une semaine (FCFA)	Frais divers moyen/ semaine (FCFA)	Marge moyenne nette réalisée en une semaine (FCFA)
Vendeuses grossistes	16800	24000	7200	120	120	864000	276000	588000
	16800	24000	7200	10	10	72000	23000	49000
	Total			130	130	1584000	299000	637000

Source : enquête de terrain, 2008

De l'analyse du tableau V, il ressort que les vendeuses grossistes ont une marge moyenne nette variable entre 49000 fcfa et 588000 fcfa/semaine. La quantité vendue en une semaine représentée dans le tableau V n'est que la moyenne enregistrée par chaque vendeuse grossiste puisque la quantité de sacs d'hypocotyles vendus par semaine varie d'une grossiste à une autre.

L'information jouant un rôle capital dans les différents processus d'achat et de vente, sa maîtrise s'avère bénéfique pour les acteurs. Ainsi, le monopole de l'information sur les lieux de vente (marchés de Dantokpa et de Gbégamey) revient surtout aux grossistes. Faute d'un système d'information officiel sur les marchés d'hypocotyles au Bénin, il revient

36

aux différents acteurs de maîtriser les informations relatives aux prix. Il apparaît clairement que les conditions d'une libre circulation de l'information ne sont pas assurées. Le fait d'interroger simplement un consommateur de Cotonou sur le prix de la quarantaine d'hypocotyles, a permis de constater qu'il ne le connaît pas. Les informations relatives à ce produit n'apparaissent pas dans les statistiques de l'ONASA.

3.2.3. Analyse des frais et des marges de commercialisation

Les frais de commercialisation supportés par les intermédiaires du système commercial sont essentiellement relatifs aux coûts de transport, d'emballage, d'occupation des marchés et de magasinage. Ces différents frais sus-cités sont mentionnés dans le tableau VI.

Tableau VI: Analyse comparative des coûts et marges de commercialisation des grossistes et détaillantes

Eléments de coût (en FCFA/Quarantaine)	Grossistes	Détaillantes
Prix d'achat	700	1000
Coût de manutention	2	-
Coût de transport	62,5	-
Frais d'emmagasinage	5,2	-
Taxes	0,24	
Frais d'emballage	0	125
Prix de vente	1000	2000
Marge brute	300	1000
Frais de commercialisation	67,94	300
Marge de commercialisation	232,06	425
Marge nette	232,06	425

Source : Enquête de terrain, 2008

Le Tableau VI indique que la marge de commercialisation et la marge brute sont positives pour tous les intermédiaires principaux du système commercial (grossistes et détaillantes) ce qui indique que le commerce de l'hypocotyle est rentable pour tous les acteurs. Les valeurs les plus élevées sont obtenues par les détaillantes, soit 425 FCFA/Quarantaine comme marge de commercialisation contre 232,06 FCFA comme marge de commercialisation chez les grossistes. Le niveau élevé de ces marges s'explique par le fait que les dépenses engagées par les détaillantes sont faibles en les comparant à celles faites par les grossistes.

L'analyse du tableau VI montre que les frais de commercialisation sont faibles pour les grossistes (67,94 FCFA/Quarantaine) comparativement aux détaillantes qui s'élèvent à 300 FCFA. Cette situation est due au fait que les détaillantes tiennent compte de leur énergie dépensées en marchant et les frais divers. Dans la ville, les déplacements des détaillantes se font à pieds. Elles ne payent aucune taxe puisqu'elles n'opèrent pas au marché. De plus, les grossistes vendent plusieurs quarantaines (120 sacs à raison de 21quarantaines/ sac) alors que les détaillantes ne vendent qu'au plus 5 quarantaines.

Dans le but d'apprécier l'efficacité du système commercial, le test de Student (tableau VII) a été effectué à partir des marges brutes chez tous les acteurs. Rappelons que l'hypothèse testée est : « les différences des prix sont les mêmes que les frais de commercialisation ». L'hypothèse nulle est rejetée si et seulement si tc< t (n-1) ; avec tc : t le Student calculé et tα : t table au seuil de α = 5%.

Tableau VII : Test t de Student pour échantillons appariés

	Différences appariées					
	Moyenne	Ecart-type	Erreur standard moyenne	t	ddl	Sig. (bilatérale)
Frais Commercial – MB	-1556,74	374,72	43,26	-35,97	74	0,000

De l'analyse du Tableau VII, il ressort que l'hypothèse nulle est rejetée et l'hypothèse alternative est acceptée. Nous concluons que les différences de prix entre le prix d'achat et le prix de vente de l'hypocotyle dépassent les frais de commercialisation. Il existe donc des possibilités de réalisation d'un grand profit par les différents acteurs notamment par les détaillantes.

3.3. Conséquences de la commercialisation des hypocotyles

L'augmentation aussi bien dans la consommation de ce produit que dans l'utilisation à des fins médicinales participe à la guérison des maux comme les maux de ventre et la faiblesse sexuelle. Une demande de plus en plus croissante en hypocotyles influence aussi la fréquence d'approvisionnement des commerçantes. Le commerce de l'hypocotyle rapporte assez de bénéfices à tous les acteurs de la filière aussi bien en amont qu'en aval.

Cependant, les techniques de prélèvement consistent essentiellement en la coupe des jeunes racines ce qui ne garantit pas la préservation de l'espèce. La pression de prélèvement sur les organes est d'autant plus grande que les quantités demandées sont en pleine progression. . Les collectes de l'hypocotyle sont aussi de ce fait en pleine augmentation. Or ces collectes s'opérant directement sur la végétation naturelle, augmentent les risques de surexploitation et donc de raréfaction ; voire de disparition de l'espèce. Cette situation pose la problématique de la durabilité de l'exploitation de l'espèce étudiée, et par conséquent, de la conservation de la biodiversité ; car si le mode de prélèvement continue ainsi, on assistera sous peu, à la perte de cette espèce.

4. Discussion

L'étude sur l'importance socio-économique de la commercialisation des hypocotyles révèle qu'à Cotonou, les hypocotyles jouent un rôle important aussi bien dans l'alimentation que dans la médecine traditionnelle. En dehors de ce rôle, elles contribuent énormément aux

38

revenus de ceux qui exercent sa commercialisation. Ainsi, les marges bénéficiaires hebdomadaires des différents acteurs de cette filière varient entre 9450 FCFA et 25958 FCFA pour les vendeuses détaillantes (ambulantes) et 49000 FCFA ET 588000 FCFA pour les vendeuses grossistes. Cela signifie simplement que cette activité nourrit son homme, dans la mesure où la plus petite marge bénéficiaire (9450 FCFA) est supérieure au SMIG hebdomadaire qui est de 6500 FCFA.

Ces résultats confirment ceux de Gbesso(2009) qui a réalisé un travail similaire sur le Borassus aethiopum (rônier) dans la zone de provenance par excellence (Savè et Glazoué) des hypocotyles commercialisées à Cotonou. Les résultats de cette étude ont révélé que les hypocotyles sont bien utilisées en alimentation, en médecine traditionnelle et à d'autres fins. Les marges bénéficiaires réalisées varient entre 34500 FCFA et 150000 FCFA par an pour les paysans et entre 25000 FCFA et 120000 FCFA par mois pour les vendeurs d'hypocotyles. De l'analyse des résultats de ces deux études, il ressort nettement que la commercialisation des hypocotyles profite plus aux acteurs en aval qu'à ceux en amont.

Selon Gibigaye et al. (2008), l'hypocotyle est vendue à Dantokpa en moyenne de 401 ± 398,71 kg parsemaine. Ce qui correspond à environ 210 330 ± 24287 F CFA en moyenne par semaine. Selon Houankoun Daanon (2003) et Kodjo (2005), les marges moyennes nettes réalisées en une (01) semaine sont de 10904, 6 ± 5543,2 F CFA à Tokpa, marché de consommation et 19573,6 ± 17079,9FCFA à Glazoué, un des plus grand marché de regroupement au centre du Bénin.Les prix de vente moyen du kilogramme de l'hypocotyle sont de 513,23 ± 61,11 FCFA àTokpa et 457,21 ± 41,17 FCFA à Ouando à Porto-Novo.

Des résultats semblables ont été obtenus au Niger et au Burkina-Faso. En effet, Doka et Oumarou (1993) étudiant les prix de cette denrée, avaient conclu que ce sont les acteurs en aval de la production qui en tirent le maximum de profit. Selon eux, le « miritchi » (hypocotyle) et les fruits mûrs achetés sont vendus au triple, voire quintuple de leur prix sur le marché de Dosso (chef-lieu de département) et de Niamey. Selon Sogue (2010), la commercialisation des hypocotyles est une activité rentable dans le bassin versant de la Kompienga.

Conclusion

Au terme de cette étude, il convient de retenir que'en dehors de ses multiples fonctions alimentaires et son apport dans la pharmacopée traditionnelle, l'hypocotyle de rônier constitue une importante source de revenu pour les populations qui s'adonnent à sa commercialisation.Le système de commercialisation des hypocotyles à Cotonou dans son ensemble est inefficace et est essentiellement animé par les femmes à qui ce commerce procure des revenus importants qui permettent d'améliorer leurs moyens d'existence. Un processus de domestication encouragé et entretenu, représente une sérieuse option de préservation de cette ressource, et une viabilité de son circuit de commercialisation.

Bibliographie

1. AKOEGNINOU A., ADJAKIDJE V., ESSOU J-P., SINSIN B., YEDOMONHAN H., W. J. van der Brug, L. J. G. van der Maesen, 2006. Flore analytique du Bénin. Université d'Abomey-Calavi. Cotonou, Bénin, 1034 p.

2. FAO, 1996. Foresterie et sécurité alimentaire. Rome, 136p.

3. FAO, 2001. Evaluation des ressources en produits forestiers non ligneuses. 111p

4. **GBESSO F.**, 2009. Importance socio-économique du rônier (*Borassus aethiopum*mart.), Mémoire de maîtrise, Option aménagement du territoire, FLASH/UAC, 99p.

5. **GIBIGAYEM., TOKO I., ADEGBIDI A. et SINSIN B, 2008.**Besoins et pressions anthropiques sur le *Borassusaethiopum* au Benin. Climat et Développement, 2009, 8, 12p.

6. **HAYA A.**, 2003. Les systèmes agroforestiers et importance socio-économique du baobab (*Adansonia digitata*) dans le département de l'Alibori au Bénin. Mémoire d'ingénieur des travaux, CPU/UAC, 88p.

7. **HOUANKOUNDAANON S. E.,** 2003. Importance socio-économique du rônier (*Borassus aethiopum* Mart) : différents usages et commercialisation de quelques sous-produits au Bénin. Mémoire DEA/UAC, 99p.

8. **IDRISSA H.**, 1997. Analyse de la filière de production et de la commercialisation de muritchi et de fruits mûrs du rônier. Gaya : Document PAIGLR, 28p.

9. **INSAE, 2002.** Recensement général de la population et de l'habitat. Synthèse des résultats, 32p.

10. **LAWANI A.**, 2007. Contribution du bois énergie aux moyens d'existence durables des ménages riverains de la réserve de biosphère de la pendjari. Thèse d'Ingénieur Agronome. FSA/UAC, 358p.

11. **KODJO S.**, 2005. La gestion des parcs à rônier et leurs importances socio-économiques. DEA/FSA,182p

12. **SOKPON N. et LEJOLY J.**, 1996. Les plantes à fruits comestibles d'une forêt caducifoliée : Pobè, au Sud du Bénin. UNESCO (1996). L'alimentation en forêt tropicale : Identifications bioculturelle et perspectives de développement, vol 1, p 315-324.

13. **SOGUE B.**, 2010. Exploitation économique et stratégies de conservation de *Borassus aethiopum* Mart. Dans le bassin versant de la Kompienga. Mémoire de DESS en Sciences de l'Environnement, CEPAPE/Université de Ouagadougou, 69p.

254

Publication 4

Caractérisation écologique et morpho-structurale des populations de *Borassus aethiopum* Mart. (Arecaceae) dans les communes de Savè et de Glazoué.

Les cahiers du CBRST (Bénin), N°1 (2012): 257-270.

GBESSO Florence, LOUGBEGNON O. Toussaint, TENTE Brice et AKOEGNINOU Akpovi

CARACTERISATION ECOLOGIQUE ET MORPHO-STRUCTURALE DES POPULATIONS DE *BORASSUS AETHIOPUM*, MART (ARECACEAE) DANS LES COMMUNES DE SAVE ET DE GLAZOUE

GBESSO Florence[1], LOUGBEGNON O. Toussaint[3], TENTE Brice[1], AKOEGNINOU Akpovi[2]

[1]*Laboratoire de Biogéographie et Expertise Environnementale (LABEE) ; Université d'Abomey-Calavi (UAC), BP 677 Abomey-Calavi ; Bénin. Tel : 0022905347018/93937973*
E-mail : viarrence1@yahoo.fr
[2]*Département de Biologie Végétale ; Laboratoire de Botanique et d'Ecologie Végétale ; Herbier National 01 BP 4521 Cotonou ; Tél. (229) 21360074 / Poste 127*
[3]*Ecole Nationale Supérieure des Sciences et Techniques Agronomiques de Kétou (ENSTA-Kétou)*
E-mail : tlougbe@yahoo.fr

RESUME
Cette étude a pour objectif d'étudier la caractérisation écologique et morpho-structurale de Borassus aethiopum , une espèce végétale très utilisée comme produit forestier non ligneux et comme bois d'œuvre dans les communes de Savè et de Glazoué dans les département des Collines au Bénin.. Ainsi, un inventaire forestier de 85 placeaux carrés de 30 m de côté a été réalisé dans quatre formations végétales pour collecter les paramètres structuraux comme la densité des arbres, le diamètre moyen et la surface terrière moyenne sur l'espèce.
Les résultats ont montré que les paramètres dendrométriques varient globalement en fonction des strates de végétaux dans lesquels évolue le Borassus aethiopum. Les distributions en diamètre présentent globalement une structure asymétrique centrée. L'ajustement de la structure à la fonction mathématique de Weibull donne un paramètre de forme c = 1,48 caractéristique des peuplements avec prédominance d'individus jeunes ou de

faible diamètre. Les individus de très gros diamètre sont quasi inexistants.

***Mots-clés:** Densité, groupes végétaux, rônier ; Savè, Glazoué.*

ABSTRAT

This study aims to investigate the structural characterization of Borassus aethiopum, a plant species widely used as non-timber forest product and timber as in the municipalities of Savè and Glazoué in the Collines Department, Benin.. Thus, a forest inventory of 85 square plots of 30 m square was conducted in four plant communities to collect the structural parameters such as tree density, mean diameter and basal area averaged over the species.

The results showed that the parameters vary broadly depending dendrometric strata of plants in which evolve the Borassus aethiopum. Diameter distributions have roughly an asymmetric structure centered. The adjustment of the structure to the mathematical function gives a Weibull shape parameter c = 1.48 characteristic of stands with a predominance of young individuals or small diameters. Individuals of very large diameter are almost nonexistent.

Keywords: Density, groups plants, Africa fan palm; Savè, Glazoué.

INTRODUCTION

En Afrique, les forêts constituent un immense réservoir de biodiversité et jouent un rôle fondamental dans la satisfaction de nombreux besoins de base des communautés locales (IPGRI, 1999).

Ces forêts abritent donc une diversité floristique qui représente un grand réservoir pour les populations avoisinantes qui s'y approvisionnent en bois de service, d'œuvre ou de feu, en fruits, en graines et en plantes médicinales (Sokpon et Lejoly, 1996).

Au Bénin, plusieurs espèces végétales des forêts et des savanes jouent un rôle socio-économique important en fournissant des nourritures variées et des produits alimentaires. Dans son programme sur la foresterie, la sécurité alimentaire et la nutrition, (FAO, 1996) souligne que la production des aliments provenant directement des forêts est plus importante que ce qu'on a cru pendant longtemps. Ces aliments constituent une source d'appoint au cours des périodes critiques lorsque les ressources cultivées font défaut. Comme l'ont souligné (Matig *et al.*, 2001), les plantes tropicales participent énormément à l'industrie pharmaceutique. Pour faciliter la gestion durable des forêts, l'attention devra être tournée vers une compréhension plus approfondie du fonctionnement écologique des forêts et le niveau de dépendance et d'impact des activités humaines sur ces forêts. Une attention spécifique doit être orientée vers certaines espèces qui ont une certaine importance dans l'amélioration des conditions de vie des populations locales. Au Bénin, parmi les espèces végétales dont les organes sont très sollicités comme produit forestier non ligneux, figure en bonne place le rônier (*Borassus aethiopum*). Malheureusement, l'espèce ne bénéfice d'une mesure de gestion agroforestière pouvant permettre sa durabilité. Cette étude sur la caractérisation écologique et morpho-structurale se projète comme une contribution au processus de capitalisation de données scientifiques pouvant permettre la gestion durable de l'espèce.

1. Matériel et méthode

1.1- *Présentation du secteur d'étude*

Les communes de Savè et de Glazoué représentent le secteur d'étude. Elles sont situées respectivement entre les parallèles 7°30' et 8°20'de latitude Nord d'une part et entre les méridiens 2°20' et 2°46' de longitude Est d'autre part puis entre 7°45' et 8°30' latitude Nord et d'une part et entre 2°05' et 2°25' longitude Est d'autre part (figure 1). Les distances qui les séparent de Cotonou, la capitale économique du Bénin et la plus grande ville sont respectivement de 255 Km et de 234 km. C'est une zone de transition entre le climat subéquatorial ou guinéen du Sud du Bénin et le climat soudanien du Nord du Bénin.

<u>Figure 1</u>: Situation du secteur d'étude au Bénin

1.2. Méthodes

1.2.1-Collecte des données

85 placeaux carré de 30 m x 30 m (900 m²) sont installés dans différentes formations végétales des champs, savanes, plantations et galeries forestières dans six villages des communes de Savè et Glazoué. Ces villages sont Atêssê, Tiho, Ourogui,Longbondjin, Diho et Banigbé Les placeaux sont installés suivant le critère d'abondance-dominance du *Borassus aethiopum*.et l'installation d'un plateau se fait dans un peuplement d'un moins cinq pieds. Au sein de ces placeaux, des relevés phytosociologiques ont été réalisés suivant la méthode sigmatiste de Braun-Blanquet (1932). Cette méthode a été déjà utilisée avec succès par beaucoup de chercheurs au Bénin pour l'étude de la flore : Sinsin (1993), Sokpon (1995), Houinato (2001), Oumorou (2003) et Tente (2005).

Lors de chaque relevé, différents paramètres floristiques comme le type de formation végétale, les différentes espèces ligneuses par strate s .Les espèces végétales sont identifiées à partir de la Flore Analytique du Bénin (Akoègninou et *al.*, 2006)

La principale mesure dendrométrique effectuée est la prise des diamètres des pieds de *Borassus aethiopum* de supérieur ou égale à 10 cm (dbh ≥ 10 cm) mesuré à 1,30 m au-dessus du sol.

1.2.2- Traitement des données

Pour caractériser la distribution des pieds de *Borassus aethiopum* suivant les strates végétatives et les faciès de milieux investigués, on a procédé à une analyse multivariée - la Detendred Correspondance Analysais (DCA) qui est une forme améliorée de l'Analyse Factorielle des Correspondances (AFC). Cette analyse est faite à partir de l'ordination des relevés suivant les 85 placeaux. Pour mieux objectiver les partions de la DCA, les coordonnées des deux premiers axes euclidiens sont soumises à une classification hiérarchique ascendante (CHA) de Ward.

Pour caractériser la structure morphologique des sujets de *Borassus aethiopum* recensés, on a procédé à l'analyse de la structure diamétrique. La structure diamétrique des pieds au sein de chaque groupement végétal a été réalisée sous le logiciel Minitab 14.0 et ajustée à la distribution de Weibull. . Ce qui a permis d'évaluer la dynamique des individus du *Borassus aethiopum* au sein de toutes les formations végétales. La distribution de Weibull est celle qui depuis une vingtaine d'années connaît le plus de succès, essentiellement pour deux raison : une grande flexibilité et l'existence d'une forme explicite de sa fonction de répartition (Rondeux, 1999). La fonction de répartition de la distribution de Weibull est :

$$f(x) = \frac{c}{b}\left(\frac{x-a}{b}\right)^{c-1} \exp\left[-\left(\frac{x-a}{b}\right)^{c}\right]$$

Avec a, le paramètre de position ; b, le paramètre d'échelle ou de taille et c le paramètre de forme lié à la structure observée,

$C < 1$: Distribution en « J renversé », caractéristique des peuplements multispécifiques ou inéquiennes.

$c = 1$: Distribution exponentiellement décroissante, caractéristique des populations en extinction.

$1 < C < 3,6$: Distribution asymétrique positive ou asymétrique droite, caractéristique des peuplements monospécifiques avec prédominance d'individus jeunes ou de faible diamètre

$c = 3,6$: Distribution symétrique ; structure normale, caractéristique des peuplements équiennes ou monospécifiques de même cohorte

$C > 3,6$: Distribution asymétrique négative ou asymétrique gauche, caractéristique des peuplements monospécifiques à prédominance d'individus âgés.

2- Résultats et discussion

2.1- Résultats

2.1.1- Caractérisation écologique du Borassus aethiopum suivant les groupes végétaux et les faciès de milieux en présence

Les axes factoriels de la DCA expliquent 10,6 % de l'inertie totale. Les valeurs propres et les pourcentages de variance correspondants sont résumés dans le tableau I.

Tableau I : Valeurs propres et pourcentages de variance expliquée par les trois premiers axes

Axes	1	2		Inertie totale
Valeurs propres	0,87	0,67	0,4	10,6
Longueurs des gradients	4,29	4,26	3,48	
Valeurs cumulées des variances	8,21	14,53	18,3	

La figure 2 présente l'ordination des relevés sur le plan euclidien des axes 1 et 2 de la DCA. Cinq groupes de partitions ont été distingués. L'axe 1 de la figure 2 oppose le groupe G1 constitué

262

261

des relevés des galeries forestières et des milieux périodiquement inondés aux groupes G2 des relevés des champs G3 des relevés des Plantations. Cet axe oppose donc les pieds de milieux humides à ceux des agroécosystèmes. L'axe 2 oppose le groupe G5 des relevés de savanes au groupe G4 des relevés des lisières des champs, plantations et savanes. L'axe 2 pourrait donc expliquer le gradient de végétation.

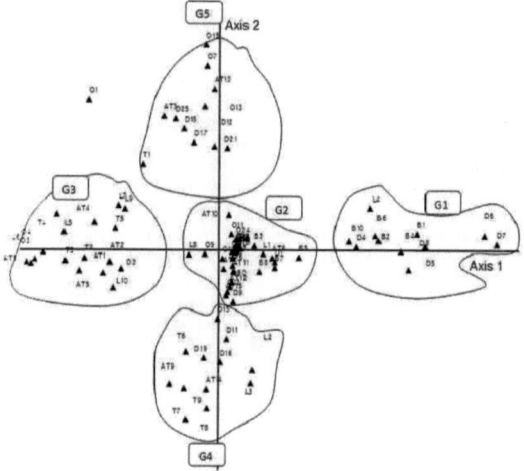

Figure 2 : Répartition des relevés dans les plans factoriels des axes 1 et 2 de la DCA.

Légende :
G1 : groupe des relevés effectués le long des galeries forestières et des milieux périodiquement inondés ;
G2 : groupe des relevés effectués dans les champs ;

G3 groupe des relevés effectués dans les plantations d'*Anacardium occidentale ;*
G4 : groupe des relevés de la lisière des champs, plantations et savanes ;
G5 : groupe des relevés spécifiques de savanes

2.1.2- Interprétation des groupes de relevés à partir du dendrogramme (CAH)

Le dendrogramme des relevés (figure 3) présente à une hauteur de dissimilarité (D) égale à 25, cinq (5) groupes de relevés bien séparés comme ce fut le cas sur la carte factorielle précédente (figure 2). Ce sont :

- le groupe G1 constitué de 7 relevés caractéristiques des champs et plantations de *Anacardium occidentale,* et de *Carica papaya.* Ces relevés sont effectués à Atêssê, Tiho et Ourogui ;
- le groupe G2 formés de 22 relevés faits de mélange des différents faciès de milieux (Champ, plantation et savane). Ce sont des sujets recensés à Atêssê, Longbondjin et Diho ;
- le groupe G3 ordonne 26 relevés combinant les relevés des savanes à ceux des champs. de Banigbé, de Ourogui, de Diho et de Tiho.
- le groupe G4 renferme en son sein 4 relevés de savanes arbustives collectés à Diho et à Ourogui.
- le groupe G5 regroupe l'ensemble des 25 relevés effectués le long des galeries forestières et des milieux temporairement inondés de Atêssê, Baningbé, Ourogui, Tiho et Diho.

264

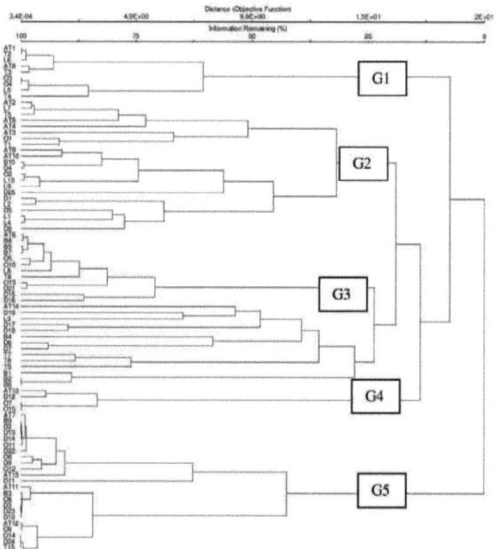

Figure 3 : Dendrogramme de dissimilarité des 85 relevés de *Borassus aethiopum* suivant les types de placeaux

2.1.3- *Structure diamétrique des peuplements de Borassus aethiopum recensés*

La répartition du *Borassus aethiopum* par classe de diamètre est présentée dans les figures 4 (a, b, c, d et c). On note que quelque soit le groupe de relevé considéré. Les effectifs du *Borassus aethiopum* sont plus élevés dans les classes de diamètre de]30 ; 40 cm]. Les effectifs les plus faibles sont constatés dans les classes de] 25 ; 30 cm] et de] 45 ; 50 cm].

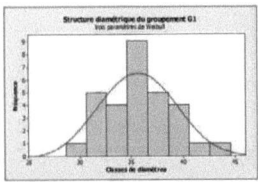

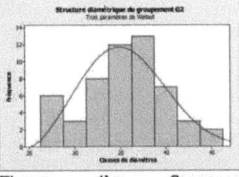

Figure 4a : Structure diamétrique des relevés effectués dans les galeries et milieux périodiquement inondés

Figure 4b : Structure diamétrique des relevés effectués dans les champs

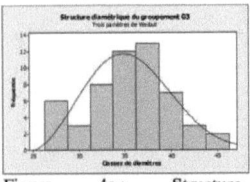

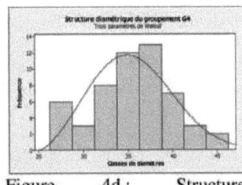

Figure 4c : Structure diamétrique des relevés effectués dans les plantations

Figure 4d : Structure diamétrique des relevés effectués dans les champs, plantations et savanes

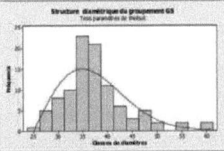

Figure 4e : Structure diamétrique des relevés effectués dans les savanes

266

265

De l'analyse de ces figures, on remarque que les individus de tous les groupements se retrouvent dans la classe de diamètre située entre]30 ; 40 cm], ce qui confère à ces groupes une structure asymétrique centrée. L'ajustement de la structure à la fonction mathématique de Weibull donne un paramètre de forme c = 1,48 caractéristique des peuplements avec prédominance d'individus jeunes ou de faible diamètre. Les individus de très gros diamètre sont quasi inexistants au niveau des cinq (05) groupes de relevés.

2.2- DISCUSSION

L'étude menée sur la caractérisation structurale de *B. aethiopum* indique quatre grands faciès de groupes végétaux autour desquels se fixent le *Borassus aethiopum*. Au nombre de ces groupes, seuls ceux des formations végétales des savanes et des parties situées le long des cours d'eeau ou parties périodiquement inondées permettent un bon développement de l'espèce. Ces aspects phytosociologiques peuvent être justifiés par le fait que *le Borassus aethiopum* n'est pas domestiqué et est aussi exigent en dépendant des conditions climatiques. Ces résultats confirment ceux de Mathias (2004) qui a su montré les conditions de développement phytosocilogique de *Borassus aethiopum.*

En ce qui concerne la surface terrière des groupes végétaux, elle varie entre 0.08 et 0,12 m2/ha. Ceci laisse voir l'importance dans l'exploitation de *Borassus aethiopum* en arboriculture. Le nombre de pieds par hectare oscille entre 77,78 et 132,89. Pour le diamètre moyen, on constate qu'il n'y a pas une nette démarcation entre les groupes végétaux et varie de 32,51 à 38,41. L'ajustement de la structure à la fonction mathématique de Weibull donne un paramètre de forme c = 1,48 caractéristique des peuplements avec prédominance d'individus jeunes ou de faible diamètre.

En effet, les plus gros effectifs ont été rencontrés en galeries forestières et entre les classes de diamètre de]30 ; 40 cm] alors que les plus faibles ont été retrouvés dans les champs et entre les classes de diamètre de]20 ; 30 cm] et]40 ; 50 cm]. Ces résultats indiquent que le peuplement est très dense selon que l'activité anthropique est moins importante; ce qui pourrait réduire l'importance des individus observés dans les formations de champs où l'action anthropique est permanente. En milieu de galeries forestières par contre, les conditions naturelles favorisent la régénération de l'espèce. Les résultats de la présente étude confirment en partie ceux de Ouinsavi et *al.,* (2011) qui pensent que selon Giffard, (1967), cet état de choses est dû à l'influence du climat sur les individus de l'espèce.

CONCLUSION

Cette étude sur la caractérisation structurale des peuplements du *Borassus aethiopum* dans le département des collines (communes de Savè et de Glazoué), constitue une contribution à la connaissance de l'espèce et aux paramètres écologiques indispensables à sa conservation dans cette partie du Bénin.
La caractérisation phytosociologique a permis d'identifier 5 grands groupes de peuplements distincts par leurs traits spécifiques induits par la topographie et les strates végétatives que sont les plantations, les champs, les savanes et des milieux humides. On peut retenir que deux types d'habitat sont favorables au développement de l'espèce. Il s'agit des zones de bas-fonds et des savanes.

REFERENCES

1. AKOEGNINOU A., ADJAKIDJE V., ESSOU J-P., SINSIN B., YEDOMONHAN H., W. J. van der Brug, L. J. G. van der Maesen, 2006. Flore analytique du Bénin. Université d'Abomey-Calavi, Cotonou, Bénin, 1034 p.
2. Braun-Blanquet J., 1932. Plant sociology. The study of plant communities. Ed. McGray Hill, New-York, London. 439 p.
3. EYOG MATIG O., ADJANOHOUN E. ; de SOUZA. ; SINSIN B., 2001. Programme de ressources génétiques

forestières en Afrique du Sahara (Programme SAFORGEN), « Espèces ligneuses médicinales » compte rendu de la 1ère réunion du réseau 15-17 Décembre 1999, section IITA Cotonou/Bénin, 128p.

4. FAO, 1996. Foresterie et sécurité alimentaire. Rome, 136p.
5. GIFFARD P. L., 1967 "Le Palmier Rônier *Borassus aethiopium*," Bois et forêt des tropiques, No. 116, 14 p.
6. HOUINATO M., 2001. Phytosociologie, écologie, production et capacité de charge des formations végétales pâturées dans la région des Monts Kouffé (Bénin). Thèse de doctorat, Université Libre de Bruxelles, 219 p.
7. IPGRI, 1999. Vers une approche régionale des ressources génétiques forestières en Afrique subsaharienne. Actes du premier atelier régional de formation sur la conservation et l'utilisation durable des ressources génétiques forestières en Afrique de l'Ouest, Afrique Centrale et Madagascar, 16-27 Mars 1998. Burkina Faso. 299 p.
8. MATHIAS M., 2004. L'utilisation durable des palmiers Borassus aethiopum, Elaeis guineensis et Raphia hookerie http// : www. Google. Fr/search q = cache : b NIXRX1j FF J: http://www.gtz/ : de/TOEB L%
9. OUINSAVI C., GBEMAVO C., SOKPON N., 2011. Ecological Structure and Fruit Production of African Fan Palm (Borassus aethiopum) Populations. *American Journal of Plant Sciences*, 2011, 2, 733-743 doi:10.4236/ajps.2011.26088 Published Online December 2011 (http://www.SciRP.org/journal/ajps)
10. OUMOROU M., 2003. Etudes écologique, floristique, phytogéographique et phytosociologique des Inselbergs du Bénin. Thèse de doctorat, Fac. Sc., Lab. Bot. Sys. & Phyt., Uni. Lib. Bruxelles, 210 p.
11. PIELOU E. C., 1966. Species diversity and pattern diversity in study of ecological succession. J. Theor. Biol. 10: PP. 370-383.
12. RAUNKIAER C. 1934. The life form of plants and stastical plant geography. Oxford. Clarendron Press. 632 p.

13.SINSIN B. 1993, Phytosociologie, écologie, valeur pastorale, production et capacité de charge des pâturages naturels du périmètre de Nikki-Kalalé au Nord du Bénin. Thèse de doctorat es sciences. Université Libre de Bruxelles. Belgique. 392 p.

14.SOKPON N. et LEJOLY J., 1996. Les plantes à fruits comestibles d'une forêt caducifoliée : Pobè, au Sud du Bénin. UNESCO (1996). L'alimentation en forêt tropicale : Identifications bioculturelle et perspectives de développement, vol 1, p 315-324.

15.SOKPON N. 1995. Recherches écologiques sur la forêt dense semi-décidue de Pobè au sud-est du Bénin. Groupements végétaux, structure, régénération naturelle et chute de litière. Thèse de doctorat, Université libre de Bruxelles, section interfacultaire d'agronomie, laboratoire de botanique, systématique et de phytosociologie, Belgique, 350 p.

16.TENTE B., 2005. Recherche sur les facteurs de la diversité floristique des versants du massif de l'Atacora : secteur Perma-Toucountouna (Bénin). Thèse du 3ème cycle en géographie/FLASH/UAC, 252 p.

270

Table des matières

270

271

272

Printed by Books on Demand GmbH, Norderstedt / Germany